제2판

Tourism Venture
Startup Theory

관광벤처창업에 도전하고자 하는 분들을 위한 이론과 실무

관광벤처창업론

안덕수 · 이난희 공저

 (주)백산출판사

머리말

　정부와 민간기업의 창업 및 벤처에 대한 관심과 지원은 매년 지속적으로 증가하고 있다. 문화체육관광부뿐만 아니라 타 중앙 부처 및 지자체에서도 국가경제 및 지역경제 활성화 차원에서 관광에 대한 관심이 증가하고, 특히, 관광벤처창업에 대한 지원 또한 증가하고 있다. 문화체육관광부와 한국관광공사는 2011년부터 시작한 관광벤처공모전을 통해서 열정과 창의적인 아이디어를 가진 관광벤처기업을 발굴하고 있으며, 관광벤처기업인들은 남다른 열정과 과감한 도전정신을 바탕으로 대한민국 관광산업의 새로운 가치를 창출하고 있다. 더불어, 한국관광의 미래를 책임지고 이끌어갈 전국의 관광학과 대학생을 포함한 많은 젊은 층들의 관광벤처에 대한 관심 또한 증가하고 있는 상황이다. 특히, 코로나로 인하여 전 세계 관광산업이 초토화된 현상황에서 위기를 기회로 삼는 돌파구를 관광벤처를 통해 만들어갈 수 있다는 인식이 확산되고 있다. 최근 전국 관광학과 소재 대학교에서 관광벤처 및 창업에 대한 관심이 지속적으로 증가하고 있으며, 일부 대학교에서는 관광벤처창업 관련 과목을 개설해서 학생대상 관광창업 및 벤처에 대한 이해도를 높이고 젊은 층들이 관광창업에 도전할 수 있는 기회의 장을 많이 마련하고 있다. 또한, 정부ㆍ지자체ㆍ민간의 각종 창업 지원사업은 많은 이들에게 관광분야 벤처 창업에 도전하는 용기를 심어주고 있다. 하지만 이러한 관광벤처창업에 대한 높은 관심에 비하여 많은 이들을 성공적인 관광벤처창업으로 안내하는 관광벤처창업 교재는 매우 미흡한 실정이다. 따라서 관광벤처창업 지원 실무경험 및 교육경력을 바탕으로 기본적인 이론뿐만 아니라 창업지원제도, 투자유치, 법률, 관광벤처기업 소개 등 실무 위주의 내용을 기획해서 출간하게 되었다. 관광에 관심이 있고 관광벤처창업에 도전하고자 하는 이들에게 이 책이 미래를 열어주는 작은 등불이 되길 기원해 본다. 이 책이 출간되도록 많은 도움을 주신 백산출판사 가족 여러분에게 깊은 감사의 말씀을 드린다.

2022년 1월

안덕수 / 이난희

차례

PART I 이론

PART II 실무 & 정보

CHAPTER 09 문체부 · 한국관광공사 관광벤처사업

CHAPTER 10 지역관광벤처창업 지원사업

PART

I

이론

관광벤처창업론

관광벤처

CHAPTER
01

관광벤처

1 벤처기업의 이해

▶ 벤처기업이란?

벤처기업은 모험을 의미하는 벤처(Venture)와 기업(Company)의 합성어로써 첨단신기술이나 참신한 아이디어를 사업화하여 신규시장을 개척함으로써 경영의 위험성은 크지만 성공할 경우 높은 수익이 기대되는 중소기업으로, 통상적으로 벤처기업, 벤처비즈니스, 모험기업, 신기술사업, 기술집약적 · 지식집약적 중소기업, 연구개발형기업, 하이테크기업 등의 다양한 용어로 쓰인다(인적자원관리용어사전, 2009, 지은실).

또한, 「벤처기업육성에 관한 특별조치법」 제2조의2에 의하면 벤처기업은 "기술 및 경영혁신에 관한 능력이 우수한 중소기업 중 벤처확인유형별 요건을 갖춘 기업"으로 정의하고 있다.

▶ 벤처기업의 다양한 정의

각국마다 벤처기업에 대한 다양한 정의를 내리고 있는데, 스타트업의 천국인 미국은 중소기업투자법에서 벤처기업을 "위험성이 크나 성공할 경우 높은 기대 수익이 예상되는 신기술 또는 아이디어를 독립기반 위에서 영위하는 신생기업(new business with high risk-high return)"으로 정의했다. 일본은 중소기업의 창조적 사업활동 촉진에 관한 임시조치법에서 "중소기업으로서 연구개발투자 비율이 총매출액의 3% 이상인 기업, 창업 후 5년 미만인 기업"을 벤처기업으로 정의했다.

OECD국가는 벤처기업을 'R&D 집중도가 높은 기업' 또는 '기술혁신이나 기술적 우월성이 성공의 주요 요인인 기업'으로 규정하고 있다. 한국에서의 벤처기업은 다른 기업에 비해 기술성이나 성장성이 상대적으로 높아, 정부에서 지원할 필요가 있다고 인정하는 기업으로서 「벤처기업육성에 관한 특별조치법」의 3가지 기준 중 1가지를 만족하는 기업으로 성공한 결과로서의 기업이라기보다는 세계적인 일류기업으로 육성하기 위한 지원대상으로서의 기업이라는 성격이 강하다(벤처확인종합관리시스템 : www.smes.go.kr).

중소벤처기업부 통계에 따르면 우리나라의 벤처기업 개수는 2010년 5월 19일자로 2만 개를 돌파했고, 2020년 12월 말 기준 3만 9,511개이다.

◎ 제1벤처붐 vs 제2벤처붐

현재 한국 정부는 일자리창출, 경제성장, 지방경제활성화 차원에서 창업 및 벤처에 대한 관심을 높여가고 있으며, 유니콘기업 육성 등 제2의 벤처붐을 조성하고 관련예산도 매년 증가하고 있는 실정이다.

2000년의 제1벤처붐은 IMF 경제위기를 극복할 수 있는 원동력이 되었고, 2020년 제2벤처붐은 코로나19 위기 속에서 역대 최고 수준의 혁신기업 출현 및 투자를 기록하였다. 제2벤처붐은 디지털 신기술, ICT기술 등을 활용하여 새로운 사업모델 기반의 창업을 중심으로, 벤처투자제도, 다양한 지원제도 등 다양한 창업·벤처 성장지원의 인프라와 함께 제1벤처붐과 비교하여 안정성과 확장성을 보유하고 있다.

〈표 1-1〉 제1벤처붐 vs 제2벤처붐

구분	제1벤처붐 (2000년)	제2벤처붐 (2020년)
벤처기업 수	8,798개	39,511개
창업투자회사 수	145개	165개
신규 벤처투자액	20,211억원	43,045억원
신규 벤처펀드 결성액	14,779억원	65,676억원
운용 중인 벤처펀드 결성액	24,087억원	329,334억원

출처 : 중소벤처기업부(2021), 중소벤처기업부 4주년 기념행사 발표자료

이처럼 창업 및 벤처에 대한 관심이 지속적으로 증가하고 있는 상황에서 관련 주요 통계를 살펴보면, 법인 창업은 2000년 6.1만 개에서 2020년 12.3만 개로, 전체 창업기업은 2016년 116.2만 개에서 2020년 148.5만 개로, 기술기반 창업기업은 2016년 18.6만 개에서 2020년 22.9만 개로, 창업관련 기사는 1991년 801개에서 2000년 51,182개, 2020년 88,601개로, 창업예산은 1998년 82억원에서 2010년 1,439억원, 2020년도에는 8,492억원으로, 벤처투자실적은 2016년 21,503억원, 2017년 23,803억원, 2018년 34,249억원, 2019년 42,777억원, 2020년 43,045억원으로 증가했다.

● 소셜벤처(Social Venture)

소셜벤처는 사회적기업가정신을 지닌 기업가가 기존과는 다른 혁신적인 기술이나 비즈니스 모델을 통해 사회적 가치와 경제적 가치를 동시에 창출하는 기업을 의미한다. 또한, 소셜벤처는 개인 또는 소수의 기업가가 사회문제를 해결할 혁신적인 아이디어를 사업화하기 위해 설립하며, 높은 위험을 감수하지만 성공할 경우 높은 사회적 가치와 이익이 예상되고 사회적 목적을 지속가능하게 할 모험적 사업에 도전하는 창의적인 기업가정신을 가진 사업가에 의해 주도된다(한국사회적기업진흥원(2013), 2013 소셜벤처 사례집).

소셜벤처와 유사한 개념으로는 사회적기업이 있으며, 사회적기업은 경제성보다는 사회성을 추구하고, 소셜벤처는 사회성과 경제성을 동시에 추구하는 점이 다르다.

〈표 1-2〉 사회적기업 vs 벤처기업 vs 소셜벤처

구분	법적 근거	추구가치
사회적기업	사회적기업 육성법 제2조	사회성 〉경제성
벤처기업	벤처기업육성에 관한 특별조치법 제2조	사회성 〈 경제성
소셜벤처	벤처기업육성에 관한 특별조치법 제2조	사회성과 경제성 동시 추구

출처 : 소셜벤처스퀘어(https://sv.kibo.or.kr)

소셜벤처의 판별기준은 사회적 가치를 추구하는 기업으로서의 사회성과 벤처기업으로서의 혁신성장성을 기준으로 구분되며, 사회성과 혁신성장성의 주요 항목은 〈표 1-3〉과 같다.

〈표 1-3〉 소셜벤처 판별기준 주요 항목

사회성	혁신성장성
법령 또는 민간의 사회적 경제조직 인정	정부의 기술력 인정 (벤처/이노비즈/메인비즈) 기업
정부/민간의 소셜벤처 임팩트 투자유치 기업	정부/민간의 소셜벤처 임팩트 투자유치
사회적 가치 실현을 위한 기업의 설립 목적	기업의 지속가능성(고용인원, 매출액 등)
정부/민간의 소셜벤처 육성사업 참여 및 선정 기업	연구개발 환경 구축 및 지식재산권 보유 기업
사회적 가치 실현 네트워크 (MOU/협력관계 등) 확보 기업	창업경진대회 수상 및 창업보육플랫폼 지원 기업
소셜벤처분야 수상 및 활동 경력, 교육 이수	정부 '혁신성장성공동기준'에 해당하는 제품(서비스)

출처 : 소셜벤처스퀘어(https://sv.kibo.or.kr)

소셜벤처의 판별기준을 충족하고 소셜벤처기업으로 판별된 기업은 2020년 기준 1,509개사이며, 2019년의 998개사에 비해서 크게 증가한 수치이다. 지역별로는 서울(467개), 경기(270개), 부산(90개), 경북(73개), 인천(72개), 전북(60개), 대전(57개), 충북(56개), 대구(55개), 광주(54개), 전남(51개), 강원(49개), 경남(48개), 충남(42개), 제주(25개), 울산(23개), 세종(17개) 순으로 나타났다(소셜벤처스퀘어).

2 벤처기업확인제도

◉ 벤처기업확인제도는?

벤처기업확인제도는 1998년 「벤처기업육성에 관한 특별조치법」 시행 이후 지속적인 법개정을 거쳐, 2021년 2월 12일부터 혁신·성장 중심의 민간주도 벤처기업확인제도로 전면 개편하여 시행 중이며, 중소벤처기업부는 「벤처기업육성에 관한 특별조치법」 제25조의3(벤처기업 확인기관의 지정 등)에 의거 2020년 7월 1일부터 2023년 6월 30일까지 3년간 (사)벤처기업협회를 벤처기업확인기관으로 지정하여 운영 중에 있다.

이는 벤처기업의 요건에 적합한 벤처기업을 대상으로 벤처기업 육성을 위해 운영 중인 제도로 ① 벤처투자유형, ② 연구개발유형, ③ 혁신성장유형, ④ 예비벤처기업 중 세부요건이 맞을 경우 벤처기업을 확인해주며, 각종 세제혜택과 금융지원을 받을 수 있는 제도이다.

〈표 1-4〉는 벤처기업 확인 요건을 정리한 표로, 벤처투자유형, 연구개발유형, 혁신성 장유형, 예비벤처기업 등 유형별로 기준요건과 평가기관이 상이함을 알 수 있다.

〈표 1-4〉 벤처기업 확인 요건

벤처유형	기준요건(각 항목 모두 충족)	전문평가기관
벤처투자 유형	1. 「중소기업기본법」 제2조에 따른 중소기업일 것 2. 투자금의 총액이 5천만원 이상일 것 3. 기업의 자본금 중 투자금액의 합계가 차지하는 비율이 10% 이상일 것 * 적격투자기관 범위 중소기업창업투자회사, 한국벤처투자, 벤처투자조합, 한국산업은행, 중소기업은행, 일반은행, 기술보증기금, 신용보증기금, 개인투자조합, 전문개인투자자(전문엔젤), 창업기획자(액셀러레이터), 크라우드펀딩, 농식품투자조합, 산학협력기술지주회사, 공공연구기관첨단기술지주회사, 신기술사업금융업자, 신기술사업투자조합, 신기술창업전문회사, 경영참여형사모집합투자회사, 외국투자회사	한국벤처캐피탈협회
연구개발 유형	1. 「중소기업기본법」 제2조에 따른 중소기업일 것 2. 「기초연구진흥 및 기술개발지원에 관한 법률」 제14조의2제1항에 따라 인정받은 기업부설연구소 3. 벤처기업확인요청일이 속하는 분기의 직전 4분기 기업의 연간 연구개발비가 5천만원 이상이고, 연간 총매출액에 대한 연구 개발비의 합계가 차지하는 비율이 5% 이상 * 연간 총매출액에 대한 연구개발비의 합계가 차지하는 비율에 관한 기준은 창업 후 3년이 지나지 아니한 기업에 대하여는 미적용 4. 벤처기업확인기관으로부터 사업의 성장성이 우수한 것으로 평가받은 기업	신용보증기금 중소벤처기업진흥공단
혁신성장 유형	1. 「중소기업기본법」 제2조에 따른 중소기업일 것 2. 벤처기업확인기관으로부터 기술의 혁신성과 사업의 성장성이 우수한 것으로 평가받은 기업	기술보증기금 농업기술실용화재단 연구개발특구진흥재단 한국과학기술정보연구원 한국발명진흥회 한국생명공학연구원 한국생산기술연구원
예비벤처 기업	1. 법인설립 또는 사업자등록을 준비 중인 자 2. 벤처기업확인기관으로부터 기술의 혁신성과 사업의 성장성이 우수한 것으로 평가받은 기업	기술보증기금

출처 : 벤처확인종합관리시스템(www.smes.go.kr/venturein)

◎ 벤처기업인증 시 세부 우대사항

벤처기업으로 인증을 받으면 세제, 금융, 입지, M&A, 인력, 광고 분야에서 여러 지원을 받을 수 있다. 〈표 1-5〉는 벤처기업으로 인증 후 받을 수 있는 세부 우대사항에 대해서 정리한 내용으로 다양한 혜택이 부여됨을 알 수 있다.

〈표 1-5〉 벤처확인기업 우대제도

구 분	주요 지원내용	근 거
세제	법인세·소득세 최초 벤처확인일부터 5년간 50% 감면 • 대상 : 창업벤처중소기업	조세특례제한법 제6조 2항
	취득세 75% 감면 재산세 최초 벤처확인일로부터 3년간 면제, 이후 2년간 50% 감면 • 대상 : 창업벤처중소기업은 최초 벤처확인일로부터 4년 이내, 청년창업벤처기업의 경우에는 최초 벤처확인일로부터 5년 이내	지방세특례제한법 제58조3 2항
금융	기술보증기금 보증한도 확대 • 일반 30억원 → 벤처 50억원, 벤처기업에 대한 이행보증과 전자상거래담보보증 70억원	기술보증기금규정
	코스닥상장 심사기준 우대 • 자기자본 : 30억원 → 15억원 • 법인세비용차감전계속사업이익 : 20억원 → 10억원 • 기준 시가총액 90억원 이상이면서 법인세비용차감전계속사업이익 20억원 → 10억원 이상 • 법인세비용차감전계속사업이익이 있고 기준 시가총액 200억원 이상이면서 매출액 100억원 → 50억원 이상 • 기준 시가총액 300억원 이상이면서 매출액 100억원 → 50억원 이상	코스닥시장 상장규정 제6조 1항
입지	벤처기업육성촉진지구 내 벤처기업에 취득세·재산세 37.5% 경감	지방세특례제한법 제58조 4항
	수도권과밀억제권역 내 벤처기업집적시설 또는 산업기술단지에 입주한 벤처기업에 취득세(2배)·등록면허세(3배)·재산세(5배) 중과적용 면제	지방세특례제한법 제58조 2항
M&A	대기업이 벤처기업을 인수·합병하는 경우 상호출자제한기업집단으로의 계열편입을 7년간 유예	공정거래법 시행령 제3조2 2항
인력	기업부설연구소 또는 연구개발전담부서의 인정기준 완화 • 기업부설 연구기관 연구전담요원의 수 : 소기업 3명(3년 미만 2명), 중기업 5명, 매출 5천억 미만 중견기업 7명, 대기업 10명 이상 → 벤처기업 2명 이상	기초연구법 시행령 제16조2 1항
	기업부설창작연구소 인력기준 완화 • 일반 10명, 중소기업 5명 이상 → 벤처기업 3명 이상	문산법 시행령 제26조 1항

스톡옵션 부여 대상 확대 • 임직원 → 기술 · 경영능력을 갖춘 외부인, 대학, 연구기관, 벤처기업이 주식의 30% 이상 인수한 기업의 임직원	벤처법 제16조3 1항
총주식 수 대비 스톡옵션 부여한도 확대 • 일반기업 10%, 상장법인 15% → 벤처기업 50%	벤처법 시행령 제11조3 7항

기타	TV · 라디오 광고비 3년간 최대 70% 할인, 정상가 기준 35억원(105억/3년) 한도 • 대상 : 한국방송광고진흥공사에서 자체규정에 따라 별도 선정	한국방송광고진흥 공사 자체규정

출처 : 벤처확인종합관리시스템(www.smes.go.kr/venturein)

벤처기업의 유효기간은 벤처기업확인일로부터 3년이며, 2015년 3만여 개의 기업이 벤처기업확인을 받은 이후 지속적으로 증가하여 2020년 12월 말 기준 총 3만 9천여 개 기업이 벤처기업확인을 받았고, 이 중 약 85%가 보증 · 대출 분야로 총 3만 9천여 개 벤처기업 중에서 기술평가보증(73.6%), 기술평가대출(11.5%), 연구개발(7.3%), 벤처투자(7.3%), 예비벤처(0.3%) 등으로 나타났다.

〈표 1-6〉 국내 전체 벤처기업 연도별 현황(2020년 12월 말 기준)

구 분	2015년	2016년	2017년	2018년	2019년	2020년
업체 수	31,260	33,360	35,282	36,820	37,008	39,511

출처 : 벤처확인종합관리시스템(www.smes.go.kr/venturein)

〈표 1-7〉 국내 전체 벤처기업 유형별 현황(2020년 12월 말 기준)

구 분	기술평가 보증	기술평가 대출	벤처 투자	연구 개발	예비 벤처	합계
업체 수	29,062	4,553	2,888	2,886	122	39,511
비율(%)	73.6	11.5	7.3	7.3	0.3	100

출처 : 벤처확인종합관리시스템(www.smes.go.kr/venturein)

국내 전체 벤처기업의 업종별 현황을 살펴보면, 총 3만 9천여 개 벤처기업 중에서 제조업(65.00%), 정보처리 S/W(18.46%), 도 · 소매업(2.46%), 연구개발서비스(2.13%), 건설 · 운수(1.98%), 농 · 어 · 임 · 광업(0.28%), 기타(9.69%)로 나타났다.

〈표 1-8〉 국내 전체 벤처기업 업종별 현황(2020년 12월 말 기준)

구 분	제조업	정보처리 S/W	연구개발 서비스	건설, 운수	도·소매 업	농·어· 임·광업	기타	합계
업체 수	25,684	7,292	843	781	972	110	3,829	39,511
비율(%)	65.00	18.46	2.13	1.98	2.46	0.28	9.69	100

출처 : 벤처확인종합관리시스템(www.smes.go.kr/venturein)

벤처기업의 지역별 분포를 살펴보면, 경기 30.4%, 서울 24.9%, 인천 4.5% 등 수도권 소재 벤처기업이 59.8%를 차지하고 있는 것으로 나타났다.

〈표 1-9〉 국내 전체 벤처기업 지역별 현황(2020년 12월 말 기준)

구 분	서울	경기	인천	강원	충북	세종	충남	대전	경북
업체 수	9,880	12,020	1,761	760	1,138	158	1,350	1,544	1,708
비율(%)	24.9	30.4	4.5	1.9	2.9	0.4	3.4	3.9	4.4
구 분	대구	전북	경남	울산	부산	광주	전남	제주	합계
업체 수	1,677	875	1,937	544	2,227	805	889	238	39,511
비율(%)	4.2	2.3	4.9	1.4	5.6	2.1	2.2	0.6	100

출처 : 벤처확인종합관리시스템(www.smes.go.kr/venturein)

3 관광벤처의 이해

▶ 관광벤처의 이해

관광벤처(Tourism Venture)는 관광(Tourism)과 벤처(Venture)를 합성한 용어로 한국 관광공사에서는 관광벤처사업을 "기존 관광사업과 연계하여 창조성, 혁신성, 기술성 등을 기반으로 새로운 가치와 시너지를 창출하는 관광형 벤처기업을 육성함으로써 한국관광산업 경쟁력 강화 및 관광분야 일자리 창출을 위한 사업"으로 정의하였고, 관광벤처사업 유형을 체험콘텐츠형, 기술혁신형, 시설기반형, 기타형으로 구분하였다.

〈표 1-10〉 관광벤처사업 유형

〈체험콘텐츠형〉	〈기술혁신형〉
관광객이 직접 참여하여 즐기고 공감할 수 있는 새로운 체험 프로그램 및 관광 콘텐츠의 개발과 운영에 관련된 사업 (캠핑, 한류, 미식, 무장애, 반려동물, 공연 등 특정 테마와 연계된 여행상품, 레저스포츠와 연계된 액티비티 여행상품, 지역 특화형 여행상품, AR/VR 활용 콘텐츠 제작 등)	혁신적 기술로 관광편의를 제공하며 IT 등 기술 자체가 수익모델인 사업 (관광 플랫폼, VR/AR 기술개발, 챗봇 안내, 스마트 모빌리티, AI기반 여행 큐레이션 서비스, IoT 짐배송 등)
〈시설기반형〉	〈기타형〉
시설 또는 물적 자원을 핵심기반으로 하는 관광사업(IT 기술 접목 테마공원, 사물인터넷 적용 호텔, 마을호텔 운영, 목장·농원 자원활용 체험상품 등)	타 유형에 속하지 않은 창의적인 관광사업

출처 : 관광기업지원센터 누리집(www.tourbiz.or.kr)

◉ 관광벤처사업 추진경과

문화체육관광부와 한국관광공사는 관광분야의 새로운 아이디어를 통해서 관광창업을 유도하고 관광산업의 생태계를 확장시킨다는 목적으로 2011년에 '제1회 창조관광사업공모전'을 개최하여 시범적으로 10개의 관광벤처를 발굴하였고, 2012년에는 한국관광공사 내에 관광벤처팀을 신설하여 80개의 관광벤처를 발굴하는 등 본격적으로 관광벤처사업을 추진하기 시작하였다. 2015년도는 관광벤처사업을 확대한 시점으로 창조관광부문을 신설하고, 펀드조성 및 기금특별융자를 운영하였고, 2017년도에는 기존 '창조관광사업공모전'에서 '관광벤처사업공모전'으로 명칭을 변경하여 외연을 넓히는 계기를 마련하였다.

2017년도에는 한국관광공사 서울센터에 최초로 관광벤처보육센터를 설치하고 입주기업대상 지원사업을 본격적으로 추진하였으며, 2019년도에는 부산 영도구에 최초로 지역관광기업지원센터를 설립하여 지역에도 관광벤처기업에 대한 컨설팅 등 관련 지원사업이 강화되었다.

한편, 2019년 4월에 개최된 '확대 국가관광전략회의'에서 문화체육관광부는 '대한민국 관광 혁신전략'을 발표하면서, 스마트관광산업 생태계를 조성하기 위해 예비창업, 창업초기, 성장벤처, 선도벤처, 글로벌기업 순의 관광기업 성장사다리를 구축하고 각 사다리 단계별 다양한 금융, 인력, 인프라, 기술지원사업을 발표하였다. 주요 내용은 2022년까지 창업 지원 1,000개 목표, 기업당 최대 5,000만원 자금지원, 예비창업패키지사업, 창업경진대회 '도전 K 스타트업' 관광분야 신설, 전문 액셀러레이터를 통한 기업육성, 관광기업지원센터 조성, 관광플러스팁스 사업, 관광기업육성펀드 확대, 해외진출 컨설팅, 글로벌 진출 유니콘 기업 성장지원사업 등이다.

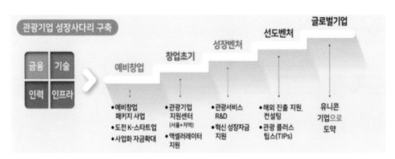

출처 : 문화체육관광부(2019), 확대 국가관광전략회의 자료

[그림 1-1] 문화체육관광부 관광기업 성장사다리 구축방안

2020년에는 경남 창원, 대전·세종, 인천에 지역관광기업지원센터를 개설하여 지역관광활성화 사업을 강화하고 있으며, 문화체육관광부와 한국관광공사에서는 기존의 공모전 중심 지원사업에서 탈피하여 기업 성장단계별 지원체계 구축, 사업화자금 규모 확대, 기업 육성 프로그램 다양화 등 다각적이고 체계적인 형태로 지원사업의 고도화가 추진되었다.

출처 : 한국관광공사(2021), 2021 관광벤처공모전 소개 자료집

[그림 1-2] 연도별 한국관광공사 관광벤처 추진사업 현황

문화체육관광부와 한국관광공사에서는 관광벤처기업을 대상으로 사업화자금 지원, 맞춤형 컨설팅, 투자유치지원, 홍보판로 개척지원, 관광벤처아카데미 운영, 관광기업지원센터를 통한 지원 등 다양한 지원프로그램을 운영하고 있다.

출처 : 한국관광공사(2021), 2021 관광벤처공모전 소개 자료집

[그림 1-3] **관광벤처 지원사업 내용 현황**

◉ 관광벤처사업 성과

2011년 3천5백만원의 예산과 함께 시범사업으로 추진한 관광벤처사업을 통해서 10개 관광벤처를 발굴한 이후 문화체육관광부와 한국관광공사는 관광벤처사업을 통해서 2011년부터 2020년까지 총 916개의 관광벤처기업을 발굴하였고, 2,551명의 고용을 창출하는 성과를 거두었다.

〈표 1-11〉 관광벤처 발굴 및 지원현황

연도	'11	'12	'13	'14	'15	'16	'17	'18	'19	'19 (추경)	'20	합계
예산 (백만원)	35	4,300	4,000	3,800	2,400	2,200	2,200	2,090	3,400	2,290	8,514	35,229
관광벤처 발굴 수	10	80	80	80	73	67	57	72	89	98	119	825
상생협력*	–	–	–	–	–	–	15	14	31	–	31	91
합 계	10	80	80	80	73	67	72	86	120	98	150	916

주 : 상생협력은 공모전을 통해 해양수산부와 공동 발굴한 기업(해양관광벤처) 및 홍보·판로개척 지원을 희망하는 관광기업
　　중 유관조직 추천 등으로 추가 선발한 기업으로 구성
출처 : 한국문화관광연구원(2021), 2021 한국관광정책, 봄호

　　관광벤처사업과 연계한 투자유치는 2015년 53억원에서 2020년에는 196억원으로
270% 성장하였고, 총매출액은 2015년 98억원에서 2020년 1,024억원으로 945% 성장하였
으며, 총일자리창출은 2015년 255명에서 2020년 497명으로 95% 성장을 기록하였다.

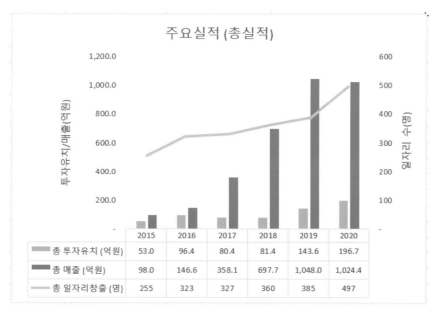

출처 : 한국문화관광연구원(2021), 2021 한국관광정책, 봄호

[그림 1-4] 투자유치, 매출, 일자리 창출 실적

관광벤처기업의 생존율은 2020년 기준으로 봤을 때 2015년에 선정된 5년차 기업의 경우 관광벤처기업은 74.3%, 일반창업기업은 31.2%를 기록하여 관광벤처기업 생존율이 일반창업기업 생존율보다 월등히 높은 것으로 나타났다.

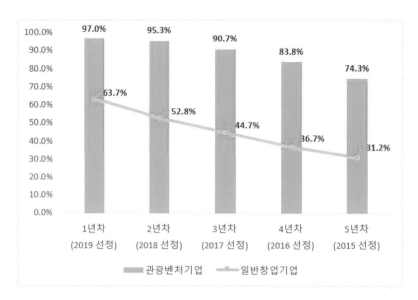

출처 : 한국문화관광연구원(2021), 2021 한국관광정책, 봄호

[그림 1-5] 관광벤처기업 및 일반창업기업 생존율

관광벤처사업의 생산유발효과는 2015년 172억원에서 2020년 1,865억원으로 984% 성장하였고, 부가가치유발효과는 2015년 81억원에서 2020년 927억원으로 1,044% 성장하였으며, 취업유발효과는 2015년 242명에서 2020년 1,665명으로 588% 성장을 기록했다.

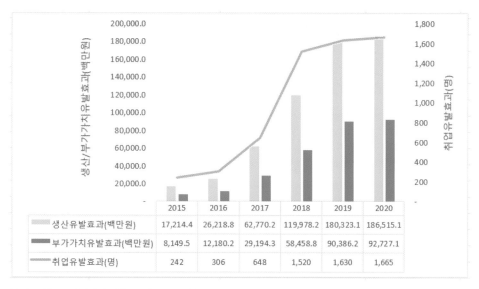

	2015	2016	2017	2018	2019	2020
생산유발효과(백만원)	17,214.4	26,218.8	62,770.2	119,978.2	180,323.1	186,515.1
부가가치유발효과(백만원)	8,149.5	12,180.2	29,194.3	58,458.8	90,386.2	92,727.1
취업유발효과(명)	242	306	648	1,520	1,630	1,665

출처 : 한국문화관광연구원(2021), 2021 한국관광정책, 봄호

[그림 1-6] 관광벤처기업 및 일반창업기업의 유발효과(생산, 부가가치, 취업)

2011년부터 시작된 관광벤처사업은 타 산업과의 융복합을 통한 새로운 관광트렌드 주도로 한국관광산업의 성장동력 제공 및 신규 일자리 창출에 기여하고 있다. 대표적인 관광벤처기업 발굴 사례로는 국내 최초로 한복대여를 시작하여 주요 관광지에 한복체험 붐을 조성한 한복남, 국내 최초 요트스테이 투어상품을 개발한 요트탈래, 제주만의 특성을 살린 디스커버제주, 스마트파크에서 즐기는 신개념 액티비티의 모노리스 등 창의적인 아이디어와 도전적인 정신으로 무장하고 관광분야를 선도하는 다수의 관광스타트업이 관광벤처사업을 통해 발굴·육성되었다.

이러한 관광벤처 발굴·육성사업 등으로 인하여 전국 지자체, RTO(지역관광공사) 등에서 관광벤처사업이 확산되고 있다.

CHAPTER 02

관 광 벤 처 창 업 론

창업

CHAPTER
02 창업

Tourism Venture Startup Theory

1 창업의 개념과 종류

◉ 창업의 정의

창업의 정의는 기관, 협회, 법률적 관점에서 구분할 수 있으며, 한국창업보육협회에서는 창업을 "영리를 목적으로 개인이나 법인회사를 새로 만드는 일" 또는 "창업자가 사업아이디어를 갖고 자원을 결합하여 사업 활동을 시작하는 일"이라 정의하고 있다.

또한, 「중소기업창업 지원법」의 정의에 따르면 창업은 "중소기업을 새로 설립하는 것"이고, 이 경우 창업의 범위는 대통령령으로 정하며, 재창업은 '중소기업을 폐업하고 중소기업을 새로 설립하는 것'으로 재창업의 범위 또한 대통령령으로 정하는 것으로 규정하고 있다.

◉ 창업 형태별 정의

한국창업보육협회에서는 〈표 2-1〉과 같이 기술창업, 벤처창업, 일반창업 등의 형태별로 구분하여 정의하고 있다.

〈표 2-1〉 **창업의 형태별 구분**

구 분	내 용
기술창업	혁신기술 또는 새로운 아이디어를 가지고 새로운 시장을 창조하여 제품이나 용역을 생산·판매하는 형태의 창업
벤처창업	High Risk - High Return에 충실하며 반드시 기술창업을 전제로 하지 않으나, 우리나라에서는 「벤처기업육성에 관한 특별조치법」에 정의되어 있음
일반창업	기술창업이나 벤처창업에 속하지 않는 형태로서 도·소매업과 일반 서비스업, 생계형 소상공인 창업 등이 해당

출처 : 한국창업보육협회(2019), 창업보육전문매니저 실무수습교육 교재

◎ 창업자 및 창업기업 정의

「중소기업창업 지원법」 제2조에 명시된 창업자, 재창업자, 초기창업자 및 창업기업, 예비창업, 창업 초기 등의 정의는 〈표 2-2〉와 같다.

〈표 2-2〉 창업자 및 창업기업 정의

구분	내 용
예비창업자	창업을 하려는 개인
예비재창업자	재창업을 하려는 개인
예비청년창업자	창업을 하려는 39세 이하의 개인
창업기업	중소기업을 창업하여 사업을 개시한 날부터 7년이 지나지 아니한 기업 (법인과 개인사업자 포함)
재창업기업	재창업하여 사업을 개시한 날부터 7년이 지나지 아니한 기업
초기창업기업	창업하여 사업을 개시한 날부터 3년이 지나지 아니한 창업기업
청년창업기업	창업기업 대표자의 연령이 39세 이하인 창업기업
중장년창업기업	창업기업 대표자의 연령이 40세 이상인 창업기업

출처 : 중소기업창업 지원법(2022년 6월 29일 시행)

◎ 창업자의 역할 및 역량

창업자의 역할은 매우 다양하며, 다양한 역할 중에서 필수적으로 추진해야 하는 요소로는 사업계획서 작성, 활발한 의사소통, 리더십 구현, 창의적 문제해결을 통한 창업 초기 불확실한 비즈니스 모델(Business Model)과 핵심요소들을 안정화시키는 것 등이 있다.

창업 관련 교수였던 미국 Jeffry A. Timmons(1941~2008)는 성공적인 창업가가 되기 위해 갖추어야 할 역량으로 도전정신, 창의성, 혁신성, 자율성 등의 창업가 성향과 재무관리, 마케팅, 판매, 자원관리 등의 경영스킬 역량이 필요하다고 강조했다.

2 창업의 절차와 단계

◐ 창업절차

일반적으로 창업의 절차는 우선 창업하고자 하는 결정을 하게 되면, 관련 준비를 하는 창업준비단계를 거친 후 시장조사 등을 통해서 판매할 제품이나 서비스의 아이템을 결정한 후 사업운영계획을 담은 사업계획서를 작성하고 사업운용 자금을 확보한 뒤 개업준비과정을 거쳐 개업을 하게 된다.

① 창업준비 → ② 창업 아이템 선정 → ③ 사업계획서 작성 → ④ 입지 선정 → ⑤ 자금 준비 → ⑥ 개업 준비 → ⑦ 개업

◐ 창업 핵심요소

[그림 2-1] **창업의 4대 핵심요소**

창업을 위해서는 사람(인적 요소), 창업아이템, 시장, 자금의 4가지 핵심요소가 필요하다.

1) 사람(인적 요소)

창업기업에서 사업의 계획과 실행을 책임지는 대표자와 이를 실제로 추진해 나가는 팀원들은 창업의 요소 중 가장 중요한 요소이다. 이들의 역량과 협력관계가 사업의 성패를 좌우하기 때문에 기업가정신, 사명감, 열정, 의지력, 기획능력, 소통, 긍정적 태도, 리더십, 학문과 지식, 네트워크 능력 등의 요소가 필요하다.

2) 창업아이템(기술, 제품, 서비스)

창업기업이 시장에서 판매할 제품이나 서비스의 실질적인 내용을 결정하는 것으로, 시장에서 소비자가 필요로 하는 가치(value)를 제공하고 사업타당성 분석의 기본이 되는 요소이다.

3) 시장

창업기업이 제공하여 판매하는 제품이나 서비스에 대해 대가를 지불하고 구매하고자 하는 고객 집단으로서, 제품이나 서비스의 가격을 결정하고 수요를 조절하는 근거가 된다.

4) 자금

창업기업이 기업을 만들고 운영하며, 시장에서 기업이 성공하기까지의 모든 재무적 자원을 의미한다. 아무리 훌륭한 사업 아이템과 뛰어난 인적 자원이 있어도 자금이 없으면 사업을 유지하기 어렵다.

▶ 창업준비 체크리스트(Checklist)

창업을 준비하고 성공하기 위해서는 창업아이템(item) 발굴, 시장조사, 사업계획서 작성, 시제품 제작, 비즈니스 모델(Business Model) 개발, 자금 조달, 마케팅, R&D 등 아래의 다양한 준비사항을 점검해야 한다(한국관광공사).

1) 창업아이템(item) 발굴

- 내가 시장에서 추구하고자 하는 가치(value)는 무엇인가
- 내가 기존 시장에서 바꾸고 싶은 것은 무엇인가
- 가치(value)를 창출하는 열쇠가 제품인가, 서비스인가
- 내 자신과 팀원들이 할 수 있는 일인가

2) 시장조사

- 내가 추구하고자 하는 가치(value)가 누구에게 필요한가

- 가치(value)의 규모는 얼마나 되는가
- 현재 소비시장이 없다면 새롭게 시장을 만들 수 있는가
- 경쟁사 제품의 시장 선점율은 어느 정도인가

3) 사업계획서 작성

- 사업계획서를 작성하는 목적은 무엇인가
- 사업계획서에는 어떤 내용을 작성할 것인가

4) 시제품 제작

- 시제품 제작의 목적과 과정은 무엇인가
- 시제품을 어디에서 제작할 것인가
- 시제품 제작 시 어려움은 무엇인가

5) 비즈니스 모델(Business Model) 개발

- 소비자에게 제공하는 가치(value)와 수익모델은 무엇인가
- 시장에서의 대응전략과 나만의 차별성은 무엇인가
- 비즈니스 모델(Business Model)은 지속가능성이 있는가

6) 자금 조달

- 창업을 위한 자기 자금은 충분한가
- 어떤 종류의 타인 자금이 있는가
- 자기자본, 대출, 정책자금, 투자금, 크라우드펀딩 등 자신에게 알맞은 자금 조달
  방법은 무엇인가

7) 사업자등록 및 업종별 창업절차

- 사업자등록은 어떤 방식으로 진행할 것인가
- 사업자등록을 위해 사전에 필요한 절차는 무엇인가

- 업종별로 어떤 창업절차가 필요한 것인가

8) 마케팅

- 시장에서의 나의 고객은 누구인가
- 고객에게는 어떤 채널과 방법으로 접근해야 하나
- 나의 고객이 선호하는 제품 및 서비스는 무엇이며, 가격은 어떠한가

9) 회계 · 세무 · 재무

- 회계 · 세무 · 재무 관련 정보는 어디에서 어떠한 방식으로 얻을 수 있는가

10) 지식재산권 확보

- 지식재산권 확보가 가능한가
- 특허, 디자인, 상표, 실용신안 중 어떤 형태인가

11) R&D

- 시장에서 추가 기술 개발을 요구하는가
- 어떠한 주제를 연구개발할 것인가
- 연구에 참여할 전문인력은 어떻게 구성할 것인가

12) 글로벌 시장 진출

- 제품이 해외 시장으로 진출할 수 있는 가치가 있는가
- 동남아, 미주, 유럽 등 어떤 시장과 국가에 가장 먼저 진출할 수 있는가
- 해당 국가의 진출절차는 어떠한가
- 해외 시장 진출 비용은 얼마가 소요될 것인가

3 창업 아이템 개발

◎ 창업 아이템 개발 단계

창업 아이템이 큰 틀에서 선정되었다면, 〈표 2-3〉과 같이 구체적으로 창업자 분석, 아이템 탐색, 시장성 검토, 타당성 분석, 제품 개발, 시장 확인, 최적 아이템 결정 등의 절차를 통해서 창업 아이템을 개발한다.

〈표 2-3〉 창업 아이템 개발 7단계

	단 계	세부내용
1	창업자 분석	• 창업자의 장점 및 단점 분석 • 장점 및 단점 분석을 통한 문제 도출 및 해결방법 구체화 • 자기자본 확보 • 추가자금 확보방안 구체화 • 창업자의 소양 및 적성 • 창업자의 경험과 능력, 학문지식 • 창업 멤버의 구성
2	아이템 탐색	• 기존 제품 탐색 • 기존 시장 및 신시장 탐색 • 창업자의 경험 중심 탐색 • 종합적인 정보에 따른 통찰력 있는 육감 • 기술추이 분석 • 사회추이 분석 • 구현 가능성 분석 • 기술완성까지의 소요시간
3	시장성 검토	• 현재 시장규모 분석 • 향후 시장 확장 분석
4	타당성 분석	• 시장반응 분석 • STP 4P • ROI 분석
5	제품 개발	• 페스트 프로토 타이핑 / 린 스타트업
6	시장 확인	• 고객반응 관찰 / 린 스타트업 • 4단계로 전환
7	최적 아이템 결정	• 양산 준비 • 홍보방법 준비 • 유통채널 준비

출처 : 홍승민(2020), 사업계획서 작성법

◐ 단계별 세부 추진사항

1) 창업자 분석

창업자의 사업수행 능력에 대한 강점과 단점에 대해서 객관적인 분석을 실시하여 특히 약점을 보완할 수 있는 방안을 강구해야 한다. 총 소요자금 중에서 자기자본의 확보 상태를 파악하고, 추가로 자금을 조달할 수 있는 능력을 점검해야 한다. 기업가정신, 창조력, 리더십, 통찰력 등의 소양과 적성을 보유하고 있는지를 점검하고, 창업관련 분야의 경험이 있는지, 관련 학문과 지식은 충분한지, 창업을 위한 인적네트워크는 충분한지를 냉철하게 분석해야 한다. 창업멤버의 구성, 조직관리능력, 경영기획능력 등 전반적인 경영관리능력에 대해 점검해 본다.

2) 아이템 탐색

아이템을 선정하기 전에 아이템을 탐색해야 한다. 시장에 출시된 기존 아이템의 장점 및 단점을 분석하고 기존 제품을 직접 사용함으로써 분석을 해야 한다. 특히, 기존 제품의 단점을 파악해서 단점을 보완할 수 있는 부분을 확인해야 한다. 해당 아이템의 기존 시장은 얼마나 큰지, 앞으로 신시장을 형성할 수 있는지를 파악해야 한다. 창업자의 실질적인 경험을 바탕으로 아이템을 탐색하는 것도 좋은 방법이다. 기술추이 분석과 연계해서 정부가 추진하고 있는 AI 등 산업기술의 동향을 파악하고, 사회추이 분석은 사회적 현상을 분석하는 것으로서, 예를 들면 반려동물 증가, MZ세대의 구매력 증가 등이 있다. 마지막 단계로는 기술완성까지 소요되는 시간이 중요하다. 기술완성까지 자금이 충분히 마련되어 있어야 한다. 또한, 가급적 경쟁사보다 먼저 기술을 완성시켜 제품을 시장에 출시해야 한다.

3) 시장성 검토

아이템의 시장성 검토는 현재 시장 규모 분석뿐만 아니라 향후 미래에 성장가능성과 확장성이 있는지를 검토해야 한다. 또한, 일회성 시장성 검토가 아닌 지속적인 시장 검토가 필요하다. 시장성을 검토하는 방법에는 TAM(전체시장)-SAM(유효시장)-SOM(수익시장) 방법, 가중이동평균법, 설문조사예측법, 상관분석법, 판단예측법 등이 있다.

4) 타당성 분석

타당성 분석은 창업 아이템의 가치를 평가하는 것으로 아이템 분석을 바탕으로 기타 창업요소 및 요건을 검토하고, 시장 분석, 기술 분석, 재무 분석 등으로 구분하여 추진한다. 한편, 외부전문가 또는 제3자가 분석하기보다는 창업자 자신이 직접 분석을 실시하는 것이 바람직하다.

5) 제품개발

제품개발 시에는 시장에서 시행착오를 줄이기 위해서 린 스타트업(Lean Startup) 방식을 도입한다. 린 스타트업은 우선 시장에 대한 가정(Market Assumptions)을 시험하기 위해서 빠른 프로토타입(Prototype)을 만들도록 권한다. 스타트업이 가지고 있는 아이디어를 최소요건제품(MVP : Minimum Viable Product)으로 빠르게 만들어 시장에 출시한 후 고객 검증 등 시장의 반응을 통해서 제품의 품질을 개선해 나가는 것이다. 린 스타트업의 핵심은 낭비를 줄이는 것이다. 린 스타트업 프로세스는 고객 개발(Customer Development)을 사용하여, 실제 고객과 접촉하는 빈도를 높여서 낭비를 줄이고, 이런 과정을 통해 시장에 대한 잘못된 가정을 최대한 빨리 검증한다.

6) 시장확인

제품이 거의 완성되었다면 시장의 확인과정을 거쳐야 한다. 제품을 시장에 출시하고 시장에서 고객의 반응을 확인한 뒤 당초 예상과 반응이 다르다면, 4단계인 타당성 분석을 다시 시작해야 한다.

7) 최적 아이템 결정

시장에서 최적의 아이템이 결정되었다면, 양산체계를 구축하고 제품의 홍보 및 유통 채널을 형성해서 매출을 증대시킬 준비를 해야 한다.

4 기업의 종류와 설립

◎ 개인기업 설립

1) 개인기업의 종류

개인기업은 간이과세자, 일반과세자, 면세사업자로 구분될 수 있다.

(1) 간이과세자

연간 공급대가 예상액 4,800만원 미만인 개인사업자가 해당되며, 간이과세에 미적용되는 업종은 〈표 2-4〉와 같다.

〈표 2-4〉 간이과세 미적용 업종

① 광업, 제조업(과자점, 떡방앗간, 양복 · 양장 · 양화점은 가능)
② 도매업(소매업 겸업 시 도 · 소매업 전체), 부동산매매업
③ 전문직사업자(변호사, 심판변론인, 변리사, 법무사, 공인회계사, 세무사, 경영지도사, 기술지도사, 감정평가사, 손해사정인, 통관업, 기술사, 건축사, 도선사, 측량사, 공인노무사, 약사, 한약사, 수의사 등)
④ 국세청장이 정한 간이과세 배제기준에 해당되는 사업자
⑤ 현재 일반과세자로 사업을 하고 있는 자가 새로이 사업자등록을 낸 경우(다만, 개인택시, 용달, 이 · 미용업은 간이과세 적용 가능)
⑥ 일반과세자로부터 포괄양수 받은 사업

출처 : 한국관광공사(2019), 관광기업지원센터 상담 매뉴얼

(2) 일반과세자

간이과세자 이외의 개인 과세사업자를 의미한다.

(3) 면세사업자

면세품목을 취급하는 사업자를 의미하며, 면세사업자 적용 품목은 〈표 2-5〉와 같다.

〈표 2-5〉 면세사업자 적용 품목

① 기초생활 필수품 재화 : 미가공식료품, 연탄과 무연탄, 주택임대용역
② 국민후생용역 : 의료보건용역(병의원)과 혈액, 교육용역(학원), 여객운송용역(고속버스·
  항공기·고속전철 등 제외), 국민주택 공급과 당해 주택의 건설용역
③ 문화 관련 재화·용역 : 도서, 신문, 잡지, 방송(광고 제외)
④ 부가가치 구성요소 : 토지 공급, 인적 용역, 금융 및 보험 용역
⑤ 기타 : 공중전화, 복권 등

출처 : 한국관광공사(2019), 관광기업지원센터 상담 매뉴얼

2) 개인기업의 설립절차

개인기업의 설립절차는 인·허가취득, 사업자등록, 사업개시 및 기타 신고사항으로 구분되며, 구분별 자세한 내용은 〈표 2-6〉과 같다.

〈표 2-6〉 개인기업 설립절차 구분별 내용

구 분	내 용
인·허가취득	개별법에 의한 인·허가 업종에 한함
사업자등록	신청서류 제출 및 사업자등록증 교부
사업개시 및 기타 신고사항	근로자명부·임금대장 작성, 취업규칙작성 신고, 4대보험 신고

3) 제출서류

개인기업의 설립을 위해 필요한 제출서류는 아래와 같다.
① 사업자등록신청서
② 임대차계약서 사본(사업장을 임차한 경우) 단, 전대차계약인 경우는 "전대차계약서 사본"
③ 허가(등록, 신고)증 사본(해당 사업자)
  - 허가(등록, 신고) 전에 등록하는 경우 허가(등록)신청서 등 사본 또는 사업계획서
④ 동업계약서(공동사업자인 경우)

⑤ 자금출처 명세서

- 금지금 도·소매업, 액체·기체연료 도·소매업, 재생용 재료 수집 및 판매업, 과세유흥장소 영위자의 경우

⑥ 재외국민·외국인 등의 경우

- 재외국민등록부등본, 외국인등록증(또는 여권) 사본

- 국내에 통상적으로 주재하지 않는 경우 : 납세관리인 설정 신고서

◎ 법인기업 설립

1) 법인기업의 종류

「상법」 제170조에 의한 법인기업은 합명회사, 합자회사, 유한책임회사, 주식회사, 유한회사로 구분될 수 있으며, 기업별 기본 개념 및 상세 내용은 〈표 2-7〉 및 〈표 2-8〉과 같다.

〈표 2-7〉 법인기업의 종류

구 분	내 용
합명회사	개개 사원의 개성에 기초를 두고 설립된 회사 채권자에 대해 직접 연대해 무한책임을 지는 2인 이상의 무한책임 사원으로 구성 인적 신뢰관계가 있는 소수의 인원으로 구성되는 공동기업에 적합한 회사
합자회사	인적 회사와 물적 회사의 결합형태 1인 이상의 무한책임사원과 유한책임사원으로 설립된 회사 사업 경영은 무한책임사원이 하고, 유한책임사원은 자본을 제공하여 사업 이익 분배에 참여
유한책임 회사	출자자인 사원의 직접 경영 참여 및 출자한 투자액의 한도에서 법적 책임 부담 내부적으로는 조합의 성격을 구비하고 외부적으로는 주식회사의 장점 결합 청년 벤처 창업, 사모(私募)투자펀드, 법무법인, 세무회계법인 등에 적합
주식회사	가장 일반화된 형태의 회사 균등 세분화된 주식의 형태로 주주가 출자한 일정한 자본이 모여 이루어진 회사 사단법인이며 영리를 목적으로 함
유한회사	유한책임을 가지는 출자자 수 2인 이상~50인 이하, 자본금 1천만원 이상 가능 소규모의 주식회사이며, 합명회사와 주식회사의 장점을 절충

출처 : 한국관광공사(2019), 관광기업지원센터 상담 매뉴얼

〈표 2-8〉 법인기업의 분류 및 상세 내용

구 분	내 용	설립행위	기관구성
합명회사	무한책임사원으로 구성되며 각 사원이 회사의 채무에 대하여 연대하여 무한의 책임을 지는 회사(상법 제212조)	2명 이상의 사원이 공동으로 정관을 작성하고 설립등기를 함으로써 성립(상법 제178조 및 제180조)	무한책임사원은 업무집행권리와 회사를 대표할 권리를 가짐(상법 제200조 및 제207조)
합자회사	무한·유한책임사원으로 구성되며 무한책임사원은 회사의 채무에 대하여 연대하여 무한의 책임을 지고, 유한책임사원은 출자금액의 한도 내에서 책임을 지는 회사(상법 제268조)	합자회사는 무한책임사원이 될 사람과 유한책임사원이 될 사람을 각각 1명 이상으로 하여 정관을 작성한 후 설립등기를 함으로써 성립(상법 제268조 및 제271조)	무한책임사원은 회사의 업무를 집행할 권리와 의무가 있으며(상법 제273조), 유한책임사원은 업무감시권이 있음(상법 제277조)
유한책임회사	유한책임사원으로 구성되며, 각 사원이 출자금액의 한도에서 책임을 지는 회사(상법 제287조의7)	유한책임회사는 사원이 정관을 작성하고 설립등기를 함으로써 성립(상법 제278조의2 및 제278조의5)	정관으로 사원 또는 사원이 아닌 자를 업무집행자로 정해야 하며, 정관 또는 총사원의 동의로 둘 이상의 업무집행자가 공동으로 회사를 대표할 수 있음(상법 제287조의19)
주식회사	회사는 주식을 발행하며 주주는 인수한 주식의 인수가액을 한도로 책임을 지는 회사(상법 제331조)	주식회사는 발기인이 정관을 작성하여 공증인의 인증을 받은 후 각 주식에 대한 인수가액의 전액과 현물출자의 이행을 완료한 후 설립등기를 함으로써 성립(상법 제317조)	주식회사는 의사결정기관으로 주주총회, 업무집행기관으로 이사회 및 대표이사, 감사기관으로 감사가 존재함
유한회사	각 사원이 출자금액 한도 내에서 책임을 지는 회사(상법 제553조)	유한회사는 정관을 작성하고 출자금액의 납입 또는 현물출자의 이행이 있은 후 설립등기를 함으로써 성립(상법 제548조 및 제549조)	유한회사의 의사결정기관은 사원총회이며, 사원총회는 회사의 업무집행을 포함한 모든 사항에 대하여 의사결정을 할 수 있음

출처 : 법제처(www.easylaw.go.kr)

2) 법인기업 설립절차

법인기업의 설립절차는 발기인 조합 설립, 정관 작성, 정관인증, 주식발행 사항 결정 후 서로 상이한 과정의 발기설립과 모집설립의 과정을 거친 후, 법인설립 등기, 법인설립 신고의 과정을 거치면 된다.

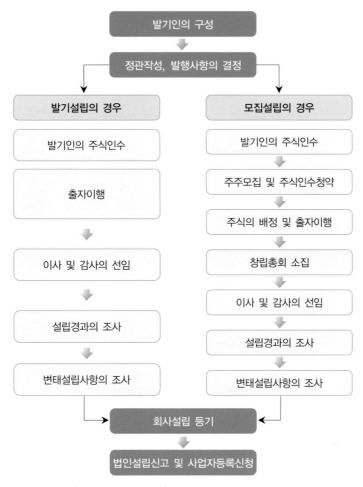

출처 : 법제처(www.easylaw.go.kr)

[그림 2-2] 법인기업 설립절차

3) 제출서류

법인기업 설립의 제출서류는 영리법인과 비영리 내국법인별로 각각 상이하며 제출서류의 자세한 내용은 〈표 2-9〉와 같다.

〈표 2-9〉 제출서류

구 분	제출서류
영리법인	1. 법인설립신고 및 사업자등록신청서 2. 정관 사본 3. 법인등기부 등본 4. (법인명의)임대차계약서 사본(사업장을 임차한 경우) 5. 주주 또는 출자자명세서 6. 허가(등록, 신고)증 사본(해당 법인) 　- 허가(등록, 신고) 전에 등록하는 경우 허가(등록)신청서 등 사본 또는 사업계획서 7. 자금출처 명세서 　- 금지금 도·소매업, 액체·기체연료 도·소매업, 재생용 재료 수집 및 판매업, 과세유흥장 　　소 영위자의 경우 8. 현물출자명세서(현물출자법인의 경우)
비영리 내국법인	1. 법인설립신고 및 사업자등록신청서 2. 정관사본 3. 법인등기부 등본 4. (법인명의)임대차계약서 사본(사업장을 임차한 경우) 5. 허가(등록, 신고)증 사본(해당 법인) 　- 허가(등록, 신고) 전에 등록하는 경우 허가(등록)신청서 등 사본 또는 사업계획서 6. 주무관청의 설립허가증 사본

출처 : 한국관광공사(2019), 관광기업지원센터 상담 매뉴얼

4) 온라인 시스템

10억원 미만의 주식회사(발기설립), 합명·합자·유한·유한책임회사를 설립할 경우 온라인 법인설립시스템(www.startbiz.go.kr)을 이용하는 것이 편의성이 있다.

(1) 온라인 법인설립시스템(www.startbiz.go.kr)

상호 검색에서부터 4대 사회보험 가입까지 온라인 원스톱 처리, 기본사항 입력으로 신청하며, 단계별 신청서, 정관 등 첨부서류 자동 생성, 기관별·진행 단계별 진행사항 문자 서비스 제공을 지원한다.

(2) 준비사항 및 시스템 진행 순서

온라인 법인설립시스템을 이용할 시 준비해야 할 내용과 시스템의 진행 순서는 〈표 2-10〉과 같다.

〈표 2-10〉 온라인 법인설립시스템 이용 준비사항과 진행 순서

구 분	내 용
준비사항	• 온라인 법인설립시스템 회원가입(대표이사 및 구성원 전체) • 법인인감도장이 날인된 A4용지 • 주민등록등본상 주소(대표이사 및 구성원 전체) • 법인등록면허세 감면신청 서류(해당 시) • USB로 연결된 스캐너 • 잔고증명을 위한 자본금 입금(대표이사 개인계좌) • 인터넷등기소 회원가입 및 사용자등록(대표이사)
시스템 진행 순서	① 회사설립신청(법인설립 기본정보 입력) ② 회사설립신청(구비서식 및 법인설립 신청서 작성) ③ 잔고증명 / 주금납입증명 발급 ④ 법인 등록면허세 신고 및 납부 ⑤ 법인 설립등기 신청(등기수수료 납부) ⑥ 사업자등록 신청 ⑦ 4대 사회보험 신고 ⑧ 등기소 방문(전자증명서 발급) ⑨ 세무서 방문(사업자등록증 수령) ⑩ 은행 방문(법인통장 발급)

출처 : 한국관광공사(2019), 관광기업지원센터 상담 매뉴얼

❯ 개인기업과 법인기업의 비교

1) 개인기업과 법인기업의 장점 및 단점

개인기업은 설립등기가 필요없고 기업 이윤을 기업주가 독점할 수 있지만, 대표자는 채무자에 대해서 무한책임을 진다. 반면, 법인기업의 대표자는 회사 운영에 있어서 일정한 책임을 지며, 높은 신용도를 바탕으로 금융기관 등과의 거래에 있어서도 유리한 점이 있지만, 설립절차가 복잡하고 일정규모 이상의 자본금이 있어야 설립이 가능하다.

〈표 2-11〉 개인기업과 법인기업의 특성 비교

구분	개인기업	법인기업
설립절차	사업자등록만으로 간편하게 설립	정관작성 및 법인설립 등기절차
경영	단독 무한 책임 신속한 의사결정 경영능력의 한계	회사의 형태에 따라 분류 (유한책임, 무한책임) 의사결정의 지속성 소유와 경영의 분리 가능

기업주 활동	기업주 활동의 자유	기업주 활동의 제약(상법 등)
의사결정	개인에 의한 신속한 의사결정	이사회 등 다수 공동결정체제
자본조달	개인의 전액출자로 조달 한계	다수의 출자자로 자본조달 가능
이윤분배	개인 독점	출자자 지분에 의해 분배
기업 영속성	기업의 영속성 결여	기업의 영속성 유지
세제	소득세 과세(6~42%) 일정규모 이하인 경우 세금부담에 유리 대표자 본인의 급여 불인정 장부기장 등이 상대적으로 덜 엄격	법인세 과세(10~22%) 일정규모 이상인 경우 세금부담에 유리 대표자의 급여인정 복식부기에 의한 장부기장 증빙징취 등의 엄격성 요구 업무무관 가지급금 등에 대한 인정이자의 계산

출처 : 한국창업보육협회(www.kobia.or.kr)

〈표 2-12〉 개인기업과 법인기업의 장·단점 비교

구분	개인기업	법인기업
장점	• 설립등기가 필요 없고 사업자등록만으로 사업 시작이 가능하므로 기업설립 용이 • 기업이윤 전부를 기업주가 독점할 수 있음 • 창업비용과 창업자금이 상대적으로 적게 소요되어 소자본을 가진 창업자도 창업 가능 • 일정 규모 이상으로는 성장하지 않는 중소규모 사업에 안정적이고 적합 • 기업 활동에 있어 자유롭고, 신속한 계획수립 및 계획변경 등이 용이 • 개인기업은 인적 조직체로서 제조방법, 자금 운용상의 비밀유지 가능	• 대표는 회사 운영에 대해 일정한 책임을 지며, 주주는 주금납입을 한도로 채무자에 대해 유한책임을 짐 • 사업양도 시에는 주식을 양도하면 되고, 주식양도에 대하여 원칙적으로 낮은 세율의 양도소득세가 부과되고, 주식을 상장한 후에 양도하면 세금이 없음 • 일정 규모 이상으로 성장이 가능한 유망사업의 경우에 적합 • 주식회사는 신주발행 및 회사채 발행 등을 통한 다수인으로부터 자본조달이 용이 • 대외공신력과 신용도가 높기 때문에 관공서, 금융기관 등과의 거래 시 유리
단점	• 대표자는 채무자에 대하여 무한책임을 지며, 대표자가 변경되는 경우에는 폐업을 하고, 신규로 사업자등록을 해야 하므로 기업의 계속성 및 지속성이 단절됨 • 사업양도 시에는 양도된 영업권 또는 부동산에 대하여 높은 양도소득세가 부과됨 • 대외 신용도 취약	• 설립절차가 복잡하고 일정 규모 이상의 자본금이 있어야 설립이 가능함 • 주식회사인 벤처기업의 설립 자본은 2천만원 이상임 • 대표자가 기업자금을 개인용도로 사용하면 회사는 대표자로부터 이자를 받아야 하는 등 세제상의 불이익이 있음

◎ 여성기업

여성이 대표인 개인사업자 및 회사는 여성이 대표이사로 이루어진 상법상 회사(주식회사, 유한회사, 합명회사, 합자회사, 유한책임회사)로 여성대표는 회사의 최대출자자여야 한다.

협동조합은 여성이 조합의 이사장이면서 아래의 조건을 충족하는 일반협동조합이어야 한다.

- 총조합원의 수에서 여성이 과반수일 때
- 총출자좌수의 과반수가 여성인 조합원이 출자
- 이사장이 여성
- 이사장 포함 총 이사의 과반수가 여성인 조합원일 것

관 광 벤 처 창 업 론

디자인 싱킹

CHAPTER 03 디자인 싱킹 (Design Thinking)

1 디자인 싱킹(Design Thinking)의 이해

창업기업이 창업아이템을 개발하고자 할 때 디자인 싱킹(Design Thinking)을 활용할 수 있다. 디자인 싱킹(Design Thinking)은 디자인(Design)과 생각하기(Thinking)가 결합된 단어로, 디자인을 잘하기 위한 방법 또는 디자인을 생각하는 의미라기보다는 '디자이너가 생각하는 방식으로 세상을 바라보고, 이전과는 다른 방식으로 다양한 문제를 해결하는 방법'을 의미한다.

위키피디아 백과사전의 디자인 싱킹에 대한 정의에 의하면 "디자인 과정에서 디자이너가 활용하는 창의적인 전략이다. 또한 전문적인 디자인 관행보다 문제를 숙고하고, 문제를 더 폭넓게 해결할 수 있기 위하여 이용할 수 있는 접근법이며, 산업과 사회적 문제에 적용되어왔다. 디자인 싱킹은 기술적으로 이용 가능하고, 사람들의 요구를 충족하기 위하여 실행 가능한 사업 전략이 고객 가치와 시장 기회로 바꿀 수 있는 것으로써 디자이너의 방법을 사용한다"라고 했다. 위키피디아 백과사전의 디자인 싱킹에 대한 설명을 간단하게 정리하면 '현실에서 발생하는 문제를 디자이너가 생각하는 방식으로 해결하고, 비즈니스에 있어서 모든 문제를 디자인적 요소를 활용해서 해결해 나간다'는 의미이다.

디자인 싱킹은 1991년 데이비드 켈리(David Kelly)에 의해 설립된 세계 최초의 디자인 회사인 아이데오(IDEO)에서 제품 개발에 사용하던 디자인 방법론으로 2008년 아이데오사 CEO인 팀 브라운(Tim Brown)이 하버드 비즈니스 리뷰(Harvard Business Review)에 'Design Thinking'을 기고하면서 알려졌다. 팀 브라운은 "디자인 싱킹은 소비자들이 가치 있게 평가하고 시장의 기회를 이용할 수 있으며, 기술적으로 가능한 비즈니스 전략에 대한 요구를 충족시키기 위하여 디자이너의 감수성과 작업방식을 이용하는 사고방식이다"라고 하였다. 또한, 아이데오사는 디자인 싱킹의 시작은 인간의 실제 필요성에서 시작해서 사회과학, 비즈니스, 기술의 교집합에서 찾는 것이 그 원리라고 하였다.

로저 마틴(Roger Martin)은 『디자인 싱킹』(2009)에서 "분석적 사고와 직관적 사고는 둘 다 최적의 경영을 위해 필요하지만, 하나만으로는 충분하지가 않다. 디자인 싱킹은 분석적 사고나 직관적 사고의 한쪽이 아니라 이에 대해 통합적으로 접근하는 사고법이다"라고 하였다.

고객이 필요한 것을 만들고, 고객의 니즈를 해결하며, 고객 맞춤형의 새로운 디자인을 추구하는 디자인 싱킹은 기존 비즈니스에서 많이 활용되었던 논리설계에 의한 분석적 사고, 추상적인 직관적 사고와는 달리 인간중심적이고 고객중심적이다. 이러한 고객중심적인 디자인 싱킹의 개념을 고려하면, 예비 창업자나 초기창업자들이 시장에서 고객 맞춤형 사업 아이템 개발에 있어서 디자인 싱킹 기법을 활용해서 비즈니스 모델을 수립할 수 있다.

2 디자인 싱킹(Design Thinking)의 프로세스

디자인 싱킹의 프로세스는 공감하기(Empathize), 문제 정의하기(Define), 아이디어 도출하기(Ideate), 시제품 만들기(Prototype), 시장 테스트(Test) 등의 5단계로 구성되어 있다.

[그림 3-1] 디자인 싱킹 프로세스 5단계

◉ 공감하기(Empathize)

디자인 싱킹 5단계 중에서 가장 중요한 단계로 고객의 관점에서 관찰하고 듣고 생각하고 행동하여 문제를 발견하는 과정이다. 공감하는 방법은 실제로 어떻게 행동하는지를 살펴보는 관찰하기, 경험을 직접 듣는 인터뷰, 진짜 문제를 찾기 위한 직접 체험하기, 스토리보드 만들기 등 다양한 방법이 있다. 통상적으로 각 방법을 전부 적용하는 것이 좋은데 각 방법들을 통해서 문제를 예측하고 디자인 리서치를 설계할 수 있다.

- 관찰하기 : 고객이 실제로 어떻게 행동하는지를 살펴본다.
- 인터뷰 : 고객의 경험을 인터뷰하면서 고객을 이해하면서 공감과 호응을 사용한다.
- 직접 체험하기 : 공감을 바탕으로 한 인사이트를 찾고 진짜 문제를 찾아야 한다.
- 스토리보드 만들기 : 고객의 경험을 처음부터 끝까지 따라 해보고 각 단계별로 그림을 그린다.

◉ 문제 정의하기(Define)

고객의 관점에서 충분히 공감하고 나면 공감 단계에서 얻은 통찰을 바탕으로 고객의 진정한 문제를 찾아내고 문제를 정의하는 과정이다. 고객이 정말 실질적으로 해결되기를 원하는 문제인지, 문제가 해결되었을 때 가치 창출이 되어야 하며, 영감을 얻을 수 있는 문제인지에 대해 심사숙고하고 정의를 내려야 한다.

- 진정한 문제의 조건
  - 고객이 정말로 바라고 원하는 것인가?
  - 고객에게 진정한 가치를 주는 것인가?
  - 우리가 정말로 바라는 것인가?
  - 우리에게 영감을 줄 수 있는 문제인가?
  - 우리에게 열정을 불러일으키는 문제인가?

◉ 아이디어 도출하기(Ideate)

앞선 2단계에서 정의 내린 문제를 해결하기 위한 아이디어가 필요하다. 현실적인 부분을 굳이 고려하지 않고 자유롭게 아이디어를 제시하고, 고객에게 적합한 해결방안을 제시해야 하며, 고객의 Pain Point 개선 중심으로 질보다는 다양한 사람들의 많은 아이디어가 제시되어야 한다. 작은 아이디어도 큰 변화를 가져올 수 있고 위대한 아이디어가 될 수 있기에, 가능한 많은 사람들과 문제해결을 위한 아이디어를 교환해야 한다. 이때 각자가 제시한 아이디어에 대한 판단은 우선 보류하고, 가능한 모든 아이디어를 수렴해서 자유롭게 의견을 개진하고 아이디어를 발전시켜야 한다.

- 아이디어 도출원칙
  - 제시된 모든 아이디어를 비평 또는 비난하지 않는다.
  - 모든 아이디어를 수용한다.
  - 자유로운 분위기에서 엉뚱하고 비현실적으로 보이는 아이디어도 장려한다.
  - 작은 아이디어에서 변화가 올 수 있기에 질보다는 양으로 승부한다.
  - 제시된 아이디어에서 새로운 아이디어를 만들어낸다.
  - 아이디어를 혼합하여 시너지를 낼 수 있는 아이디어를 창출한다.
  - 말보다는 시각화를 통해서 아이디어를 도출한다.

- 아이디어 도출기법
  - 트리즈(TRIZ)
  - 디자인 싱킹 툴킷(Design Thinking Toolkit)
  - 브레인스토밍(Brainstorming)
  - 마인드맵(Mindmap)

◉ 시제품 만들기(Prototype)

앞선 3단계에서 아이디어가 정해지면 이를 시각화해서 서비스 시나리오를 만들어보고 고객 입장에서 평가해 보는 단계이다. 이 단계에서 중요한 점은 완성도가 높지 않아도 형식에 제한을 두지 않고 낮은 완성도의 그림 그리기 또는 빠르게 쉽고 저렴하게 만들어서 새로운 상품과 아이디어를 구체화시킬 수 있다. 이 단계를 통해서 의사소통을 향상시키고, 기억의 한계를 극복할 수 있으며, 시각화는 의사소통과 협업에 절대적인 도움을 줄 수 있다.

- 시제품 만드는 방법
  - 스토리보드 만들기
  - 도표로 표현하기
  - 스토리 만들기

◎ 시장 테스트(Test)

고객에게 완성된 시제품을 보여주고 고객의 피드백을 확인하여 개선하는 단계이다. 고객의 의견을 듣고 개선하여 아이디어의 실현 여부를 검증하는 단계로서, 지속적인 고객의 사용성을 테스트함으로써 시제품의 문제점 개선 등을 통해 완성도를 높일 수 있다. 고객의 피드백에 위축되지 않고 피드백을 잘 반영해서 아이디어를 발전시키는 것이 매우 중요하다.

3 | 디자인 싱킹(Design Thinking)의 단계별 추진방법

디자인 싱킹(Design Thinking)의 공감하기(Empathize), 문제 정의하기(Define), 아이디어 도출하기(Ideate), 시제품 만들기(Prototype), 시장 테스트(Test) 등의 5단계별 상세 추진방법은 다음과 같다.

◎ 공감하기(Empathize)

◼ 인터뷰 방법

- 인터뷰 전 질문지 준비사항
  - 질문지를 만들 때 중요 궁금사항을 5~6개로 구성된 주요 질문과 주요 질문에서 연계하여 기분, 상황, 경험들이 상세하게 그려질 수 있는 부수질문을 준비한다.

- 프로젝트 구성원끼리 주요 질문에 대해 토의를 하고 투표로 결정해도 좋다.
- 서로의 답변에 영향을 줄 수 있는 집단별 인터뷰보다는 1:1 인터뷰가 좋다.
- 고객이 제품이나 서비스를 직접 사용한 뒤 사용 후기 등에 대해서 인터뷰를 한다.

- 인터뷰 중
  - 인터뷰를 시작하기 전 고객으로부터 객관적이고 솔직한 답변을 유도하기 위해 간단한 대화나 기념품 제공 등을 통해서 친밀한 관계를 형성한다.
  - 고객 답변의 객관성을 위해서 질문자는 자신의 주관적인 의견을 개진할 필요는 없다.
  - 고객의 답변에 대해 최대한 경청한다.
  - 답변 시에는 한정된 시간을 부여하기보다는 충분히 답변할 수 있게끔 충분한 답변시간을 제공한다.
  - 고객의 답변이 너무 추상적일 경우 구체적인 질문을 함으로써 고객의 답변을 정확하게 파악할 필요가 있다.
  - 고객의 답변은 사실 중심으로 정확하게 빠짐없이 기록해야 한다.

❯ 문제 정의하기(Define)

공감하기 단계를 통해서 고객과의 공감관계를 형성한 후, 고객이 진정으로 원하는 사항에 대해 정의를 내리는 단계이다. 공감하기 단계에서 수집된 자료를 정리하고 분석하는 과정을 통해 고객이 진정으로 원하는 니즈(Needs)를 찾고 정의해야 한다.

❑ 고객자료 분석방법
- 고객여정지도(User Journey Map) 만들기
  - 고객이 제품 및 서비스를 만나기 전부터 만나는 과정, 만남을 끝내는 전체 과정의 경험을 생생하고 체계적으로 시각화하는 방법인 고객여정지도(User Journey Map)를 만든다.

- 고객여정지도 만들기를 통해 고객의 관점에서 고객 경험을 파악하고 이해할 수 있으며, 서비스 개선의 우선순위를 정할 수 있다.

- 많은 고객들의 특성을 일반적으로 정의할지, 타깃별로 별도의 페르소나를 설정할지를 결정한다.

- 고객여정지도는 참여(Engagement), 구매(Buy), 사용(Use), 공유(Share), 완료(Complete) 단계로 구성되며, 참여(Engagement)는 고객이 제품 및 서비스를 다양한 매체 광고를 통해서 만나는 단계이며, 구매(Buy)는 고객이 매체 광고를 통해 인지하게 된 제품 및 서비스를 구매하는 단계이다. 사용(Use)은 고객이 구입한 제품 및 서비스를 직접 체험하는 단계이며, 공유(Share)는 고객 자신이 제품 및 서비스를 체험한 후 체험 후기를 타인에게 전하거나, 각종 후기 사이트에 고객 의견을 남기는 단계이다. 마지막으로 완료(Complete)는 체험한 제품 및 서비스를 폐기, 변경, 업그레이드, 보완, 재구매 등을 하는 단계이다.

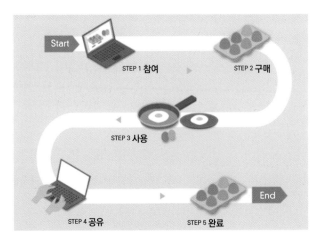

출처 : 기획재정부 경제e야기(www.moef.go.kr)

[그림 3-2] 고객여정지도(User Journey Map)

- 또 다른 고객여정지도는 유저 행동(User Action), 유저 기분(User Feeling), 터치포인트(Touch Point), 강점, 약점, 기회 영역으로 나눌 수 있다. 유저 행동(User Action)은 전체 과정에서 웹이나 앱을 통해 할 수 있는 행동 즉 서비스 사용 순서이고, 유저 기분(User Feeling)은 유저 행동하면서 느끼게 되는 유저의 감

정을 수 또는 별점 등의 정량적 기준으로 계산하고, 터치 포인트(Touch Point)는 유저 행동을 통해서 거쳤던 모든 매체나 사람 등을 의미한다. 강점과 약점은 각 단계에서 제품 및 서비스의 강점과 약점이고, 기회 영역은 강점을 더 강하게 만들고, 약점을 보완할 수 있는 기회를 찾고, 고객의 경험을 개선할 수 있는 아이디어를 창출하는 단계이다.

◎ 아이디어 도출하기(Ideate)

아이디어는 자신만의 생각보다는 여러 사람들이 각자의 경험과 지식을 토대로 의견을 교환하면서 아이디어를 도출할 수 있지만, 많은 의견을 교환해도 상황에 맞는 적합한 아이디어를 도출하기가 매우 어렵다. 하지만 창의적인 아이디어를 도출하여 사업아이템으로 이어져야 하는데, 창의적인 아이디어를 창출하기 위해서 스캠퍼(SCAMPER), KJ법 등의 다양한 방법을 사용한다.

◻ 스캠퍼(SCAMPER)기법

스캠퍼기법은 도출된 각각의 아이디어를 분류하고 합치고 짜집는 과정을 통해 새로운 아이디어를 창출하는 기법이다. 스캠퍼란 7개 키워드의 앞 글자를 따서 부르는 말로써, 각 7개의 항목마다 체크리스트를 작성하고 그에 맞는 새로운 아이디어를 도출한 뒤 최적의 아이디어를 선별하는 방법이다.

스캠퍼의 기본 원리는 질문을 하는 것으로, 7개의 항목마다 '~하면 어떨까?'라는 질문에 대한 답을 찾아가는 과정으로 아이디어를 발전시키는 방법이다.

[그림 3-3] **스캠퍼(SCAMPER)기법**

- Substitute(대체하기)

  • 기존의 것을 다른 것으로 대체하면 어떨까?

    예) 상담사를 사람에서 기계로 대체할 수 있을까?

      기존의 철 젓가락에서 나무젓가락으로 대체한 경우

      플라스틱 빨대에서 종이 빨대로 대체한 경우

- Combine(결합하기)

  • A와 B가 합치면 어떨까?

  • 다른 것과 합쳐보는 건 어떨까?

    예) 휴대전화 + 카메라 + 인터넷 = 스마트폰

      복사기 + 프린터 + 팩스 = 복합기

      티셔츠 + 모자 = 후드티

      애완견 리드 줄 + 우산

      세면대 수도꼭지 + 핸드드라이어

- Adapt(응용하기)

  • 어떤 것을 다른 목적으로 사용하거나, 다른 조건에서 사용하면 어떨까?

    예) 민들레 씨가 낙하하는 모습을 본뜬 낙하산

      빵 불리는 베이킹소다를 응용한 고무 스펀지 등

- Modify/Magnify/Minify(변형하기, 확대하기, 축소하기)

  • 크기, 색상, 기능, 디자인 등을 변형, 확대, 축소하면 어떨까?

    예) 휴대폰 고리 모양 교통카드, 노트북, 초소형 카메라, 세숫대야 냉면 등

- Put to other uses(용도 변경하기)

  • 지금까지와는 다른 용도로 사용하면 어떨까?

    예) 진흙 머드팩, 전자서명 수단으로 본인인증 이용, 달걀판 방음벽, 버스 식당,
      분무기 간장 등

- Eliminate(제거하기)
  - 기존에서 특정 기능, 색상, 모양 등 무언가를 빼보면 어떨까?
    예) 디카페인 커피, 무선 가전제품, 무지방 버터, 무테 안경 등

- Reverse/Rearrange(역발상하기, 다시 배치하기)
  - 순서, 형식, 구성을 반대로 하거나 재배열하면 어떨까?
    예) 김과 밥을 뒤바꾼 누드김밥, 양문형 냉장고, 출근을 하지 않는 재택근무, 발가락 양말 등

◻ KJ(친화도분석)기법

KJ(친화도분석)기법은 일본 동경공업대학의 문화인류학자인 가와키타 지로(Kawakita Jiro) 교수가 만든 아이디어 발상법으로 교수의 영어이름 표기 머리글자로 KJ기법이라 불린다.

브레인스토밍(Brainstorming)기법이 많은 아이디어를 생각해 낼 수 있는 방법이라면, KJ기법은 이러한 아이디어를 한군데로 모아서 체계적으로 정리하는 것이다. KJ기법은 창의성을 함양하기 위해 창안한 것으로, 문제해결이나 아이디어 발상회의 등에서 많이 활용되고 있으며, 리서치, 브레인스토밍 등을 통해 수집된 정보를 일목요연하게 정리하여 합의를 도출하고, 새로운 해석을 창출할 수 있다. 한편, 프로젝트 회의에서 KJ기법을 활용하면 각 참가자의 모든 정보와 의견을 도출하고, 체계화하여 우선순위를 정해서 참가자 간의 합의를 이끌 수 있다.

- KJ(친화도분석)기법 전개방법
  ① 주제를 정하고 정보를 수집한다.
  ② 주제에 대한 생각이나 정보를 1건마다 1장으로 알기 쉽게 구체적으로 카드에 기록한다. 이때 가급적 한 줄로 표현하며 20자 이내가 적당하다.
  ③ 작성한 카드를 모두 책상 위에 보기 쉽게 정렬하고 카드 내용을 읽는다.
  ④ 카드 내용이 유사한 것과 서로 내용이 관계가 있는 것끼리 2~3매를 모아 그것으로 소그룹으로 분류한다.
  ⑤ 소그룹의 내용을 서로 관계가 있는 카드의 묶음을 정리하여 중그룹으로 만들고

그 내용을 잘 나타내는 1행의 제목을 붙인다.

⑥ 서로 관계가 있는 중규모의 그룹을 정리하여 대그룹으로 만들고 그 내용을 잘 나타내는 1행의 제목을 붙인다. 이와 같은 과정을 통해 처음에 제시된 다양한 생각을 하나의 관계있는 체계로 정리할 수 있으며, 소그룹 만들기 → 중그룹 만들기 → 대그룹 만들기 등을 통해 통합시키는 것이 중요하다.

⑦ 대그룹, 중그룹, 소그룹의 순으로 우선 순위를 두고 라벨의 의미관계를 도식화한다. 즉, 카드그룹 간 관계를 문장화하여, 정리된 사실이나 의견을 문장으로 작성한다.

브레인스토밍(Brainstorming)

브레인스토밍은 미국의 광고회사 비비디오(BBDO) 창립자인 알렉스 오스본(Alex Osborn, 1888~1966)이 1939년에 개발한 기법으로, 하나의 주제에 대해 참가자들이 문제해결을 위한 다양한 아이디어를 제시하는 토론형식의 창의적인 아이디어를 도출하는 기법이다.

토론자들은 자유로운 분위기에서 상대방 아이디어에 대한 비판 없이 최대한 많은 아이디어를 도출하는 것이 목적이며, 아이디어들이 확산되면, 눈덩이 뭉쳐지듯 연쇄적으로 이어지기 때문에 눈 굴리기(Snow Bowling)기법이라고도 불린다.

– 브레인스토밍 4대 원칙

① 비판 금지 : 타인의 아이디어를 비판하거나 평가하지 않는다.

② 자유 분방 : 자유로운 분위기에서 엉뚱하고 특이한 아이디어 등 모든 아이디어를 환영한다.

③ 질보다 양 : 아이디어가 많을수록 좋은 아이디어가 나올 확률이 높다.

④ 결합과 개선 : 두 개 이상의 아이디어를 결합해 새로운 아이디어로 만든다.

강제연결법(Forced Connection Method)

평소에 서로 관계가 없는 둘 이상의 대상을 강제로 연결하여 새로운 아이디어를 도출하는 방법으로, 사고와 생각의 범위를 넓히고자 하는 목적으로 다소 인위적인 방법이지만 지식과 경험이 부족하거나 아이디어가 더 이상 나오지 않을 시에 유용하게 사용할 수 있다. 두 대상의 관계성이 낮을 때 효과가 크게 나타날 수 있다.

강제연결법의 대표적인 사례가 캐리어(Carrier)로써, 지금은 당연하게 여행 시 가지고 다니는 물품이지만, 발명 당시에는 가방과 바퀴라는 전혀 관계가 없는 것을 연결하여 큰 호응을 일으켰다.

- 강제연결법 프로세스
  ① 목표를 설정한다.
  ② 대상을 선택한다.
  ③ 각 대상의 특징을 서술한다.
  ④ 대상의 특징을 강제로 연결한다.
  ⑤ 새로운 아이디어를 도출한다.
  ⑥ 아이디어를 구체화한다.

▶ 시제품 만들기(Prototype)

아이디어를 정한 후 시제품을 제작하는 프로토타입은 Lo-fi 프로토타이핑과 Hi-fi 프로토타이핑으로 구분할 수 있다.

① Lo-fi 프로토타이핑(Low-Fidelity Prototyping)은 아이디어나 서비스 내용을 빠르게 표현하기 위해 사용되며, 기초적인 모델의 사용을 포함한다. 또한, Lo-fi 프로토타이핑은 저렴하고 쉽게 만들 수 있고 간단하게 시각화할 수 있는 모델이다. 예로는 스토리보드 만들기, 스케치 등이 있다.

② Hi-fi 프로토타이핑(High-Fidelity Prototyping)은 완성된 제품에 가깝게 적용되고 보여지는 구현 충실도가 높은 모델이다. 하지만 Lo-fi 프로토타이핑보다는 시간이 오래 걸리는 단점이 있다.

▶ 시장 테스트(Test)

시장 테스트(Test) 단계는 프로토타입에 대한 피드백을 받는 과정으로, 현장에서 고객을 만나 피드백을 받는 과정이다.

- 시장 테스트 방법

① 고객 대상 대면 인터뷰 실시

- 시제품에 대해서 어떻게 생각하는가?

- 시제품의 장단점은 무엇인가?

- 시제품을 어떻게 사용할 것인가?

② 고객 대상 관찰과 기록 실시

③ 고객 피드백 정리 : 시제품의 장점과 단점, 기타 의견 등

④ 시제품 평가표 작성 : 성능, 가격 등의 비교표

⑤ 시사점 도출 : 시제품 수정 여부, 문제 재정의 여부 등

관광벤처창업론

비즈니스 모델

CHAPTER 04 비즈니스 모델 (Business Model)

1 비즈니스 모델(Business Model)의 이해

비즈니스 모델(Business Model)은 정보기술(IT)의 발전으로 인터넷 기업들이 출현하기 시작한 1990년대 말 비즈니스 실무에서 확산된 개념으로, 위키피디아 사전에 의하면 비즈니스 모델(Business Model)을 "기업 업무, 제품 및 서비스의 전달 방법, 이윤 창출하는 법을 나타내는 모형으로, 기업이 지속적으로 이윤을 창출하기 위해서 제품 및 서비스를 생산·관리·판매하는 방법을 표현한다. 또, 사업 모형은 제품이나 서비스를 소비자에게 어떻게 제공하고 마케팅하며, 수익을 창출할 것인지에 대한 계획을 하는 것이나 사업 아이디어"라고 정의하였다.

또한, 비즈니스 모델(Business Model)은 수익 창출을 위한 기본 설계 및 구체적 설계로써 창업자를 대상으로 '사업의 아이디어를 토대로 어떻게 수익을 창출할 수 있는가?' 등을 고민하는 집의 기본 설계도 같은 역할을 한다. 비즈니스 모델(Business Model)은 수익모델에 대한 구체성 향상 및 부족하거나 미처 파악하지 못한 부분을 보완할 수 있으며, 만약 비즈니스 모델이 없다면 사업이 실패할 확률이 매우 높다.

한번 기획한 비즈니스 모델(Business Model)은 시장에 새로운 경쟁자가 등장하고, 시장의 환경도 빠르게 변화하기 때문에, 지속적인 비즈니스 모델(Business Model) 개선이 항상 필요하며, 필름제조의 대명사 기업이었던 코닥(Kodak)은 필름산업이 쇠퇴하고 디지털카메라 시장이 성장할 것을 예측은 했으나 시시각각 변화하는 비즈니스 환경과 연계한 비즈니스 모델(Business Model) 개발 실패로 인하여 시장에서 퇴출을 당했다.

상기의 비즈니스 모델(Business Model)에 대한 전문가별 정의를 정리해 보면 〈표 4-1〉
과 같다.

〈표 4-1〉 비즈니스 모델(Business Model) 정의

전문가	비즈니스 모델 정의
Paul Timmers (1998)	고객과 사업자 간의 상품, 서비스, 정보의 구조 및 흐름을 설정하여 수익의 원천을 창출하는 것
Michael Rappa (2002)	2002년도 웹기반의 비즈니스 모델이 등장할 시기에 "기업이 수익을 발생하고 지속적인 생존을 유지하기 위한 목적으로 사업을 수행하는 방식"으로 정의
Steve Blank (2010)	기업이 어떻게(how) 가치(value)를 만들고, 전달하고, 획득하는지에 대한 전체적인 흐름을 나타내는 것으로, 즉 고객에게 어떠한 가치를 주고 제품을 어떻게 판매하는지 그리고 이러한 판매를 통해 수익을 창출하는 것에 대한 흐름을 나타냄
Teece (2008)	기업이 고객에게 가치를 전달하기 위한 수익과 비용의 실행가능한 구조 및 고객의 가치제안을 지원하는 논리, 자료, 다른 증거들을 표현하는 것
Venkatraman & Henderson (1998)	고객과의 상호작용, 자산형태, 지식 수단 등의 세 가지 측면에서 전략을 수립하기 위해 조정된 계획

비즈니스 모델(Business Model)의 시대별 변화를 살펴보면, 1950년대는 맛과 서비스
의 표준화를 지향했던 맥도날드(McDonald), 1960년대는 넓은 매장, 많은 물건, 충분한
주차 공간을 소유한 월마트(Walmart), 1970년대는 익일 배송을 지향한 페덱스(Fedex),
1980년대는 맞춤형 컴퓨터를 제공했던 델(DELL)컴퓨터, 1990년대는 온라인 쇼핑몰을 주
도한 아마존(amazon)과 이베이(ebay), 2000년대는 SNS 소통메신저를 추구한 페이스북
(facebook)과 트위터(twitter), 2010년대는 공유경제를 추구했던 에어비앤비(airbnb)와 우
버(uber)를 시대별 비즈니스 모델의 전형이라 할 수 있다(창업에듀).

2 비즈니스 모델(Business Model)의 중요성

사업의 성공을 위해서는 기술을 포함하여 사업 전체를 균형적으로 바라볼 필요가 있
으며, 시장에서 경쟁력과 지속가능성을 유지할 필요가 있다. 비즈니스 모델(Business

Model)은 시장에서 기업이 이윤을 창출할 수 있는 방법을 설명하는 사업의 기본 설계도로 기술력이 매우 우수해도 비즈니스 모델에 결함이 있다면 경쟁에서 불리한 상황에 놓이게 된다.

또한, 상대적으로 기술력이 부족해도 우수한 비즈니스 모델(Business Model)은 보완 및 보충이 가능하고, 타 경쟁사가 모방하기 어려운 비즈니스 모델(Business Model)을 구축하여 경쟁력을 강화할 필요가 있는데, 대표적인 기업으로 스타벅스, 사우스웨스트, 자라, 유니클로 등을 예로 들 수 있다(세리프로).

비즈니스 모델(Business Model)에는 돈을 버는 과정을 제시하고, 어디서, 누구에게, 어떤 방법으로 전달하는가? 어떻게 만들고(How to make?) 어떻게 판매해서(How to sell?) 수익을 창출해야 하는가?에 대한 고민과 계획이 포함된다. 또한, 돈을 버는 메커니즘(Mechanism)을 소개하는 것이므로 돈을 벌기 위한 구성요소, 프로세스 등을 포함한 사업을 구체적으로 계획하는 것이다.

비즈니스 모델(Business Model)은 기존 기업에게는 경쟁우위에 설 수 있는 기회를 제공하고, 스타트업 기업에게는 치열한 경쟁환경에서 생존할 수 있는 기회를 제공한다. 또한, 자신만의 비즈니스 아이디어를 소유하고, 어느 시점에서 누구를 대상으로 어떤 가치를 어떤 방법으로 전달하고, 어떻게 수익을 창출할 것인지에 대하여 비즈니스 모델(Business Model)은 전반적인 방향과 방법을 제시한다.

비즈니스 모델(Business Model)에 대한 기대효과는 비즈니스 모델 자체를 혁신적으로 변화시킬 때 기업의 경쟁력과 성과가 극대화될 수 있으며, 자신이 보유한 기술만을 구현하거나 문제해결 중심으로 개발 시에는 실패할 가능성이 매우 높다. 비즈니스 모델(Business Model)은 고객지향적인 제품과 서비스를 개발하는 데 도움이 되므로 고객과 시장지향적인 상품 및 서비스 개발이 가능하다.

3 비즈니스 모델(Business Model)의 구성요소

Johnson, M. W. 외 등(2008)은 비즈니스 모델(Business Model)이 가치제안(Value Proposition), 목표고객(Target Customer), 가치사슬/조직(Value Chain/Organization), 전달방식(Delivery Design), 수익흐름(Revenue Stream) 등으로 구성되어 있다고 언급했다.

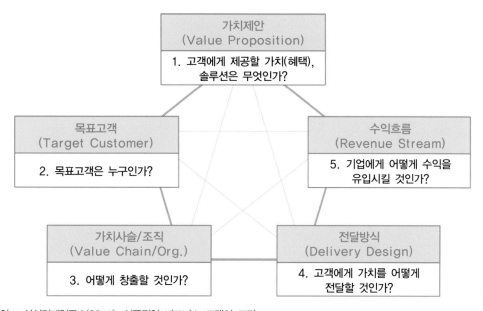

출처 : 삼성경제연구소(2011), 성공적인 비즈니스 모델의 조건

[그림 4-1] 비즈니스 모델(Business Model)의 구성요소

- 가치제안(Value Proposition)에는 다음의 내용이 포함된다.
  - 우리는 고객에게 어떤 가치, 혜택, 솔루션을 제공할 수 있는가?
  - 고객 관점에서 상품이나 서비스의 가치(value)와 상품이 고객 니즈(needs)를 어떻게 충족시킬 수 있을지에 관한 사항
  - 어떤 가치들(value)이 있는가?
    - 불편 해소, 새로움, 디자인, 가격, 편리성, 성능/기능, 비용절감, 위험(리스크) 절감, 유용성

- 목표고객(Target Customer) 또는 표적시장(Target Market)에는 다음의 내용이 포함된다.
  - 우리의 고객은 누구이며 누구를 대상으로 영업을 하는가?
    - 소비자는 다양한 니즈(needs)를 소유하고 있으며, 타 시장의 소비자들과는 구분되는 방식으로 상품 또는 서비스의 가치(value)를 판단하기에 고객의 가치(value)는 정확한 구분(segment)을 목표로 할 시에만 가치(value)가 구현될 수 있다.
    - 고객군의 유형을 살펴보면, 매스 마켓(mass market), 틈새시장(niche market), 명확한 세그먼트(segment) 시장, 세그먼트(segment) 혼재 시장, 멀티사이즈 시장 등이 있다.

- 가치사슬/조직(Value Chain/Organization)에는 다음의 내용이 포함된다.
  - 가치를 어떻게 창출할 것인가?
    - 상품 또는 서비스를 창출하고 시장에서 유통하기 위해 필요한 구조와 조직의 자원을 효과적으로 활용하는 방법을 의미한다.

- 가치네트워크라고 불리는 전달방식(Delivery Design)에는 다음의 내용이 포함된다.
  - 고객에게 가치를 어떻게 전달할 것인가?
    - 가치사슬·조직에서의 전/후방 활동을 최종 소비자와 연결하는 가치사슬상의 기업 포지션(Position), 공급자(Supplier), 보완업체 등이 포함된다.

- 수익흐름(Revenue Stream)에는 다음의 내용이 포함된다.
  - 수익을 어떻게 창출할 수 있는가?
    - 수익 model과 수익 잠재력 등이 포함된다.

경쟁력과 지속성을 보유한 비즈니스 모델(Business Model)의 요소는 명확한 가치제안(Value Proposition), 수익 메커니즘(Revenue Mechanism)의 경쟁력 요소와 선순환 구조(Virtuous Cycle), 모방 불가능성(Inimitability)의 지속성으로 구성되어 있다.

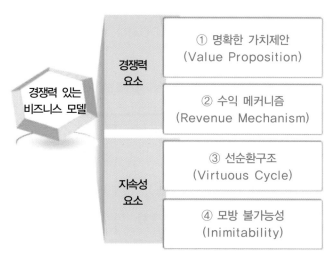

출처 : 삼성경제연구소(2011), 성공적인 비즈니스 모델의 조건

[그림 4-2] 경쟁력 있는 비즈니스 모델(Business Model)

〈표 4-2〉 경쟁력 있는 비즈니스 모델(Business Model)의 요소

경쟁력 요소	
명확한 가치제안 (Value Proposition)	– 제품이나 서비스 관점이 아닌 고객의 관점에서 현안 문제를 해결하고 고객니즈(Needs)를 충족시킬 수 있는 해결방안을 제공함 – 잠재고객과 비고객의 발굴도 중요함
수익 메커니즘 (Revenue Mechanism)	– 기업이 비즈니스 활동을 통해 수익을 발생시킬 수 있는 방법 – 단순 판매 및 대금 회수의 방법이 아닌 다양한 방식의 수익 획득 메커니즘을 활용해야 함 * 일정 시간이 경과하면 경쟁우위가 사라지고 경쟁에서 낙오될 수 있음
지속성 요소	
선순환구조 (Virtuous Cycle)	– 빠르게 변화하는 시장과 고객의 가치변화에 기업이 즉각 대응할 수 있도록 기업 내부 및 외부 조직, 시스템을 효율적으로 설계하는 것 – 기업의 가치사슬 활동과 외부기업을 포함하는 가치 네트워크의 효과적인 설계를 통해 고객가치를 구체적인 형태로 창출 가능 예) 고객대상 제품의 신속 제공, 고객의 낮은 가격 구매가 가능하도록 기업 내 시스템 구축 및 기업 공급망을 개편하는 것
모방 불가능성 (Inimitability)	– 기업의 지속 성장을 위해 경쟁우위를 갖는 비즈니스 모델을 구축하는 것 – 타 기업이 비즈니스 모델을 모방하지 못하도록 실질적이고 구체적인 방어전략을 구축하는 것이 필요함 예) 법적 보호를 받기 위한 비즈니스 모델의 특허 등록 – 신생기업 : 기존기업이 장기간 투자를 통해 구축한 강점을 약점으로 변화시키는 전략이 필요 – 기존기업 : 기업 보유 독자 역량을 기반으로 한 비즈니스 모델 구축을 통해 경쟁기업의 모방 차단이 가능함

출처 : 삼성경제연구소(2011), 성공적인 비즈니스 모델의 조건 등을 기초로 재정리

4 비즈니스 모델(Business Model) 사례

◉ 비즈니스 모델 9캔버스(9 CANVAS : 9 Building Blocks)

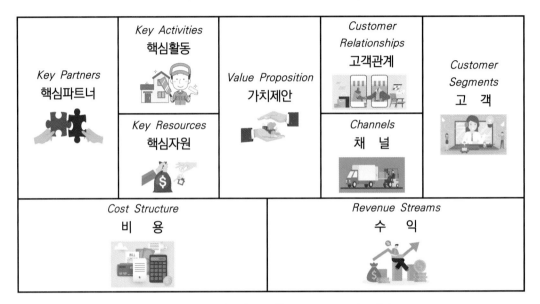

[그림 4-3] 비즈니스 모델(Business Model) 9캔버스

비즈니스 모델 9캔버스는 2005년 알렉산더 오스터왈터(Alexander Osterwalder)가 하나의 조직이 어떻게 가치(Value)를 만들고 전파하고 포착하는지를 개발하여 체계적으로 묘사한 표로써, 표의 중심을 기준으로 오른쪽은 판매부문, 왼쪽은 제작부문으로 구분될 수 있다.

비즈니스 모델 9캔버스는 4가지 영역으로 구분될 수 있으며, 제품에 대한 개념 설정의 무엇을(What?), 타깃 고객 설정인 누구에게(Who?), 자원 및 전략 설정인 어떻게(How?), 예상비용을 산정하고 수익을 측정하는 얼마나(Cost & Revenue) 등으로 구성되어 있다.

비즈니스 모델 9캔버스 구성요소로는 핵심 파트너(Key Partners), 핵심활동(Key Activities), 핵심자원(Key Resources), 가치제안(Value Proposition), 고객관계(Customer Relationships), 채널(Channels), 고객(Customer Segments), 비용(Cost Structure), 수익(Revenue Streams) 등이 있다.

- 핵심 파트너(Key Partners)

비즈니스 모델(Business Model)을 추진하고 유지하기 위한 공급자(Supplier)와 파트너(Partner) 간의 네트워크 및 공급자, 구매자 또는 경쟁자를 포함한 외부업체와의 관계를 의미한다. 파트너십의 유형으로는 전략적 파트너십, 전략적 동맹, Joint venture 등이 있다.

- 핵심 활동(Key Activities)

기업이 비즈니스를 지속하기 위해서 필요한 활동, 일정의 수익원을 유지하기 위한 필수 활동을 의미하며, 핵심 활동의 질적·양적 기준이 기업 존속의 결정 요소가 될 수 있다. 핵심 활동의 분류로는 생산, 문제해결, 플랫폼/네트워크 등이 있고, 브랜드 특허(핵심 자원), 탁월한 생산 및 마케팅(핵심 활동)을 동시에 분석할 필요가 있다.

- 핵심 자원(Key Resources)

차별화된 가치(value)를 생산하는 데 필요한 기업의 역량으로 최소한의 중요한 자원 확보가 필수적이다. 핵심 자원의 예로는 물적 자원, 인적 자원, 지적 자원(IP), 재무자원 등이 있다.

- 가치제안(Value Proposition)

'고객에게 어떤 제품과 서비스를 제공할 것인가?'와 '고객이 요구하고 필요로 하는 것이 무엇인가?'를 뜻하며 차별화된 가치(value)에 대한 내용이 필수적으로 포함되어야 한다.

- 고객관계(Customer Relationships)

고객을 유·무형적으로 연결시켜 주는 역할로써, 새로운 고객을 확보하고, 새로운 고객을 충성도 높은 고객으로 향상시키고, 고객과의 관계를 어떻게 유지하면서 성과를 향상시킬지에 대한 체계적인 전략이 있어야 한다.

- 채널(Channels)

고객을 유·무형적으로 연결시켜 주는 역할을 하며, 고객이 요구하는 가치를 어떻게 효과적으로 전달할 것인가를 고민하고, 고객의 이해를 향상시켜야 하며, 고객의 구매를 도와주며, 고객에게 가치제안을 전달하여야 한다.

채널의 유형으로는 판매 대리점, 마트, 신문/잡지 등의 오프라인(Off-line), 웹(Web), 앱(App) 등의 온라인(On-line)이 있으며, 아무리 품질 좋은 제품과 서비스도 고객 대상으로 효율적으로 전달하지 못하면 성공할 수가 없다.

- 고객(Customer Segments)

누구를 대상으로 사업할 것인가와 기업이 만든 제품과 서비스를 누가 구매할 것인가를 고민하고, 어떤 고객이 진정한 의미에서의 고객인지를 파악하는 것으로 목표고객에 대해 구체적으로 구분하여 작성하는 것이다.

- 비용(Cost Structure)

비즈니스 모델(Business Model)을 유지하고 운영하는 데서 발생하는 모든 비용을 의미하고 비용의 구성요소로는 고정비, 변동비 등이 있다.

- 수익(Revenue Streams)

매출흐름으로 불리며, 고객대상 가치제안을 통해 만들 수 있는 수익의 원천으로 물품판매, 대여료, 라이선싱, 임대료, 중개수수료, 광고수익, 가입비, 이용료 등이 있다.

◐ 비즈니스 모델 캔버스의 활용

- 기업의 핵심역량에 집착하는 것을 방지하고 고객에게 전달하려는 가치(value)를 살피는 데 유용하다.
- 비즈니스 사업을 분석할 때 내부 및 외부 요인을 종합적으로 고려할 수 있도록 유도한다.

◐ 비즈니스 모델(Business Model) 구축방법

우선 자기 자신만의 비즈니스 모델(Business Model)을 구축하기 위해서 비즈니스 모델 구성요소를 활용해야 한다.

고객가치 제안서 차원에서 고객, 고객가치 & 혜택, 차별성을 수익모델 작성 차원에서 살펴 구체적으로 돈을 버는 방법에 대한 상세한 계획에 포함시키고, 기업역량 작성 차원에서는 기업만의 차별성을 기술하여야 한다.

또한, 경쟁자의 비즈니스 모델을 파악해야 하는데, 확실한 비즈니스 모델 수립을 위한 '나의 경쟁자는 과연 누구인가?', '나는 어떠한 수익모델을 보유하고 있는가?', '내가 소유하고 있는 기업의 차별성은 무엇인가?'를 고민해야 한다. 그리고 산업지도(Industrial Map)도 작성해야 한다.

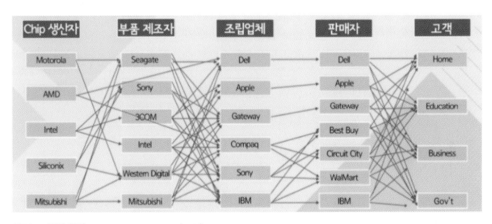

출처 : 창업에듀(www.k-startup.go.kr/edu)

[그림 4-4] 산업지도(Industrial Map) 작성 사례

◐ 고객가치 제안서 작성법

- 목표고객을 대상으로 제공 가능한 혜택을 중심으로 작성하라.
- 타 기업과 비교하여 경쟁력을 가질 수 있는 분야를 작성하라.
- 목표고객을 선정하고 목표고객에 대해서 작성하라.
- 고객 요구 및 불편사항을 파악하여 기존 제품이나 서비스의 보완점을 작성하라.
- 제품 및 서비스를 설명하고 제품 및 서비스 이름을 작성하라.

– 목표고객이 얻을 수 있는 고객가치와 혜택을 작성하라.

– 경쟁사의 비즈니스 사업을 분석하여 경쟁사, 경쟁제품, 경쟁 서비스의 이름을 작성하라.

– 경쟁우위 요인 분석을 작성하여 경쟁사 대비 차별적인 우위 요인을 작성하라.

가치제안서는 객관적인 자료를 수집하고 분석하여 고객 또는 투자자들이 신뢰할 수 있도록 설득력 있는 문장으로 작성해야 한다.

핵심 파트너	핵심 활동	가치제안	고객관계	고객 세그먼트
• 통신사	• 알고리즘 연구개발 • IT인프라 연구개발 • 빅데이터 마이닝 • 인공지능 연구개발 **핵심 자원** • 검색엔진 • IT 인프라 • 많은 이용자 • 많은 광고주 • 빅데이터 • 인공지능	• 신속·정확한 검색 • 높은 광고 효과 • 광고 수익 창출 • 다양한 가치	• 기본화면·즐겨찾기 • 자동·맞춤 검색 • 자동·맞춤 광고 노출 • 자동·맞춤 광고 연결 **마케팅 채널** • Google.com • AdWords • AdSense • 인공지능 플랫폼	• 네티즌 • 광고주 • 웹사이트 블로그 • 다양한 고객
비용 구조 • 시설비　　• 인건비 • 개발비　　• 운영비			**수익 흐름** • 무료 검색　　• 키워드 경매 • 중개 수수료　　• 다양한 수익	

출처 : 박대순(2019), 비즈니스모델 4.0

[그림 4-5] **구글 검색 서비스 비즈니스 모델 캔버스 적용 사례**

❭ 린 비즈니스 모델 캔버스(Lean Business Model Canvas)

위키피디아 사전에서는 린 스타트업(Lean Startup)에 대하여 "아이디어를 빠르게 최소기능제품(MVP)으로 제조한 후 시장의 반응을 다음 제품 개선에 반영하는 전략이다. 단기간 동안 제품을 제조하고 성과를 측정하여 제품 개선에 반영하는 것을 반복해 성공 확률을 높이는 경영 방법론의 일종이다."라고 정의하고 있다. 린 스타트업은 미국 실리콘밸리의 벤처기업가 에릭 리스(Eric Ries)가 일본 도요타자동차의 린 제조방식에서 착안한 개념으로 자신이 실패한 창업 및 성공의 경험을 통해서 제안한 스타트업 프로세스이다.

린 스타트업의 핵심 사고방식은 낭비를 줄이는 것이고, 핵심적인 최소한의 기능만을 갖춘 제품(MVP : Minimum Viable Product)을 시장에 먼저 내놓고, 시장 환경의 반응 및 고객의 반응에 따라 제품을 지속적으로 보완해 나가는 경영방식을 의미한다.

린 스타트업이 주목받는 이유는 기술의 발전으로 인하여 시장 환경의 변화 속도가 급격하게 빨라졌고, 이제 더 이상 과거 방식처럼 시장을 조사하고 분석한 후 제품을 기획해서 생산하고, 시장에 출시하는 방식으로는 성공할 수 없기 때문이다. 즉 인터넷, 스마트폰, SNS 발달로 인해서 소비자는 제품에 대한 지식과 정보를 매우 빨리 습득할 수 있게 되었기 때문이다.

린 스타트업의 프로세스는 6단계로 구성되어 있다. 즉 1단계 아이디어 도출(Ideas), 2단계 도출된 아이디어로 제품을 개발(Build), 3단계 개발된 제품을 시장에 출시(Product), 4단계 출시된 제품에 대해 고객의 반응을 측정(Measure), 5단계 측정된 고객의 반응을 데이터화(Data), 6단계 수집된 데이터를 통해 제품에 대한 장·단점을 파악하고 학습(Learn)하는 단계이다. 이러한 프로세스를 통해서 도출된 개선된 아이디어를 새로운 제품에 반영하는 단계를 거치게 된다.

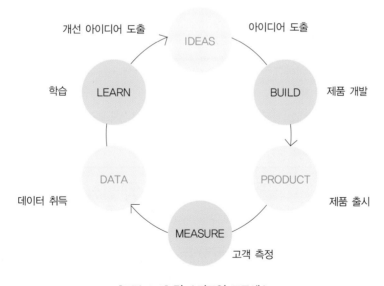

[그림 4-6] 린 스타트업 프로세스

린 비즈니스 모델 캔버스(Lean Business Model Canvas)는 성공적인 벤처기업인 WirdReach 등을 창업한 애시 모리아(Ash Maurya)가 에릭 리스(Eric Ries)가 창안한 린 스타트업 (Lean Startup)을 활용하여 구체적인 실행방법을 'Running Lean'에 수록한 일종의 비즈니스 모델 개요를 정리한 프레임워크이다.

린 비즈니스 모델 캔버스는 비즈니스 모델 캔버스와 동일한 9가지 항목으로 구성되어 있지만, 항목의 내용은 조금 상이하다. 비즈니스 모델 캔버스가 고객이 얻게 되는 가치(value)를 중심으로 생산을 위해 필요한 요소와 고객 대상으로 어떻게 접근할 것인가에 집중하고 있는 반면, 린 비즈니스 모델 캔버스는 고객이 지닌 문제점(problem)과 해당 사업모델의 경쟁우위에 대해 강조하고 있다.

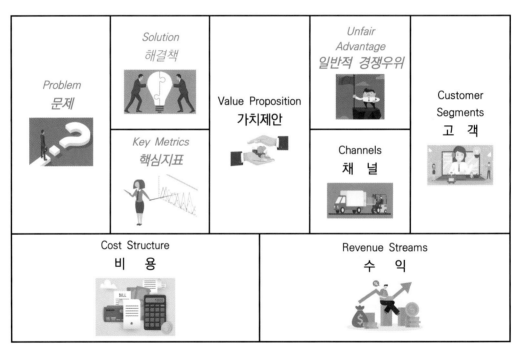

[그림 4-7] 린 비즈니스 모델 캔버스

• 문제(Problem)

고객들이 해결을 바라는 가장 중요한 3가지 문제점을 중요한 문제, 시급한 문제, 빈번한 문제 등으로 고객 입장에서 나열하며, 불편함, Pain Point, 문제점 등을 단순하게 기록한다.

- 고객(Customer Segments)

연령, 성별, 지역, 소득, 학력, 성향 등을 기준으로 타깃 고객을 세분화하며, 수요와 공급 측면에서의 고객이 누구인지도 확인한다. 고객 시장의 규모, 크기, 성장률 등을 추정해 본다.

- 가치제안(Value Proposition)

제품 구매 이유와 다른 제품과의 차별점을 설명하기 쉽고 이해하기 쉽게 나열한다.

- 해결책(Solution)

문제를 해결하기 위한 3가지 핵심적 기능을 기술한다. 하지만 처음부터 해결책을 완전히 정의할 필요가 없다. 문제점을 최대한 검증한 이후에 해결책을 확정하는 것이 좋다.

- 채널(Channels)

고객 대상으로 제품 또는 서비스를 전달하는 가장 효용이 높은 채널, 확장이 원활한 채널 및 최소의 비용으로 최대의 전달이 가능한 채널을 선택한다.

- 수익(Revenue Streams)

매출, 판매, 수수료, 광고, 매출 총이익 등이다.

- 비용(Cost Structure)

제품을 시장에 출시할 때 발생할 비용(고정비, 변동비 등)에 대해 기재하며, 정확하게 발생 비용을 예측하기는 쉽지 않지만 현재 상황에 기반하여 작성한다.

- 핵심지표(Key Metrics)

비즈니스의 진행 상황을 측정할 지표 및 비즈니스에 필요한 중요한 지표들을 모두 작성한다. Acquisition(우연히 제품을 찾은 고객대상 흥미 유발), Activation(흥미 발생 고객대상 만족스러운 경험 제공), Retention(반복해서 제품 구매, 제품 사용), Revenue(매출 발생), Referral(고객 추천) 등 5단계 지표 작성을 고려한다.

• 일반적 경쟁우위(Unfair Advantage)

경쟁자와 차별적이어서, 경쟁자가 쉽게 따라 할 수 없거나, 돈으로 해결할 수 없는 것을 의미한다. 선발자 우위, 기술 우위, 조직 우위, 내부 정보, 네트워크 등을 열거한다.

상기 린 비즈니스 모델 캔버스를 작성할 때 주의할 사항은 아래와 같다.
- 간결하게 핵심 키워드를 사용하라.
  • 단순화 및 간결화가 더 어렵다.
- 가능한 앉은 자리에서 한번에 작성하라.
  • 최초 캔버스는 15분 이내에 작성해야 한다.
- 일부 잘 모르는 요소는 일단 공란으로 남겨놓아라.
  • 공란 부분이 약점이다.
- 현재 시점에 기반해서 작성하라.
- 고객의 관점에서 작성하라.

[그림 4-8]은 상기 린 비즈니스 모델 캔버스를 활용한 글로벌 웹툰 플랫폼인 레진코믹스의 린 비즈니스 모델 캔버스 사례이다.

문제	해결책	독특한 가치 제안	일방적 경쟁우위	고객 세분화
-작품성 높은 만화가 적다. -만화가의 수익원이 없다. -어른이 볼 만화가 없다. 1 기존대안 -포털연재(0.03%) -광고를 통한 수익배분	-작품성 높은 만화를 유료로 결제해서 볼 수 있는 서비스를 만든다. 4 핵심 측정 지표 8 -매출, 가입자, ARPU(가입자당 평균매출), ARPPU(지불유저당 결제 금액), 유료전환율, 코인 번다운율	-다른 데서 찾을 수 없는 재미있는 만화를 쉽게 결제해서 편하게 볼 수 있는 만화 전문 사이트 3	-독점적인 콘텐츠 -장르 제한 없는 콘텐츠 -쉽고 편리한 결제 9 채널 -모바일 -웹 5	-1,700만 만화 이용자 -만화를 떠난 성인들 -다양한 장르를 찾는 고객 2 얼리어답터 -만화는 돈내고 봐야지!! -이런 만화 어디 없나요? -제발 이 만화 연재 좀!
비용 구조 7 -인건비, 작가고료, 서버비, 결제 수수료, 광고비			수익 창출 흐름 6 -무료만화 먼저 보기 -유료만화 구매 -고화질 출판만화 구매	

출처 : 한국교육학술정보원(www.keris.or.kr)

[그림 4-8] 린 비즈니스 캔버스 사례(레진코믹스)

관 광 벤 처 창 업 론

사업계획서

CHAPTER 05 사업계획서

1 사업계획서 정의

네이버 지식사전에 의하면 사업계획서란 "사업에 대해 계획한 내용을 담은 분석자료로 계획 중인 사업(창업)에 대한 구체적인 내용과 계획을 문서로 작성하는 것"으로 규정되어 있다.

또한, 사업계획서는 '사업과 연관된 내적 및 외적 요소를 사업목적에 맞게 문서로 정리한 계획서'로써, 본인이 추구하고자 하는 사업과 연관된 투자, 생산, 판매, 마케팅, 홍보, 재무, 기술, 조직운영 등의 추진계획을 정리한 보고서로 사업 성공을 위한 기본 설계도이기도 하다.

사업계획서에 포함되는 주요 내용으로는 창업배경 및 목적, 창업 아이템 및 사업모델, 시장분석, 사업화 전략, 재무계획, 창업팀 등이 있는데, 어떤 사업을 계획하느냐에 따라서 조금씩 내용이 달라질 수 있다.

사업계획서에 포함되는 또 다른 내용 예시로는, 로드맵, 재무계획, 조직 및 운영, SWOT 분석, 경쟁사 분석, 마케팅, 제품 소개, 회사 소개, 미션과 비전, 사업계획서 요약 등이 있을 수 있으며, 또 다른 사업계획서에는 기업체 현황, 조직 및 인력 현황, 기술현황 및 기술개발 계획, 생산 및 시설계획, 시장성 및 판매 전망, 재무계획, 자금운용 조달계획, 사업추진 일정 계획 등 사업목적, 사업분야, 사업대상, 사업기간 등에 따라 다양한 내용이 포함될 수 있다.

2 사업계획서 작성 필요성

▶ 사업의 시뮬레이션(Simulation)

사업 아이디어에 대한 사업화를 구체적으로 정리하면서 사업을 시뮬레이션(Simulation) 해 볼 수 있는 기회를 제공하고, 사업 수행을 미리 연습해 봄으로써 미래에 혹시 발생할 수 있는 시행착오를 줄이고, 사업기간 및 사업비용을 절감할 수 있으며, 사전에 실수에 대한 점검을 통해서 사업이 실패할 확률을 감소시킴으로써 사업 성공의 가능성을 상승시켜줄 수 있다.

▶ 사업전략 수립

사업계획서 작성을 통해서 비즈니스 목표 수립, 생산과 판매, 인적 자원, 마케팅, 재무 등의 경영활동을 어떻게 할지에 대해서 고민하고 작성하게 된다. 사업의 지속가능성을 판단하고 비즈니스 목적을 달성하기 위한 사업 전략을 수립하는 기본적인 문서이다.

▶ 시장의 기회 확인

제품 또는 서비스 시장에서의 위치를 파악할 수 있는 SWOT 분석, PEST 분석 등의 시장 분석 및 타 경쟁사와의 분석을 통해서 차별점을 선별하여 출시하고자 하는 제품 또는 서비스 시장에서의 기회를 확인할 수 있다.

▶ 진행사업에 대한 점검기준

사업진행 중에 발생되는 다양한 상황과 변화에 대비해서 어떤 측면으로 점검하고 평가할지를 제시하는 기준이 될 수 있다.

▶ 이해관계자 설득자료

기업의 사업을 타인 대상으로 이해시키는 도구로서의 역할을 하고, 내부직원, 투자자,

고객, 금융기관, 정부, 지자체 등의 이해관계자대상 사업에 대한 관심을 유도하고, 사업 내용에 대한 이해를 향상시키고, 소통하는 기본 수단으로써, 사업자의 신용과 신뢰성을 증대시켜 이해관계자들로부터 각종 지원을 받는 데 활용할 수 있다.

◉ 정책, 자금 지원의 기본자료

정부 및 지자체로부터의 정책지원금 및 VC(Venture Capital), 엔젤투자자, 금융기관 등으로부터 투자유치 및 융자 등 각종 금융지원을 받기 위한 제안 자료로 활용할 수 있다.

◉ 인증, 입찰, 영업, 인·허가, 공모전 등을 위한 기본 자료

정부의 품질 인증제, 사업의 인허가 신청, 사업 공모전, 입찰 서류 제출을 위한 자료로 활용할 수 있다.

3 　사업계획서 작성방법

◉ 사업계획서 작성 8대 요소

사업계획서를 작성할 때는 누구나 이해할 수 있고, 복잡한 기술보다는 단순한 표현으로, 자료와 논리를 바탕으로 작성하는 등 총 8개의 요소(핵심성, 객관성, 단순성, 간략성, 구체성, 대비성, 타당성, 현실성)를 기본으로 작성해야 한다.

〈표 5-1〉 **사업계획서 작성 8대 요소**

요소	주요 내용
핵심성	사업의 본질적인 핵심사항만 강조하라
객관성	공신력 있는 자료와 논리를 바탕으로 사업의 객관성을 확보하라
단순성	이해하기 어려운 전문적이고 기술적인 용어보다 일반적이고 보편적인 용어를 사용하라
간략성	너무 많은 분량으로 작성하면 가독성에 문제가 생긴다
구체성	누구나 이해할 수 있도록 구체적으로 작성하라

대비성	잠재 리스크에 대한 해결방안을 제시하라
타당성	누구나 이해할 수 있는 자료와 논리를 바탕으로 작성하라
현실성	시장에서 상품화 및 서비스화되어서 이익을 창출할 수 있도록 작성하라

◎ 좋은 사업계획서 작성방법

- 기본적인 내용은 반드시 확인하고 준비하자!
- 사업계획서 작성의 이유와 목적을 먼저 생각하자!
  예) 공모전 사업계획서 작성 시 고려사항 : 어떤 성격과 유형의 공모전인가?
- 사업계획서의 평가 프로세스와 평가기준을 확인하자!
  예) 공모전 사이트 공고문, 지침, 평가기준 평점 등을 참고하자.
- 평가상황을 이해하고, 평가자를 설득하기 위한 사업계획서를 작성하자!
  예) 사업계획서 평가위원들은 현실적으로 사업계획서를 검토할 충분한 시간이 부
    족하니, 명쾌하게 설명할 수 있는 내용을 작성하자.
- 사업계획서는 기술, 제품 소개서가 아니라, 창업에 성공하기 위해서 설득하는 도구
  이다.
  예) 사업계획서에 아이디어, 기술만 소개하는 경우도 많다.
- 사업의 콘셉트를 명확하게 정리하고, 이에 근거한 실행계획을 제시하자!

◎ 사업계획서 작성요령

- 문서작성에도 차별화가 필요하며, 서술식보다는 개조식을 원칙으로 하고 표나 그
  림을 삽입하여 사업계획서를 읽는 사람의 입장에서 쉽게 이해할 수 있도록 핵심
  사항만 요약하여 기술한다.
- 자신의 능력을 객관적으로 평가하라.
  - 자신의 능력을 너무 과신하여 모든 것을 다 할 수 있다는 착각을 하지 마라.
  - 사업계획서에서 자신과 사업에 관련된 모든 것이 완벽하다고 긍정성만 강조하면
    설득력이 떨어진다.

- 사업 추진 시 예상되는 문제점 또는 어려움을 열거하고, 이를 극복하기 위한 전략 및 전술을 제시하라.
- SWOT 분석을 통하여 강점 및 약점, 기회 요소 및 위협 요소를 파악하라.

〈표 5-2〉 SWOT 분석

• 강점(Strength): 기업이나 상품이 내부환경에서의 타 기업이나 경쟁상품보다 우위에 있는 자원이나 기술 등의 요소, 목표 달성을 위해 효율적으로 활용될 수 있는 자원이나 역량 예) 기업이미지, 재무자원, 리더십, 구매자와 공급자의 관계 등	• 약점(Weakness): 내부환경에서 목표 달성을 저해하는 경쟁업체나 상품대비 열등한 자원, 기술, 역량 분야에서의 단점, 부족 및 결함 예) 시설, 재무자원, 경영전략, 마케팅, 상표 이미지 등
• 기회(Opportunity): 기업이나 상품의 경쟁력을 제고시키는 당면한 외부환경의 우호적인 상황, 동향 및 유리한 측면 예) 새로운 시장의 발견, 경쟁 또는 규제환경의 변화, 기술의 변화, 구매자와 공급자의 관계 개선 등	• 위협(Threat): 현재의 기업이나 상품 경쟁력을 침해하는 비우호적 상황, 동향 및 불리한 측면 예) 새로운 경쟁 기업의 탄생, 시장 성장의 둔화, 기술의 변화, 규제의 신설 등

- SWOT 분석을 토대로 SO전략(확대전략), ST전략(회피전략), WO전략(우회전략), WT전략(방어전략)을 수립한다.

〈표 5-3〉 SWOT 분석을 통한 전략 수립

〈SO전략〉 (확대전략)	〈WO전략〉 (우회전략)
(강점-기회전략) 시장의 기회를 활용하기 위해 내부의 강점을 활용하는 전략	(약점-기회전략) 내부의 약점을 극복함으로써 시장의 기회를 활용하는 전략
〈ST전략〉 (회피전략)	〈WT전략〉 (방어전략)
(강점-위협전략) 시장의 위협을 회피하기 위해 내부의 강점을 활용하는 전략	(약점-위협전략) 시장의 위협을 피하고 내부의 약점을 최소화하는 전략

- 나만의 독창성을 가져라.
  - 타인들도 이미 다 아는 내용의 진부한 사업계획은 설득력이 매우 약하므로, 자신만의 창의적인 아이디어로 환경의 한계를 극복하거나, 차별성을 가질 수 있는 사업계획의 반영이 필요하다.

- 평이하고 기계적인 사업계획서 작성보다는 자신만의 스토리와 열정이 담긴 사업계획서 작성이 필요하다.
- 심사위원들을 고려하면 텍스트로 꽉 채운 사업계획서보다는 가독성이 높은 시각화된 사업계획서의 작성이 더 중요하다.
- 창업자의 직접적인 경험 및 지식과 연계한 내용이 담겨 있어야 한다.
- 구체적인 시장조사, 정확한 고객 설정, 예상 매출액 추정 등 명확한 사업모델을 통한 사업화의 가능성이 제시되어야 한다.
- ☞ 남들과 같은 접근방식의 사업계획서 작성 내용으로는 차별화도 창업성공도 기대할 수 없다!

4 사업계획서 구성요소

일반적인 사업계획서는 〈표 5-4〉와 같이 요약 Executive Summary, 회사 개요, 시장분석, 개발 기술 및 제품소개, 사업추진전략, 재무계획 등이 포함된다.

〈표 5-4〉 사업계획서의 일반적인 구성요소

영역	주요 내용
1. Executive Summary	- 핵심적이고 함축적인 내용 - 회사의 핵심역량, 사업개념, 추정 재무계획 등 2~3장으로 요약

2. 회사 개요	1. 회사 현황 및 연혁
	   - 회사명, 설립일, 대표이사, 매출액, 자본금 등
	2. 자본금 및 주주 구성
	   - 자본금 변동사항(원인, 수량, 발행가액 등)
	   - 주요 주주 구성(개인 3~5인, 법인주주 등)
	3. 비전·경영이념
	   - 동기부여 및 조직행동의 기준 제시
	4. 사업개요
	   - 그림이나 도표 사용
	   - 핵심 사업내용, 경쟁우위 요소 작성
	5. 조직 및 인적 자원
	   - 대표이사 및 주요 경영진의 학력 및 경력 사항
	   - 주요 기술진 및 핵심 인력(마케팅, 생산 등) 소개

	6. 지적재산권 현황
	  – 특허명, 출원일·등록일, 출원인·특허권자 등
	  – 정부과제 수행 현황
	7. 주요 경영목표
	  – 향후 3~5년간의 경영목표(매출액, 이익 등) 제시
	8. 전략적 제휴
	  – 수요처, 공급처, 생산/외주업체 등

3. 시장 분석	1. 제품 및 산업 특성
	  – 상용 중인 기술에 대한 간단한 소개, 제품 종류, 응용분야에 대해 알기 쉽게 설명
	2. 시장분석
	  – 전방산업과 밀접한 관련이 있는 장비, 부품, 소재 등의 사업은 전후방 산업의 시장분석이 특히 중요
	  – 국내외 시장 규모, 주요 수요처, 제품의 공급 사슬, 가격결정요인, 주요 경쟁사와 시장점유율 등에 대한 자료를 표와 그래프를 이용하여 설명
	3. 주요 업체별 사업현황
	  – 국내외 경쟁업체의 기술동향, 영업 현황 기술
	  – 경쟁사의 기술력과 장점을 폄하하는 것은 금물
	4. 향후 전망
	  – 보유 기술이 향후 시장의 핵심역량이 될 것이라는 내용을 시장의 성장성과 최근 트렌드를 반영하여 제시

4. 개발 기술 및 제품소개	– 기술 및 제품의 핵심역량을 분석 – 제품 특성 및 경쟁우위 요소 기술 – 신기술 및 신제품 개발 상황 – 기술의 신뢰성 여부, 양산 가능성 여부 등
5. 사업추진전략	– 자금소요계획 – 생산계획(직접 생산 또는 외주 가공) – 판매계획(실현 가능한 계획) – 설비투자 계획 : 과도한 설비투자 대신 단계적 투자 선호 – 인원, 조직 계획
6. 재무계획	– 향후 3~5년 정도의 추정 손익계산서를 바탕으로 추정매출액을 품목별, 거래처별 등으로 세분 작성 – 매출계획은 근거가 명확하고, 각 항목별로 논리적, 합리적으로 추정해야 함 – 추정대차대조표는 참고사항

출처 : 황보윤(2012), 투자유치용 사업계획서 작성 요령 및 사례

〈표 5-5〉 **창업계획서 콘텐츠 구성 사례 1**

영역	주요 내용
1. 창업준비	1. 창업의 이해 2. 창업 준비 상황 점검 3. 창업 사업계획서 준비
2. 창업 아이템과 사업모델 발굴	1. 창업 아이디어 발굴 2. 창업 아이템의 타당성 분석 3. 창업 사업모델 발굴
3. 창업 사업계획 수립	1. 기술 개발 계획 수립 2. 마케팅 계획 수립 3. 생산 및 운영 계획 수립 4. 인적 자원 계획 수립 5. 재무 계획 수립 6. 경제성 분석
4. 사업계획서 작성	1. 창의적인 아이디어 융합 2. 창업의 성공요인 3. 사업계획서 작성

출처 : 김상수 · 김영천 · 이지형(2013), 창업 사업계획서 작성 지원시스템 개발에 관한 연구

〈표 5-6〉 **창업계획서 콘텐츠 구성 사례 2**

영역	주요 내용
1. 회사의 일반적 개요	회사명, 설립일, 홈페이지, 대표이사, 주소, 자본금, 업종, 주요 제품 등을 한 장 정도로 요약
2. 회사의 연혁	회사가 어떤 길을 걸어왔는지를 표현 가장 최근의 연혁을 가장 위로 아래로 갈수록 과거로
3. 조직도, 특허현황	몇 명이 근무하고 있는지 표시 부서의 인원에 따라 회사의 현황이 파악 특허출원과 보유를 구분
4. 주요 개발진 이력	대표이사와 CTO(Chief Technology Officer : 최고 기술 경영자)의 경우 상세히 기술 주요 인력개발 인력 표시 박사, 석사 구분 표기
5. 자본금 주주현황	주주명부 및 투자 유무 표시 유상 증자 시 액면가, 투자매수 표기 연도별 플로 차트 방식
6. 비즈니스 모델 (Business Model)	제품 생산부터 어떤 매출처를 통해 어떤 방식으로 판매될지에 대해 도표식으로 한 장으로 요약

7. 산업 동향	애널리스트 보고서나 검증된 보고서 인용 회사의 생각이 아닌 객관화된 자료 자료의 재해석 및 정리
8. 제품기술 및 연구현황	현재 회사가 어떠한 기술을 가지고 어떠한 제품을 만들고 있는지, R&D 연구개발 진행을 표현
9. 경쟁업체 기술 비교	경쟁사 이름 표시(이니셜) 회사 기술 수준을 단계적으로 표시 가격, 인력 경쟁력 강조
10. 자사 거래처 현황	직접 거래하는 거래처뿐만 아니라 그 거래처가 납품하고 있는 상위 거래처까지 정리
11. 향후 중심사업	현재 추천하고 있는 사업을 업그레이드하거나 유사한 신규 사업 진출을 위해 투자가 필요함을 강조
12. 사업 확장성	사업이 성장할 것임을 강조 도표, 그래프, 그림 등으로 간략히 표현 출처를 반드시 명기
13. 마케팅 계획	B2B 사업의 경우 마케팅 활동보다는 기술 설명 및 향후 목표 거래처에 대한 접근 계획 기술
14. 재무분석	3년간의 재무제표 및 손익계산서를 바탕으로 항목별로 최대한 단순화하여 한 장으로 요약해서 표현
15. 자금 스케줄	엑셀표 방식으로 1장으로 요약 항목별로 매월 지출될 비용 표시 비용을 바탕으로 필요한 투자금 표시
16. 향후 5개년 추정	가장 중요한 항목 인건비 항목부터 최대한 상세하게 상승 곡선이 나올 수 있도록 기술
17. 보도자료 추가	기사의 제목 정도만 한 줄로 적고, URL을 통해 확인할 수 있도록 함

출처 : 창업에듀(www.k-startup.go.kr/edu)

참고 : 2021년 관광벤처공모전 예비관광벤처 부문 사업계획서

예비관광벤처 사업계획서

사 업 명 :

※ 유의사항 (본 안내사항 부분은 제출 시 삭제 가능합니다.)

1. **사업계획서는** A4용지 13페이지 이내(본 표지 및 별첨 가점증빙서류 제외)로 작성
   [PDF파일로 제출, 휴먼명조 11포인트, 줄간격 160]

2. **지정된 작성 순서 및 기준, 내용 준수**

3. **작성내용은**
   1) 사실과 객관적으로 입증 가능한 근거에 따라 정확한 내용이어야 함
   2) 작성하여야 하는 항목의 누락이 없어야 함. 미작성 및 누락 시 감점함
   3) 설명 및 제시하고자 하는 내용 및 의미가 명료하여야 함
   4) 불필요한 수식 등을 최대한 생략하고 간결하여야 함
   5) 지정된 작성 순서 및 기준 준수
   6) 각 항목에 표기된 **'작성요령'** 및 **'예시'**는 제출 시 삭제하여 제출할 것

* 페이지 제한 및 항목별 페이지 가이드라인(항목별 세부항목은 항목별 페이지 내에서 자율적인 조정 가능)은 공정한 심사를 위한 것이므로 필히 준수하여 주시기 바랍니다.

예비관광벤처 사업계획서 요약(1매 이내)

요약본은 전체 사업계획서의 일부를 편집하지 말고 창의적으로 작성하여 요약본만으로도 사업의 당위성을 설득할 수 있게 작성 (안내사항 부분은 제출 시 삭제해야 합니다)

제품(서비스) 소개	※ 핵심기능, 소비자층, 사용처, 관광 연관성 등 주요 내용을 중심으로 간략히 기재
제품(서비스) 차별성	※ 타 유사 제품(서비스) 대비 경쟁력 있는 차별성 등을 간략히 기재
국내외 목표시장	※ 국내외 목표시장, 판매전략 등을 간략히 기재
이미지	※ 제품(서비스)의 특징을 나타낼 수 있는 참고사진(이미지) 또는 설계도 삽입
기타 사항	※ 기타 심사에 반드시 소구하고 싶은 사항 기재

1. 사업의 개요(2장 이내)

작성요령 : 다음의 순서 및 기준에 따라 작성 (본 작성요령부문은 제출 시 삭제해야 합니다)

1) 예비관광벤처 사업의 명칭 : 해당 사업의 명칭을 간략히 서술

2) 예비관광벤처 사업의 개요

　　(1) 창업이나 신규 아이템 개발동기

　　(2) 핵심콘텐츠 내용(융합성, 혁신성, 차별성 등 포함)

　　(3) 보유기술이나 특별 기능 및 기법 보유사항

---

1) 사업의 명칭

2) 개요

---

2. 시장 및 사업모델(2장 이내)

작성요령 : 다음의 순서 및 기준에 따라 작성 (본 작성요령부문은 제출 시 삭제해야 합니다)

1) **시장현황** : 해당 사업과 관련한 시장 현황 및 향후 전망을 제시

2) **목표고객** : 목표로 하는 고객층을 설명

3) **사업모델(Business Model)** : 사업을 통한 수익창출 방법을 도식화하고 경쟁력을 설명

---

1) 시장현황

2) 목표고객

3) 사업모델(Business Model) - 도식화

---

3. 사업화 전략(3장 이내)

> 작성요령 : 다음의 순서 및 기준에 따라 작성 (본 작성요령부문은 제출 시 삭제해야 합니다)
>
> 1) **목적, 인력 및 조직 운영계획** : 사업 운영 목적, 방침 등의 경영원칙을 간략히 제시. 조직 및 인력 구성 방안, 현 보유 중인 역량(전문기술, 경력, 네트워크 등)의 활용 방안과 부족한 역량의 극복방안 및 창업준비 계획을 서술
>
> 2) **상품 및 서비스·인프라 개발 계획** : 사업화에 필요한 상품 및 서비스·인프라(시설, IT플랫폼 등) 개발 계획을 구체적으로 서술
>
> 3) **홍보 및 판로개척** : 구체적인 방법 및 일정계획을 포함하여 작성
>
> 4) **재무계획** : 소요금액, 자금 조달 계획(자기자금, 차입, 관광공사 지원금 등)을 서술, 관광공사 지원금과 자부담(의무집행)의 활용계획을 명확히 제시(예시 1 참조)
>
> 5) **일정계획** : 사업화 전략을 수행하는 전반적인 일정계획 제시 [1)항에서 4)항까지를 포함 : 예시 2 참조
> (창업준비 : 창업, 업종 추가 혹은 변경계획 포함)

1) 목적, 인력 및 조직 운영계획

2) 상품 및 서비스·인프라(시설, IT플랫폼 등) 개발 계획

3) 홍보 및 판로개척

4) 재무계획

표1 : 재무계획 (아래 표는 예시이므로 사업 특성에 맞게 가감하여 작성가능)

단위 : 천원

소 요 자 금			조 달 계 획		
용 도	내 용	금 액	조달방법	기 조달액	추가 조달액
운영자금					
	소 계		소 계		
시설자금					
	소 계		소 계		
합 계			합 계		
소요자금 산출근거					
조달방법 근거제시					
관광공사 지원금 활용계획					
자부담 활용계획					

5) 일정계획

표2: **일정계획** (아래 표는 예시이므로 사업의 특성에 맞게 가감하여 작성 가능)

수행단계 및 내용	년 월									비고
인력 및 조직 수립, 개발										
상품 및 서비스 개발										
홍보 및 판로개척										
창업/업종 추가 계획										
특기사항 :										

4. 사업의 지속가능성(2장 이내)

작성요령 : 다음의 순서 및 기준에 따라 작성 (본 작성요령부문은 제출 시 삭제해야 합니다)

1) 사업의 지속가능성

   (1) 예상매출 : 사업화 이후 4년간의 예상매출(예시 3 참조, 매출 추정근거를 상세히 기술)

   (2) 손익추정 : 손익분기점 달성 시점을 제시

2) 잠재리스크 및 대응방안 : 사업화 및 사업운영과정에서 예상되는 잠재리스크를 제시하고 이에 대한 대응방안을 서술

3) 이해관계자 요구사항 대응방안 : 사업화 및 사업운영과 관련된 이해관계자(지역주민, 허가 및 지원 등의 관련 관청, 지역사회 및 언론 등)의 잠재적인 니즈 및 기대와 대응방안을 서술

---

1) 사업의 지속가능성(예상매출, 손익추정)

표3: 매출 및 손익추정 (아래 표는 예시이므로 사업의 특성에 맞게 가감하여 작성)

추정 손익계산서

기간 :   단위 : 천원

구분	2021년	2022년	2023년	2024년	산정 근거
1. 매출액					
2. 매출원가					
3. 매출이익					
4. 일반관리비 및 판매비					
5. 영업이익					
6. 영업외 수익					
7. 영업외 비용					
8. 경상이익					
9. 법인세 등					
10. 당기순이익					

2) 잠재리스크 및 대응방안

3) 이해관계자 요구사항 대응방안

5. 관광산업 연관성(1장 이내)

작성요령 : 다음의 순서 및 기준에 따라 작성 (본 '작성요령' 사례는 최종 제출 시 삭제해야 합니다)

1) **관광산업 및 시장에 대한 이해** : 사업과 관련한 관광산업 및 시장 현황에 대해 기술

2) **사업 아이템과 관광산업과의 연관성** : 사업 아이템과 관광산업과의 연관성이 어떠한지 기술하고 관광산업 발전에 어떻게 기여할 수 있는지 설명할 수 있어야 함

1) 관광산업 및 시장에 대한 이해
2) 사업 아이템과 관광산업과의 연관성

6. 리더십(2장 이내)

작성요령 : 다음의 순서 및 기준에 따라 작성 (본 작성요령부문은 제출 시 삭제해야 합니다)

1) **사업자의 전문성** : 사업 대표자의 해당 사업 분야의 경험 및 경력, 전문지식, 기술 역량 등 전문성을 설명

2) **사업운영 능력** : 사업화 및 사업운영 능력을 제시하고 사업화 의지, 도전정신 및 장애 극복 능력, 경험 등을 설명

1) 사업자의 전문성
2) 사업운영 능력

CHAPTER 06

관광벤처창업론

투자 & 펀딩

06 투자 & 펀딩

1 투자자의 종류

투자자는 여러 기준 및 투자 금액 등에 따라 구분되는데, 일반적으로 투자자는 일반투자자, 전문투자자, 적격투자자, LP(Limited Partner), GP(General Partner) 등으로 구분될 수 있다.

일반투자자는 적격 및 전문 투자자가 아닌 모든 투자자를 말하며, 통상 일반투자자들이 투자하는 한도는 1개 기업당 500만원과 연간 1,000만원이다.

자본시장법상 전문투자자는 기관투자자, 전문엔젤투자자 등으로 구분되며, 투자한도는 무제한이다.

적격투자자는 사업소득과 근로소득이 1억원 이상인 자로서, 금융전문 인력으로 근무하고, 금융투자협회에 3년 이상 등록된 자 등으로, 투자한도는 1개 기업당 1,000만원 및 연간 2,000만원이다.

LP는 Limited Partner의 약자이며, 펀드를 조성할 때 펀드에 자금을 공급하는 출자자를 의미하며, 개인 및 기관투자자를 포함한 유한책임투자자라고 한다. GP는 General Partner의 약자이며 펀드를 운영하는 운용자를 의미하고, 무한책임투자자라고 한다.

좀 확장적인 개념으로써 개인별 및 기관별 상세한 투자자 유형 및 예시, 관할기관 등에 관한 내용을 살펴보면 〈표 6-1〉과 같다.

〈표 6-1〉투자자 유형

조직	분류	투자규모	투자자 유형	관할기관
개인	엔젤	대체로 아래로 갈수록 투자금액이 큰 편임	개인엔젤	중소벤처기업부
			전문개인투자자	중소벤처기업부
			투자형 크라우드펀딩	금융위원회
			엔젤클럽(엔젤 네트워크)	중소벤처기업부
조직	소형 VC		창업기획자(액셀러레이터)	중소벤처기업부
			산학연협력기술지주회사	교육부
			창업·벤처 전문 경영참여형 사모집합투자기구운용사	금융위원회
	일반 VC		중소기업창업투자회사	중소벤처기업부
			유한(책임)회사	중소벤처기업부
			해외펀드 운용사	국적에 따른 관할 국가기관
	일반 금융권		신기술사업금융전문회사	금융위원회
			기타 금융기관 (은행, 증권사, 자산운영사, 캐피탈, 보험사)	금융위원회
			경영참여형 사모집합투자기구운용사	금융위원회
			한국벤처투자	중소벤처기업부
			기술보증기금	중소벤처기업부
	금융기관 직접투자		신용보증기금	금융위원회
	일반 법인		일반 주식회사	-

출처 : 이택경·한국벤처투자·스타트업얼라이언스(2021), VC가 알려주는 스타트업 투자유치전략

2 자금 조달방법

○ 자금 조달 시 고려사항

스타트업이 자금을 조달할 때 필수적으로 고려해야 할 요소는 다음과 같다.

1) 자금을 어떻게 조달하는가?

2) 자금은 어떤 종류가 있으며, 자금마다 어떤 장단점이 있는가?

3) 현재 단계에서 어떤 자금 유형이 적합한가?

4) 자금 조달방법에 대한 정보는 어디서 구할 수 있을까?

◎ 자금 조달의 장점과 단점

스타트업이 자금을 조달할 때 장점과 단점을 면밀히 점검해서 창업자 및 스타트업의 현재 상황을 점검하여 적정한 자금 조달방법을 고민해야 한다.

1) 자금 조달의 장점

추가 자금 조달의 성공 기반 확대가 가능하고, 기업의 목표와 성과를 조기에 달성할 수 있으며, 자사의 제품과 서비스를 개선하기 위해 필요한 자금을 확보하고, 브랜드 구축 및 확장에 도움이 된다.

2) 자금 조달의 단점

자금 조달을 위해서는 많은 시간과 비용이 필요하며, 빚이라는 부담감이 생기고, 자금을 확보하는 대신 회사의 지배권과 경영권이 축소될 수 있으며, 자금이 많아지면 혹시라도 창업자의 기강이 해이해질 가능성이 있다.

◎ 자금 조달의 종류

1) 자기 자금

자기 자금은 단어 의미 그대로 창업자 본인의 자금을 의미하며, 현금출자 및 현물출자가 있다.

2) 타인 자금

타인 자금은 외부에서 조달하는 자금을 의미하며 투자자 자금(주주출자, 동업자 투자, 기관 및 엔젤투자), 정책자금(정책자금 융자, 정부 및 지자체 출연기금), 금융기관 자금(은행, 보증기관), 사금융(지인 및 동료 자금, 사채) 등으로 구분된다.

◎ 창업기업의 자금 조달방법

창업기업은 은행, 기술보증기금, 신용보증기금, 정부의 각종 창업지원사업 및 출연사업, 정부의 정책자금, 벤처캐피탈(VC) 투자, 엔젤투자, 크라우드펀딩, 액셀러레이터의 육성 자금 등을 통해서 필요 자금을 조달할 수 있다.

〈표 6-2〉 창업기업의 자금 조달방법

자금 조달 원천	주요 내용
은행	담보대출, 순수신용
기술보증기금	기업의 기술 보증
신용보증기금	기업의 신용 보증
정부 창업지원사업	중소벤처기업부 등 정부 부처를 통한 창업지원금
정부의 출연사업(R&D)	정부의 기술연구개발 참여를 통한 출연자금 수혜
정책자금 차입	정부의 저리 융자정책 자금, 시설자금·운영자금
벤처캐피탈(VC)	VC의 투자를 통한 자금확보
엔젤투자	개인/엔젤클럽을 통한 자금확보
크라우드펀딩	크라우드펀딩 중개업체를 통한 자금확보
액셀러레이터	창업 초기 액셀러레이터의 창업보육사업을 통한 투자유치

출처 : 한국창업보육협회(2019), 창업보육전문매니저 표준교재

◎ 자금 조달 단계

자금 조달은 창업 초기 지인, 친구들의 자금, 엔젤투자자(Angel Investor)의 자금, 정부지원사업 자금, 크라우드펀딩, VC(Venture Capital) 투자 자금 등의 단계로 이루어진다.

1) 초기자본금 3F(Family, Friend, Fool)

창업 초기에는 창업자의 능력을 객관적으로 알릴 수 있는 기회가 없기 때문에, 초기자본금은 가족 및 친구들의 자금, 아무런 성공보장 없이 바보처럼 투자한다는 의미의 Fool을 지칭하는 3F(Family, Friend, Fool)가 주로 창업 초기 투자자이다.

2) 엔젤투자(Angel Investment)

엔젤투자(Angel Investment)는 사업 초기 자금 조달이 어려운 시기에 창업자 입장에서는 천사 같은 투자라고 해서 붙여진 이름이며, 이러한 투자자를 엔젤투자자(Angel Investor)라고 한다. 엔젤투자는 일반 개인들이 벤처기업을 대상으로 필요한 자금을 제공하고 주식으로 그 대가를 받는 투자형태이다. 개인이 직접 기업에 투자하거나, 엔젤클럽(Angel Club) 구성을 통해서 투자하는 방식의 직접투자와 개인투자조합에 자금을 투자하는 방식의 간접투자로 구성되어 있다.

엔젤투자자는 아이디어와 기술력은 보유하고 있으나 자금력이 부족한 예비창업자, 창업 초기단계 기업 대상으로 투자 및 경영 자문도 하면서 성공적으로 성장시킨 후 투자이익을 회수하는 개인투자자들을 의미하며, 개인 단독이나 자금력이 있는 개인들이 모여서 투자클럽을 결성하여 새로 창업하는 회사의 미래 가능성을 보고 자신의 책임하에 직접 투자를 한다(엔젤투자지원센터).

엔젤투자자의 구분
- 개별엔젤투자자 : 엔젤투자지원센터에 등록된 자로서 창업 초기의 중소기업 대상 투자와 경영지도를 해주는 투자자
- 전문엔젤투자자 : 전문엔젤투자자 관리규정에 근거하여 한국엔젤투자협회가 자격을 부여하는 엔젤투자자
- 적격엔젤투자자 : 최근 2년간 2천만 원 이상의 투자실적을 보유했거나 그 외 한국엔젤투자협회가 인정하는 기업가 또는 경력보유자
- 엔젤클럽 : 개인엔젤투자자들의 모임으로써, 엔젤투자지원센터에 등록하고 클럽활동을 통해서 엔젤투자활동 실적을 보유한 클럽
- 개인투자조합 : 「벤처기업육성에 관한 특별조치법」 13조에 의거하여 설립된 조합이며, 중소벤처기업부에 등록된 조합

엔젤투자자 현황

구분	자격	혜택	규모
전문엔젤	-3년 이내 투자실적 1억원 이상 -관련 교육이수 및 전문가 등	-3000만원까지 100% 소득공제 -2배수 매칭펀드 신청 가능 (지역기업의 경우 2.5배수) -창업 1년 미만 스타트업도 전문엔젤이 5000만원 이상 투자하면 벤처인증 부여	170명
적격엔젤	-2년 이내 투자실적 2000만원 이상 -관련 교육 이수	-3000만원까지 100% 소득공제 -1배수 매칭펀드 신청 가능	1만여 명
엔젤클럽	-적격엔젤 포함 엔젤투자자 5명 이상의 동아리 형태	-3000만원까지 100% 소득공제 -6개월(180일) 이상 되면 매칭펀드 자격 부여	237개
개인 투자조합	-49인 이하 조합으로 1억원 이상 투자	-매칭펀드 신청 가능	1202개

출처 : 한국엔젤투자협회, 2020년 6월 말 기준

[그림 6-1] 엔젤투자자 현황 개요

3) 정부 창업지원 자금

정부는 경제성장 및 일자리 창출 차원에서 창업지원사업을 대대적으로 지원하고 있으며, 관련 예산도 매년 증가하고 있다. 지원사업 자금은 중앙부처 중에서는 중소벤처기업부가 가장 많은 예산을 지원하고 있으며, 여타 지원기관으로는 중소벤처기업진흥공단, 신용보증기금, 기술보증기금, 기업은행, 한국수출입은행, 한국산업은행, 한국무역보험공사 등 금융관련기관 및 중소기업기술정보진흥원, 중소기업중앙회, 소상공인시장진흥공단, 대한상공회의소, 대한무역투자진흥공사, 한국무역협회, 대·중소기업·농어업협력재단, 창업진흥원, 한국관광공사 등이 비금융기관으로 구분된다.

4) 크라우드펀딩(Crowdfunding)

크라우드펀딩(Crowdfunding)은 대중을 의미하는 크라우드(Crowd)와 자금 조달을 의미하는 펀딩(Funding)을 조합한 용어로 자금이 필요한 개인이나 기업이 불특정 다수 대중(Crowd)에게 투자, 기부, 후원 등의 목적으로 온라인 중개시스템을 통해서 자금을 조달(Funding)한다는 의미로, 최근에는 소비자와 기업이 상생하는 새로운 방안으로 주목받고 있다. 크라우드펀딩은 기부·후원형, 대출형, 증권형(투자형)으로 구분될 수 있으며 유형별, 자금모집방식, 보상방식, 주요 사례 등의 내용은 〈표 6-3〉과 같다.

〈표 6-3〉 유형별 크라우드펀딩 및 내용

유형	자금모집방식	보상방식	주요 사례
기부·후원형	기부금 후원금 납입 형태	무상 또는 출시제품	문화, 예술, 복지 등 아이디어 상품
대출형	대출 형태	이자	자금이 필요한 개인, 사업자
증권형(투자형)	기업 및 프로젝트 투자 형태	지분, 이익배당	창업 초기기업

크라우드펀딩(Crowdfunding)의 장점

크라우드펀딩의 장점은 제품 출시 전에 시장성을 검증하고 홍보마케팅 및 유통 채널 확장을 위한 수단으로 활용하고, 소비자의 Needs를 미리 파악할 수 있으며, 제품의 피드백을 확보할 수 있고, 재고 리스크의 최소화가 가능하다는 것이다. 크라우드펀딩에 성공한 제품 또는 서비스는 '소비자에게 선택받았다'라는 이미지를 심어주고 또한, 강력한 팬층을 확보하였기에 강력하고 효율적인 마케팅 포인트로 활용이 가능하다. 크라우드펀딩을 이용한 선주문 시스템을 활용해서 제품 또는 서비스의 매출을 우선 확보한 후에 제품 생산이 가능해짐으로써 사업초기 큰 자본이 없어도 비즈니스 시작이 가능하다. 크라우드펀딩에 성공한 경우 VC(Venture Capital) 등 투자기관 등으로부터 기업의 미래에 대한 신뢰를 얻을 수 있고, 후속투자유치가 가능하며, 통상적으로 크라우드펀딩 성공 기업 중에서 약 20% 기업이 후속투자유치에 성공하고 있다.

크라우드펀딩(Crowdfunding)의 단점

펀딩까지 여러 행정절차가 요구되며, 펀딩 사이트에 제품 또는 서비스를 등재하기 위한 정교한 기획 및 디자인 작업이 필요하다. 또한, 크라우드펀딩(Crowdfunding)의 결과 예측이 어렵고, 모금의 불확실성이 존재하며, 만약 펀딩 결과가 좋지 않을 때에는 기업 가치가 하락할 위험도 예상할 수 있다.

크라우드펀딩(Crowdfunding) 운영사

국내에는 와디즈, 크라우디, 텀블벅 등이 있으며, 해외 유명 크라우드펀딩 운영사로는 KICKSTARTER 등이 있다.

CROWDY   kakaomakers   **wadiz**

OHMYCOMPANY   *tumblbug*   **KICK**STARTER

[그림 6-2] 크라우드펀딩 운영사

5) 액셀러레이터(창업기획자)

「벤처투자촉진에 관한 법률」에 의하면 액셀러레이터(창업기획자)는 초기창업자에 대한 전문보육 및 투자를 주된 업무로 하는 자로서 아래의 어느 하나에 해당하는 사업을 하는 자로 규정하고 있다.

- 초기창업자의 선발 및 전문보육
- 초기창업자에 대한 투자
- 개인투자조합 또는 벤처투자조합의 결성과 업무의 집행 등

액셀러레이터(창업기획자)의 등록 요건은 자본금이 1억원 이상이고, 상근 전문인력과 시설을 보유하고 있어야 한다. 액셀러레이터(창업기획자)의 투자의무는 등록 후 3년이 지난날까지 전체 투자금액의 50퍼센트 이내에서 대통령령으로 정하는 비율 이상을 초기창업자에 대한 투자에 사용해야 한다.

2021년 7월 말 기준 등록된 액셀러레이터는 총 324개이며, 서울 152개, 경기 31개, 인천 10개로 수도권이 59.6%, 비수도권이 40.4%를 차지하고 있으며, 유형별로는 주식회사 231개, 비영리법인 25개, 창조경제혁신센터 17개, 기술지주회사 16개, 창업투자회사 14개, LLC 11개, 신기술창업전문회사 5개, 산학협력단 4개, 신기술사업금융회사 1개 순으로 나타났다(K-스타트업).

6) 벤처캐피탈(VC : Venture Capital)

벤처캐피탈(Venture Capital)이란 기술력은 있으나 자금이 부족한 초기창업 단계의

벤처기업 대상 자본금을 투자하고 기업공개(IPO)나 인수합병(M&A)을 통해 자금을 회수하는 투자전문 회사를 의미한다.

벤처캐피탈(Venture Capital)의 주요 업무는 창업자 등 대상 투자 및 창업지원 등의 컨설팅 사업을 추진하는 것이다.

- 창업자 및 중소벤처기업 투자 : 주식인수, 전환사채 및 신주인수권부사채 인수, 프로젝트 파이낸싱 등
- 창업지원 등 컨설팅 사업 : 창업 관련 상담, 창업 정보제공, 사업타당성 검토, 투자기업의 해외진출 지원, 기업인수, M&A, 기업 분할 등에 대한 자문 등

한국의 벤처캐피탈(Venture Capital)은 중소기업창업투자회사(창투사)와 신기술사업금융회사(신기사)로 구분된다.

- 창업투자회사(창투사) : 창업을 준비 중이거나 기술력은 뛰어나지만 자본력이 미약한 중소기업에 납입자본금의 50% 범위 내에서 직접 투자하는 투자회사
- 신기술사업금융회사(신기사) : 신기술사업자(기술을 개발하거나 이를 응용하여 사업화하는 중소기업)에 대한 투자, 융자 및 경영·기술 지도를 하는 회사

〈표 6-4〉 창업투자회사 vs 신기술금융회사

유형	창업투자회사(창투사)	신기술금융회사(신기사)
설립자본금	20억원	100억원
전문인력	2인 이상	–
주관부서	중소벤처기업부	금융위원회
법령	중소기업창업 지원법 벤처기업에 대한 특별조치법	여신전문금융업법 신기술사업 금융지원에 관한 법률

한국 내 주요 창업투자회사

- LB인베스트먼트, CJ창업투자, SBI인베스트먼트, 미래에셋벤처투자, 한국투자파트너스, 소프트뱅크벤처스, 스톤브릿지캐피탈, 서울투자파트너스, 카카오벤처스, 키움인베스트먼트, 포스코기술투자 등

◎ 투자유치 단계

스타트업의 입장에서는 한 번으로 투자유치가 끝나는 것이 아니라 대부분 여러 단계에 걸쳐 투자유치를 진행해야 한다. 이러한 스타트업의 성장과정에 따라 투자 단계를 구분한 것이 시드(seed), 시리즈 A, B, C로 이어지는 투자 라운드(Investment Round)이다. 적은 규모 종잣돈의 시드 라운드(Seed Round) 이후 벤처캐피탈(Venture Capital)로부터 투자유치 순서에 따라 시리즈(Series) A, B, C, D, E, F단계를 거치면서 투자유치를 하는데, 특히 시리즈 D, E, F단계에서는 투자자가 IPO나 M&A로 엑시트(exit)할 목적으로 투자유치가 계속되는 단계이다.

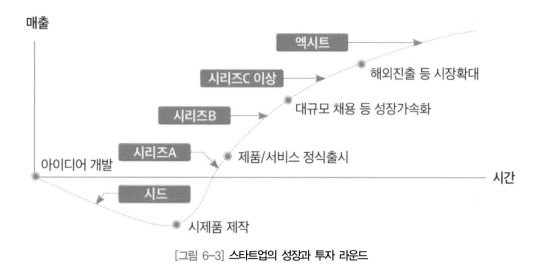

[그림 6-3] 스타트업의 성장과 투자 라운드

각 투자 라운드별로 기준이 되는 투자 금액이나 기업가치는 스타트업별, 투자자별, 시기별, 상황별로 모두 상이하다.

〈표 6–5〉 투자 라운드별 특징

단계	투자 라운드	투자금액	기업가치	대표적 투자자
초기	시드	수천만원~수억원	~40억원	엔젤투자자 액셀러레이터 마이크로 VC 초기전문 VC
	Pre 시리즈 A	5~15억원	40~100억원	
중기	시리즈 A	20~40억원	100~250억원	엔젤투자자 VC
	시리즈 B	50~150억원	250~750억원	VC
후기	시리즈 C	수백억원	750~1500억원	VC 헤지펀드 투자은행 사모펀드
	시리즈 D, E, F Pre IPO	수백억~ 1000억원 이상	수천억원 이상	

출처 : 이택경 · 한국벤처투자 · 스타트업얼라이언스(2021), VC가 알려주는 스타트업 투자유치전략

3 펀드

◉ 펀드의 종류

펀드에는 사업별, 투자별로 매우 다양한 펀드가 조성되고 있다. 한국벤처투자에서 조성 중인 모태 출자펀드는 2021년 8월 누적기준 23조 6,541억원(722개)이 결성되었으며, 운용 중인 펀드는 19조 1,042억원(536개)이다. 출자펀드를 통해 투자받은 기업은 5,827개이며 투자금액은 17조 2,828억원이다.

주요 펀드로는 초기기업펀드, 엔젤펀드, M&A펀드, 세컨더리펀드, 소셜펀드, 재기지원펀드, 지역펀드, 해외펀드, 4차산업혁명펀드, 일반펀드, 일자리매칭펀드, 사회적기업펀드, 환경펀드, 도시재생펀드, 고급기술펀드, 문화산업펀드, 디지털콘텐츠펀드, 에너지펀드, 고급기술펀드 등이 있다. 펀드의 제목으로 펀드의 성격을 이해할 수 있으며, 대표적인 펀드를 소개하면 다음과 같다(한국벤처투자).

초기기업펀드

소　　개 : 창업 초기기업 대상 투자 주목적 펀드

결성현황 : 71개 조합 15,601억원

주목적투자 : 다음 중 하나의 조건에 해당하는 중소·벤처기업

- 창업지원법상 창업자 중 업력 3년 이내 중소·벤처기업 또는 창업지원법상 창업자
  로서 설립 후 연간 매출액이 20억원을 초과하지 않은 중소·벤처기업
- 서울특별시, 인천광역시 및 경기도 이외 지역에 본점 또는 주된 사무소를 두고 있는
  중소·벤처기업

대학창업펀드

소　　개 : 대학창업기업 대상 투자 주목적 펀드

결성현황 : 18개 조합 764억원

주목적투자 : 다음 중 하나의 조건에 해당하는 대학창업기업

- 최초 투자 당시 대학생 및 대학원생(5년 이내 졸업자 포함) 또는 대학교 교직원이
  대표권이 있는 임원으로 투자시점 6개월 전부터 계속 등기되어 있고, 해당 임원
  이 50% 초과지분을 가진 창업자
- 최초 투자 당시 창업자 또는 「벤처기업육성에 관한 특별조치법」상 벤처기업에 해
  당하는 대학기술지주회사의 자회사

엔젤투자펀드

소　　개 : 엔젤투자자나 개인투자조합을 통해서 투자하는 펀드

결성현황 : 11개 조합 1,179억원

주목적투자 : 최초 투자 당시 창업자이거나 벤처기업 설립 후 3년 이내 기업

M&A펀드

소　　개 : 중소기업 및 벤처기업이 유망기술을 보유한 벤처·창업기업을 인수 및
　　　　　합병할 수 있도록 지원하기 위한 펀드

결성현황 : 7개 조합 5,963억원

주목적투자 : 조합이 단독 또는 전략적 투자자와 공동으로 최대주주의 지위를 확보
　　　　　　하거나 이사회 또는 이에 준하는 의사결정기구 구성원의 과반수 이상
　　　　　　을 선임할 수 있는 권리를 가지는 경우 및 대표이사 임명권을 보유하는
　　　　　　경우

세컨더리펀드

소　　개 : 중소기업 및 벤처기업이 기발행한 주식, 주식관련 채권 인수를 주목적으로
　　　　　　하여 투자자의 용이한 자금회수를 지원하는 펀드

결성현황 : 2개 조합 520억원

주목적투자 : 중소·벤처기업이 기발행한 주식, 무담보 전환사채, 무담보 신주인수권
　　　　　　부사채 등 인수

청년펀드

소　　개 : 청년이 대표이사이거나, 임직원 중 청년 비율이 일정 이상인 기업에 투자하
　　　　　　여 청년창업기업을 지원하는 펀드

결성현황 : 11개 조합 2,123억원

주목적투자 : 최초 투자 당시 다음 ①, ② 중 하나의 조건을 충족하는 「중소기업창업
　　　　　　법」상 창업자(재창업자 포함)에 투자
　　　　　　① 대표이사가 만 39세 이하
　　　　　　② 만 39세 이하 임직원 비중이 50% 이상(펀드 투자기간 내 동 조건을
　　　　　　　　충족하는 경우 포함)

재개지원펀드

소　　개 : 폐업 사업주 또는 폐업기업의 대표이사 또는 주요 주주였던 자가 재창업한
　　　　　　기업에 대표이사 또는 주요 주주 또는 CTO(Chief Technology Officer, 최
　　　　　　고기술경영자)로 재직 중인 기업에 투자하는 펀드

결성현황 : 6개 조합 2,653억원

주목적투자 : 다음 중 하나의 조건에 해당하는 중소·벤처기업

- 폐업 사업주 또는 폐업기업1)의 대표이사 또는 주요 주주2)였던 자가 재창업[타인 명의의 재창업3) 포함]한 기업에 대표이사 또는 주요 주주 또는 CTO로 재직 중인 중소기업

  1) 국세청에 사업자등록 폐업신고 이력이 있고, 폐업의 사유가 고의부도, 회사자금 유용, 사기 등 부도덕하지 않을 것(개인사업자 포함)

  2) 주요 주주 : 지분 10% 이상

  3) 타인 명의로 재창업하였더라도 실질적인 경영권을 보유하고 있는 경우

  4) 재기중소기업개발원 운용 프로그램, 중기부의 재도약지원자금(재창업자금), 재도전성공 패키지, 맞춤형 재도전 지원 등

일반펀드

소   개 : 업력, 지역, 산업 등 특정한 집중 육성 분야를 설정하지 않고 자유롭게
              운용사가 투자하는 펀드

결성현황 : 185개 조합 65,174억원

주목적투자 : 창업자, 벤처기업 및 설립 후 7년 이내의 중소기업

일자리매칭펀드

소   개 : 신규 고용창출 등의 정책적 목적 달성을 위해 민간 투자자 공동 투자 펀드

결성현황 : 1개 조합 205억원

주목적투자 : 투자 신청일 기준 과거 5년 이내 벤처투자유치, 중소기업진흥공단 융자,
                중소기업 R&D 성공판정, 기술보증기금 보증 중 하나에 해당하는 실적
                이 있는 기업 중

- 해당 실적이 발생한 직전연도 대비 투자 신청일 기준 ① 20명 이상의 고용증가 또는 ② 연평균 40% 이상의 고용증가율 또는 ③ 투자금액 1억원당 1명 이상의 고용효과를 달성한 기업 중 신규 일자리 창출효과가 높을 것으로 예상되는 기업

- 향후 일자리 창출효과가 높을 것으로 예상되는 기업

디지털콘텐츠펀드

소   개 : CG, 4D, 가상현실, 홀로그램 등 ICT 기술과 융합한 콘텐츠와 차세대방송
(ICT＋방송), E-Learning 등 디지털콘텐츠 산업육성을 위한 펀드

결성현황 : 10개 조합 4,141억원

주목적투자 : CG, 4D, 가상현실, 홀로그램, 스마트콘텐츠 등 ICT 기술과 융합하여
나타나는 콘텐츠와 차세대방송(ICT＋방송), 엔터테인먼트(ICT＋게임),
정보콘텐츠(ICT＋Life), E-Learning, SNS 콘텐츠(ICT＋정보공유) 등

▶ 관광기업육성펀드

관광기업의 창업 및 육성을 위해서 2015년도에 최초로 관광기업육성펀드가 조성되었
으며, 조성규모는 2015년부터 2021년까지 총 2,281.2억원이 결성되었다. 이 중 관광기금
출자금액은 1,430억원이다.

〈표 6-6〉 관광기업육성펀드 현황

구분	총조성액(관광기금)	운용사	결성일
제1호	220억원(130억원)	SJ투자파트너스	'15.9.30
제2호	200억원(100억원)	AJ캐피탈파트너스	'16.11.30
제3호	270억원(150억원)	KB-SJ관광벤처조합	'18.1.25
제4호	280억원(170억원)	마그나-액시스 관광벤처펀드	'19.2.28
제5호	220억원(130억원)	나이스에프앤아이	'19.12.30
제6호	122억원(85억원)	AJ캐피탈파트너스	'20.5.22
제7호	102억원(70억원)	라이트하우스컴바인인베스트	'20.5.29
제8호	217.2억원(145억원)	케이브릿지인베스트먼트	'20.8.6
제9호	650억원(450억원)	SJ투자파트너스	'21년

▶ 벤처기업 단계별 자금 조달

벤처기업의 개발기, 창업기, 생존기, 급성장기, 조기성숙기 등 수명주기단계별로 자금
유형과 자금 원천을 구분할 수 있다.

〈표 6-7〉 단계별 자금 유형 및 원천

수명주기단계	자금유형	주요 원천
개발기	씨앗자금	기업가 자산, 친구와 친척자금
창업기	창업자금	씨앗자금, 엔젤, 벤처자금
생존기	일회전자금	매출, 벤처, 공급자, 고객, 정부지원, 은행
급성장기	이회전과 유동성자금	매출, 공급자, 고객, 은행, 투자
조기성숙기	은행대출, 채권발행, 주식발행	매출, 은행, 투자

출처 : 유순근(2016), 기업가 정신과 창업경영

1) 개발기(씨앗자금)

개발기 자금의 주요 원천은 기업가의 개인 자산이다. 은행이나 외부 투자자로부터의 자금 조달이 이 단계에서는 어렵기 때문에 기업가 개인의 자산이나, 친척 또는 친구를 통한 자금 조달에 많이 의존하는 경향이 있다.

2) 창업기(창업자금)

창업자금은 사업모델과 사업계획을 기획하고, 수입을 창출하기 위한 활동에 필요한 자금이다. 이 단계에서는 현금 지출이 현금 유입보다 훨씬 커서 외부로부터의 자금 조달이 필요하다. 외부의 주요 전문투자자로는 비즈니스 엔젤과 벤처자본가(VC : Venture Capitalist)가 있다.

3) 생존기(일회전자금)

생존단계는 매출이 발생하는 단계로 벤처기업이 성공하는지 실패하는지가 결정되는 매우 중요한 단계로서, 정부 지원, 은행, 벤처투자자 등을 통해서 자금을 조달한다. 벤처기업이 성장 및 성숙단계에 진입하면 상대적으로 은행권을 통한 자금 조달이 용이해진다.

4) 급성장기(이회전과 유동성자금)

급성장기 단계에서는 제품 및 서비스 판매가 증가하고, 벤처기업의 효율성이 증가하는 단계이다. 급성장기의 주요 자금 조달원은 판매 수입, 은행 차입이나 투자 등이다.

이 단계에서 대부분의 벤처기업은 목표를 달성하기 위해서는 충분한 외부 자금 조달이 필요하다.

5) 조기성숙기(은행대출, 채권발행, 주식발행)

성공적인 벤처기업은 거래소나 코스닥에 기업공개(IPO)를 함으로써 필요한 자금을 조달하며, 다른 자금은 내부유보 자금, 은행융자, 채권이나 주식을 발행하여 마련한다.

4 투자 시 주요 체크리스트

벤처캐피탈(VC) 등 투자자 입장에서 스타트업 등에 투자할 시 여러 요소 등을 점검하는데, 투자 단계 및 스타트업의 사업 내용에 따라 상이할 수 있지만, 기본서류, 경영진 평가, 시장성 검토, 기술성 및 수익성 평가, 재무 분석, 권리관계, 투자 조건 등 투자 시 일반적인 체크리스트는 다음과 같다(NICE에프앤아이).

▶ 기본서류

정관, 등기부등본 등 회사의 주요 서류 확인
(권리관계서류 리스트에 기재된 계약 전 투자업체 구비서류 목록을 확인)

▶ 경영진 평가

경영진 및 주요 인력의 이력사항(전문성 보유여부) / 주요 인력의 이탈방지를 위한 대책 및 스톡옵션 부여 여부 / 경영진의 주요 인력 급여현황 및 보상체계 / 노동조합 현황 및 노무 이슈 발생 여부 / 경영진의 사업리스크에 대한 이해 정도와 대응 가능성 / 회사의 주요 의사결정 과정 / 경영진의 자금 조달 능력 / 대표이사, 최대주주 등의 법률위반사항 유무 검토 및 계류 중인 소송 여부 / 경영진에 대한 레퍼런스

⊘ 시장성 검토

시장규모와 성장성에 대한 검토 / 시장점유율 및 주요 경쟁자 현황 / 투자검토 업체의
시장 내 위치 및 진입장벽

⊘ 기술성 평가

기술의 완성도 및 신뢰성 검증을 위한 인증자료 / 핵심기술 및 보유기술 리스트 / 핵
심기술 및 보유기술에 대한 지적재산권, 기술협력 등 확인가능한 입증자료 / 기존기
술 대비 경쟁우위 요소 / 기술의 상용화 능력(생산, 제품의 표준화 여부 등을 종합적
으로 고려) / 핵심기술인력의 이력 / 기술인력의 전문성 및 충분성

⊘ 수익성 평가

IR자료 및 사업계획 확보 / 필요시 영업사 주요 계약서 확인 / 거래처 리스트와 매출처
별 구성비 / 주거래처와의 매출계약 현황 및 예상 매출 / 매출대금의 회수방식 및 매
출채권회전율 확인 / 부실채권 내역 / 월 소요경비, 운전자금 파악 / 원자재 구입처 및
구매 현황 / 자재 가격동향, 안정성 확보 여부 / 기타 회사 제시 사업계획 실현가능성

⊘ 재무 분석

최근 2개년도 재무제표 및 명세서 확인 / 최근 2개년도 재무비율 분석 확인 / 재고자
산 현황 및 규모의 적정성 확인 / 생산규모 및 생산설비 현황 / 회사 소유 자산의 실재
성 / 차입금 내역 및 상환 계획 / 특수관계인과의 자금거래 유무 / 외부감사 대상의 경
우 회계처리기준 변경 여부, 감사의견 및 특기사항 확인 / 회사 제시 재무 자료의 신
뢰가능성

⊘ 권리 관계

회사의 주요 주주 및 그 특수관계자의 지분 / 정관상 제한사항 등 확인 / 주요 주주,
임직원 등 특수관계자와의 자금흐름 / 설립 이후 자본금 변동사항 파악 / 주식으로 전

환할 수 있는 증권의 발행 내역

● 투자 조건

주요 투자 조건의 합리성 / 기존 투자자와의 주요 계약 조건 / 투자금액의 사용 용도 확인

● 투자자의 투자 고려 시 질문사항

1. 당신 회사만의 차별점은?

당신 회사의 장점, 핵심 경쟁력, 타 경쟁사와의 차별성은?

경쟁사와 비교하여 당신 회사가 우월한 점은?

2. 팀 구성은?

당신 회사의 비전은?

어떤 구성원으로 팀을 이루었는가?

구성원들을 어떻게 만났는가?

공동창업자 간의 관계는?

창업 이전에 무엇을 했는지?

3. 엑시트(EXIT) 계획은?

최종 목표는 M&A인가, IPO인가 또는 지속 가능한 회사를 만드는 것인가?

엑스트(Exit)를 위한 로드맵은?

가장 매력적인 인수 타깃은?

4. 돈은 어떻게?

시장에서 어떻게 매출과 수익을 발생할 것인가?

비즈니스 모델(Business Model)이 무엇인가?

핵심 매출원은?

5. 시장 규모는?

이 산업의 규모와 진출하고자 하는 시장의 규모는?

이 시장은 얼마만큼의 성장세를 보일 것인가?

이 Market Share에서 어느 정도 확장할 수 있나?

객관적인 마켓 사이즈와 타깃으로 하는 시장은 어느 곳인가?

6. 핵심 고객은?

어떤 segment 고객인가?

고객을 어떻게 타기팅(Targeting)할 것인가?

고객 확보를 통한 초기 시장을 확보할 수 있나?

고객이 서비스 가치를 얼마나 느끼고 있나?

7. 당신의 경쟁사는?

경쟁사 대비 강점과 단점은?

국내 유사 제품 및 서비스 제공 회사는?

대기업이 당신 제품과 서비스를 카피(Copy)한다면?

시장 점유율 확보를 위한 노력은?

8. 투자금 사용 방안은?

투자금은 어떻게 활용할 것인가?

투자금이 부족하면 자금을 어떻게 추가로 조달할 것인가?

9. 사업 리스크는?

현재 시장에서의 리스크는 무엇인가?

그 리스크를 어떻게 극복할 것인가?

5 각종 자금 조달방법

중소벤처기업부의 '2021년 중소·벤처기업지원사업' 자료집에 수록된 신용보증기금, 기술보증기금, 중소벤처기업진흥공단 등 정부기관의 투자기관을 통한 자금 조달방법에 대한 상세 내용은 다음과 같다.

◎ 신용보증기금

> 1. 신용보증 〈중소기업에 대한 신용보증 지원〉
>
> 기업의 미래 성장성을 평가하여 기업 경영에 필요한 각종 채무에 대한 보증을 지원하며 중소기업이 자금 융통을 원활히 할 수 있도록 지원하는 제도

지원대상 : 영리를 목적으로 사업을 영위하는 개인, 법인과 이들의 단체

지원내용

○ 기업이 금융기관 등에 대하여 부담하는 각종 채무에 대한 보증

- 대출보증, 제2금융보증, 상거래 담보보증, 어음보증, 이행보증, 지급보증의 보증, 납세보증 등

○ 보증한도 : 같은 기업당 보증한도(30억원)

자금종류	보증한도
• 고성장 혁신기업 – 혁신아이콘기업, 혁신기업 국가대표 1000선정기업, 소부장 협력모델 기업	150억원
• 시설자금	100억원
• 구매자금융, 무역금융, 전자상거래보증, 이행보증 등 • 해외투자금융, 해외사업자금 보증 • 지식기반기업, 녹색성장산업 영위기업, 신성장동력산업 영위기업	70억원

- 운전자금 보증한도 : 매출액한도와 자기자본한도 중 적은 금액

• 매출액한도 : 추정매출액의 1/2~1/6 이내

• 자기자본한도 : 자기자본의 300% 이내

▣ 신청 · 접수

○ 고객이 필요자금에 대한 보증상담을 직접 신청

  - 신용보증기금 홈페이지(www.kodit.co.kr)를 통한 온라인 신청

  - 영업점 방문 신청

---

2. 보증연계투자 〈비상장 중소기업에 대한 투 · 융자 복합지원〉

중소기업의 원활한 자금 조달 및 재무구조 개선을 위해 보증과 투자를 연계하여 지원하는 복합금융상품으로, 신용보증기금이 가치창출능력과 미래성장 가능성이 높은 중소기업의 유가증권을 직접 인수하여 중소기업에 자금을 지원하는 제도

▣ **지원대상** : 기술력 및 경영진의 경영능력이 우수하고 사업전망이 양호한 비상장 중소기업으로서, 신용보증을 이용 중이거나 투자와 보증을 동시에 신청한 기업. 단, 창업기업 등 국민경제 발전에 기여도가 높은 기업의 경우는 우선적으로 투자

▣ 지원내용

○ **개별기업당 투자한도** : 30억원으로 신보의 보증금액 2배 이내로 운용하되, 미래성장성등급별로 차등적용

미래성장성등급	인수한도
K1등급 ~ K6등급	30억원
K7등급 ~ K8등급	15억원
K9등급 이하, 무등급, 기타 등급	10억원

○ **투자종류** : 주식(보통주, 우선주) 또는 사채(전환사채, 신주인수권부사채) 인수

○ **투자기간** : 주식 3년~10년, 사채 5년 이내

▣ 신청 · 접수

○ 신용보증기금 스타트업지점 및 영업점에 신청 및 접수

  - 심사 · 평가 주요 내용 : 투자대상기업 대표자의 경영능력, 사업성, 기술성 및 재무

건전도 등 투자 타당성을 종합적으로 심사

> **3. 투자옵션부 보증 〈미래성장성이 높은 창업 초기기업에 대한 지원〉**
> 미래성장성이 높은 창업기업 대상, 기업의 자본증자에 참여할 수 있는 권리(증자참여권)가 부여된 보증을 지원한 후, 기업의 경영성과 등에 따라 투자전환을 결정하는 투·융자 복합금융상품

■ **지원대상** : 설립 후 7년 이내 비상장 중소기업으로(상법상 주식회사) 미래 성장가능성이 높은 기업

■ **지원내용**

　❍ **제도 개요** : 창업 초기기업에 대해 기업의 자본증자에 참여할 수 있는 권리(증자참여권)가 부여된 보증상품으로, 기업경영성과, 후속투자 등에 따라 투자 전환

　❍ **지원 내용**

구분	주요 내용
보증한도	같은 기업당 최대 10억원
보증기한	5년으로 운영
보 증 료	0.5% 고정 보증료율
보증비율	100%
증자참여권	행사기간 내 보증부대출 상환지금의 전부 또는 일부를 신보가 납입하고 이를 기업이 발행하는 신주를 인수하기 위한 주금납입금으로써 기업의 자본증자에 참여할 수 있는 권리
계약조건	(행사기간) 보증취급 후 1년 경과시점부터 4년간 단, 후속투자유치, 상장절차 진행 및 기업가치 상승 등 사유 발생 시 보증취급 후 3개월 경과시점부터 행사 가능 (행사가격) 기관투자자 투자유치 시 1주당 발행가액 100% 등

■ **신청·접수**

　❍ 신용보증기금 스타트업지점 및 영업점에 신청 및 접수

　　－ 심사·평가 주요 내용 : 보증신청기업의 미래성장가능성에 중점을 두고 심사

▶ 기술보증기금

> 1. 기술보증 〈기업사업평가를 통한 보증지원〉
> 담보력이 부족하나 기술력을 보유하고 있는 중소기업의 기술성, 사업성 등 미래가
> 치를 평가하여 보증서를 발급하여 금융기관 등으로부터 원활하게 자금을 지원받
> 을 수 있는 제도

▣ 지원대상 : 신기술사업을 영위하고 있는 중소기업

▣ 지원내용

○ **대출보증** : 금융기관으로부터 각종 자금을 대출받을 때 담보로 이용

○ **어음보증** : 기업이 영업활동과 관련된 담보어음에 지급을 보증

○ **이행보증** : 기업이 공사, 물품의 공급, 용역제공 등을 위한 입찰 또는 계약 시 납부
하여야 할 각종 보증금에 대한 담보로 이용

○ **무역금융보증** : 수출기업의 원재료 구입을 위한 무역금융에 대한 보증

○ **전자상거래보증** : 기업 간 전자상거래 대금결제를 위한 대출금 또는 외상구매자금에
대한 보증

○ **구매자금금융보증** : 납품기업 중심의 공급자금융방식에서 구매기업에 직접 금융을
제공하여 납품대금을 결제토록 하는 제도로 기업구매자금대출과 기업구매전용 카
드 대출에 대한 보증

▣ 신청·접수

○ 기술보증기금 홈페이지(www.kibo.or.kr) 및 영업점에서 접수

 - 심사·평가 주요 내용

 • 기업의 기술력, 사업전망, 경영능력 등을 종합적으로 검토

 • 기술력을 보유하면서 사업안정성이 있다고 판단되는 기업에 적정한 보증금액
을 지원

2. 예비창업자 사전보증 〈예비창업자 지원을 통한 창업활성화 도모〉

우수기술 보유 예비창업자의 창업자금 조달 가능성을 창업준비단계에서부터 예측 가능토록 하여 '준비된 창업'을 통한 성공창업을 지원하는 제도

■ **지원대상** : 우수 기술·아이디어를 사업화하고자 하는 예비창업자 및 전문가 예비창업자

■ **지원내용**

주요 내용	우대사항
• 창업 전 보유 기술·아이디어를 평가하여 창업자금 지원 규모를 결정 및 창업정보를 제공하는 창업멘토링을 지원하고, 창업 즉시 창업자금 지원, 보증지원 후 사후관리 멘토링을 통해 사업성과 및 애로사항 등 점검 • 지원한도 : 최대 10억원 (기술평가등급에 따라 차등 지원)	• 보증비율 우대(전액보증) • 보증료 0.7% 감면 • 1억원 이하 기술 평가료 면제 등

■ **신청·접수**

○ 기술보증기금 홈페이지(www.kibo.or.kr) 및 영업점에서 접수

－ 심사·평가 주요 내용

• 기업의 기술력, 사업전망, 경영능력 등을 종합적으로 검토

• 기술력을 보유하면서 사업안정성이 있다고 판단되는 기업에 적정한 보증금액을 지원

▶ 중소벤처기업진흥공단

중소벤처기업진흥공단 정책자금 융자

기업 성장단계별 특성과 정책목적에 따라 6개 세부 자금으로 구분하여 운영

■ **지원규모** : 5조 6,100억원

◳ 지원 세부내용

구분	창업기	성장기	재도약기
지원방향	• 창업 및 시장진입 • 성장단계 디딤돌	• 성장단계진입 및 지속성장	• 재무구조개선 • 정상화/퇴출/재창업
지원사업	• 혁신창업사업화 　- 창업기반지원 　- 일자리창출촉진 　- 미래기술육성 　- 고성장촉진 　- 개발기술사업화 • 투융자복합금융 　- 이익공유형	• 신성장기반 　- 혁신성장유망 　- 제조현장스마트화 • 투융자복합금융 　- 성장공유형 　- 스케일업금융 • 신시장진출지원자금 　- 내수기업의 수출기업화 　- 수출기업의 글로벌기업화	• 재도약지원 　- 사업전환(무역조정) 　- 재창업 　- 구조개선전용
	• 긴급경영안전자금–일시적 애로 및 재해/일반경영안정지원		

◳ 신청·접수

○ 중소벤처기업진흥공단 홈페이지(http://kosmes.or.kr) 온라인 신청 및 접수

CHAPTER 07

관광벤처창업론

기업가정신

기업가정신
(Entrepreneurship)

1 기업가정신 개념

1) 기업가의 정의

기업가란 한자로 설명하면 企業家와 起業家로 구분될 수 있다. 기업가(企業家)는 비즈니스맨(Business man) 또는 사업체의 오너(Owner)를 의미하며, 이윤창출을 목표로 사업을 추구하는 사람을 말한다.

반면, 기업가(起業家)는 '업을 일으키는 자'로서, 영어로는 'Entrepreneur'이며, 기회를 실현하기 위해 새로운 사업을 추진하는 사람을 뜻한다.

2) 기업가(起業家)의 구체적 의미

피터 드러커(Peter Drucker)는 "기업가(起業家)는 항상 변화를 추구하며(Always search for change), 그것에 반응하며(Response it), 또한 기회로 활용(Exploit it as an opportunity) 하는 사람"이라고 정의했다.

또한, 기업가는 '혁신을 통해 새로운 가치를 창조하는 자'라는 뜻과 '기존의 질서, 제품, 서비스보다 더 나은 것을 만들고자 하는 욕망이 큰 사람' 등의 의미를 지니고 있다.

3) 기업가(起業家)의 어원

수행하다(to undertake), 시도하다, 착수하다, 위험을 감수하다라는 프랑스어 동사인 'entreprendre'에서 유래되었으며, undertake의 의미에 더욱 가깝다. 자기의 책임하에 일을 수행하다라는 의미로 일반적인 Do와는 다르다. 도전정신도 중요하지만 행동과 실천이 더 중요할 수 있다.

4) 기업가(起業家)정신(Entrepreneurship)의 어원

Entrepreneurship의 영어식 표현은 'The state of being an entrepreneur, or the activities associated with being an entrepreneur'로 창업자 정신, 창업자 능력, 창업자 활동을 뜻하며, 창업자로서 가져야 할 태도 및 지식과 능력을 의미한다.

미국에서 기업가정신 교육으로 유명한 Babson College에서는 'Entrepreneurship is Life Skill'이라 하여 기업가정신은 삶의 기술이라 표현했으며, 유럽연합(EU)에서는 Entrepreneurship을 진로교육의 일환 및 유럽사회 통합을 위한 수단으로 인식했고, 기업가정신을 2006년 Oslo Agenda로 채택했다.

☞ *Entrepreneurship in not 기업가정신 but 앙트레프레너십*

2 기업가정신 특성

기업가정신의 특성으로는 부족한 자원에도 불구하고 새로운 기회를 발견하여 창의적이고 혁신적으로 새로운 가치(제품 또는 서비스)를 개발하여 새로운 업을 일으키는 성향과 행동을 의미한다. 실제 창업을 실행하는 과정에서 생각지도 못했던 어려움과 장애물이 등장하는데 이를 해결하기 위해서는 도전정신, 열정, 성취욕구가 필요하며, 기업가정신은 창업에 도전하고 열정적으로 추진해 나가는 핵심 원동력이다. 비즈니스맨(Business Man)과 기업가(Entrepreneur)의 특성 등을 비교하면 〈표 7-1〉과 같다.

〈표 7-1〉 비즈니스맨(Business Man) vs 기업가(Entrepreneur)

구분	비즈니스맨(Business Man)	기업가(Entrepreneur)
전개방식	기존의 방식	나만의 방식
	기존 사업아이디어 수행	새로운 사업아이디어 창출
	비즈니스 모델의 기술적 효율성 달성	혁신적 비즈니스 모델 창출
Market Position	Market Player	Market Leader
리스크 수용	최소	리스크 최소화 후 Risk Taking
경쟁	매우 높음	상대적 낮음

일의 방식	전통적 방식	비전통적 방식
지향	이윤	사람, 비전

자료 : 창업에듀(www.k-startup.go.kr/edu)

[그림 7-1] 기업가정신(Entrepreneurship) 내용

3 기업가정신 해설

1) 해외 주요 인사의 기업가정신 정의

오스트리아 태생 경제학자인 조셉 슘페터(Joseph Schumpeter : 1988~1950)는 "앙트레프레너(Entrepreneur, 기업가)는 혁신을 통해 불황을 극복하고 호황에 이르게 한다"라며, "자본주의의 목표는 엘리자베스 여왕에게 실크스타킹을 한 개 더 신게 하는 것이 아니라 가난한 여공들에게 스타킹을 구입할 수 있게 해주는 것이다"라고 언급하며, "혁신이란 창조적 파괴(Creative Destruction)를 의미한다"고 하였다.

기업가정신은 "새로운 방식으로 새로운 상품을 개발하는 지속적인 기술혁신을 통해 창조적 파괴(Creative Destruction)를 실행하는 기업가의 노력이나 의지, 창조의 기쁨"이며, 자본주의 경제를 움직이는 기본적인 엔진은 기업가적인 벤처(Entrepreneurial Venture)이며 이는 지속적으로 새로운 제품을 개발하고, 신사업에 도전하며, 시장을 확장해 나가는 것을 의미한다.

미국 경영학자 피터 드러커(Peter Ferdinard Drucker)는 "기업가는 끊임없이 혁신을 추구해야 하며, 이러한 혁신의 중심이 바로 기업가정신이다"라고 주창하며, "기업가정신은 늘 새로운 기회를 추구하며, 기존 자원을 혁신적으로 활용하여 위험을 감수하며, 시장에 새로운 가치를 창조하는 과정이다"라고 정의했다.

"Entrepreneur always searches for change, responses it, and exploits as an opportunity."

미국의 교수인 제프리 티몬스(Jeffry A. Timmons)는 "기업가정신은 모든 영역에서 아무것도 아닌 것에서 가치 있는 것을 이루어내는 인간의 창조적인 행동"이라 정의하며, "창업 초기 과정의 핵심요소는 창업기회, 자원, 팀, 창업가이고, 창업은 창업기회를 발견하고, 한정된 자원에도 불구하고 위험을 감수하며, 창업기회를 실행할 수 있는 팀을 구성하여 진취적으로 도전하고 실행하는 과정"이라 정의했다.

미국의 유명한 기업가인 빅터 기암(Victor Kiam)은 "기업가들은 장애와 기회 사이에는 큰 차이가 없다는 것을 이해하고, 장애와 기회 둘 다 이점으로 바꿀 수 있는 자들이다"라고 설명하면서, "당신이 앞으로 넘어져도 조금이라도 나아가는 것"이라고 기업가정신의 중요성을 강조했다.

"Even if you fall on your face, you are still moving foreward."

기업가정신에 대한 여러 연구자들의 정의를 정리하면 〈표 7-2〉와 같다.

〈표 7-2〉 기업가정신에 대한 다양한 정의

연구자	정의
Schumpeter(1934)	파괴를 통한 창조를 만들어내거나 낡은 것을 파괴하고 새로운 것을 창조
Stevensons(1983)	현재 보유하고 있는 자원에 구애받지 않고 기회를 추구하는 것
Miller(1983)	위험을 감수하고 진취적이며 혁신을 추구하는 조직활동
Vesper(1990)	다른 사람들이 발견하지 못한 기회를 찾아 새로운 사업을 추진하는 것
Aldrich & Firol(1994)	새로운 사업을 만들고 혁신을 추구하는 것
Timmons(1994)	가치있는 어떤 것을 만들어내는 창조적인 행동
Czop & Leszczynska(2011)	지속적인 혁신을 통해 기업 수준을 상승시키는 과정

OECD(2018)	경제적인 기회를 식별하고 제품과 서비스를 개발하고 생산하고 판매함으로써 그것을 활용하는 역동적인 과정
Baron & Shane(2005)	기업이 새로운 무언가를 창출하기 위해 이를 탐색하고 혁신적으로 행동하는 것
이장우(1997)	현실적 제약을 무릅쓰고 포착한 기회를 사업화하려는 행위 또는 과정
이정호(2005)	기존 기업이 새로운 사업과 활동을 하여 혁신성, 진취성, 위험감수성이 포함된 혁신활동
배종태 외(2009)	현재 보유하고 있는 자원이나 능력에 구애받지 않고, 기회를 포착하고 추구하는 사고방식 및 행동방식
윤백중(2011)	혁신성, 진취성, 위험감수성을 통한 끊임없는 새로운 가치와 기회를 창출

출처 : 권기환 외(2019) 및 임진혁(2017)에서 자료 재인용 및 수정

2) 기업가정신의 특징

기업가정신이 충만한 사람들의 특징은 다음과 같다.

① 일에 대한 사명감을 소유하고 있음

② 사업추진에 여러 위험부담이 존재하지만 과감하게 실행을 추진함

③ 목표를 수립한 후, 목표를 달성하기 위한 성취욕구가 매우 강함

④ 타인에 대한 의지보다는 본인이 자율적으로 독립적으로 일을 추진함

⑤ 문제해결 방식에서 혁신적이고 창의적으로 문제를 해결함

⑥ 남들이 중요하게 생각하지 않는 부분에서도 기회를 발견함

⑦ 어려움이 있더라도 매사에 열정적으로 업무를 추진함

⑧ 위기와 어려움을 끈기와 승부근성으로 이겨내려 함

기업가가 갖추어야 할 자질에는 [그림 7-2]와 같이 창의성, 혁신성, 관리기술, 경영노하우, 네트워크 등이 있다.

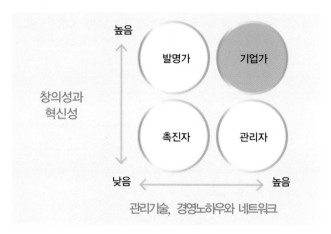

출처 : J. A. Timmons(1999), New Venture Creation

[그림 7-2] 기업가가 갖추어야 할 자질

한편, Timmons와 Spinelli가 일반적으로 인식하는 기업가(Entrepreneur)에 대한 잘못된 주장과 실제 상황과의 차이점은 〈표 7-3〉과 같다.

〈표 7-3〉 기업가(Entrepreneur)에 대한 잘못된 주장

잘못된 주장	실제 현상
기업가는 타고난다.	훌륭한 기업가의 요건 중 선천적인 요인보다 후천적인 요인이 더 많고, 부족한 요소는 Partnership이나 인재 고용을 통해 보충이 가능하다.
아이디어만 있으면 누구나 창업할 수 있다.	아이디어 하나로는 창업에 성공하기 어렵고, 시장에 대한 많은 이해와 경영능력도 매우 필요하다.
기업가는 도박사이다.	기업가는 무모한 위험이 아닌 계산된 위험(Calculated Risk)을 회피하지 않고 감행하는 사람이다.
기업가는 누구의 간섭도 받지 않고 모든 일을 자신 의지대로 한다.	벤처기업의 성공을 위해서는 다양한 이해관계자 (고객, 투자자, 공급자, 종업원, 지역사회 등)의 도움이 필요하다.
벤처기업가는 모든 일을 혼자 한다.	사업초기에는 벤처기업가가 모든 일을 할 수도 있지만, 사업이 일정규모 이상이 되면 협조자의 도움이 필요하다.
벤처기업은 대단히 위험해서 망하기 쉽다.	벤처기업가가 능력이 있으면, 벤처기업은 차별성이 부족한 일반중소기업보다 오히려 생존율이 높다.
사업성공에서 가장 중요한 요소는 자금력이다.	창업자가 유능하고, 기회가 좋으면 자금은 외부에서 조달할 수 있다. 자금보다 더 중요한 요소는 창업자와 기회이다.
창업은 젊어서 해야 한다.	젊음이 창업 성공에 중요한 요소이나 경험과 지식도 중요하다. 40대 이후 창업해서 성공한 사례도 많다.

돈을 버는 것이 기업가의 가장 큰 창업 목적이다.	대부분의 기업가들은 단기적인 돈벌이보다 장기적으로 자본수익, 성취욕구, 꿈의 실현을 위해서 창업을 한다.
좋은 아이디어를 가진 기업가는 1~2년 내에 사업에 성공한다.	벤처기업이 성공하기까지 소요되는 기간은 보통 5~7년이다.

출처 : Timmons & S. Spinelli(2007), The Entrepreneurial Process

4 기업가정신의 구성요소

기업가정신에 대한 학자들의 연구는 창업 초기기업가에 대한 연구에서 최근 다양한 기업가정신의 구성요소에 대한 연구가 진행되고 있으며, 성취욕구, 혁신성, 위험감수성, 진취성, 자율성, 경쟁적 공격성 등에 대한 특징이 포함되어 있다.

〈표 7-4〉 기업가정신의 구성요소

구분	내 용
성취욕구 (Drive to achieve)	– 파괴를 통한 창조를 만들어내거나 낡은 것을 파괴하고 새로운 것을 창조 – 사람에게는 성취욕구, 권력욕구, 친화욕구의 3가지 욕구가 있다(맥클리랜드 : McClelland) – 높은 성과를 달성하기 위한 개인의 포부, 노력 및 자구력이 필요하며, 개인의 생활은 물론 조직의 성공과도 밀접히 관련이 있는 요인 – 높은 성취욕구를 가진 사람들은 위험감수성이 높고 기업가가 될 확률이 높음 – 조직이나 사회의 경제적, 사회적 발전이 더 큼
혁신성 (Innovativeness)	– 통상적인 활동에서 벗어나서 모든 물질적 요소와 힘을 새롭게 결합 및 재가공하는 것으로 기업가정신의 주요한 구성요소 – 기존 조직 및 새로운 조직에서 아이디어, 제품, 서비스 또는 기술로 무엇인가 새로운 것을 적극적으로 도입하고 추진하려는 성향 – 혁신적인 창업가는 창조적인 과정을 수행함으로써 새로운 기회를 추구함 – 새로운 제품과 서비스, 그리고 프로세스 개발을 목표로 한 실험과 창조적 프로세스를 통한 새로운 것을 기꺼이 하려는 마음
위험감수성 (Risk-Taking)	– 사업실패의 위험성에 늘 노출되어 있지만, 적정한 기회를 포착하고 실행하여 나가는 성향 – 사업의 불확실한 결과가 예상됨에도 불구하고 과감히 도전하려는 의지이며, 적극적으로 기회를 모색하고 추구하고자 하는 의욕 – 성공적인 기업가는 불확실한 미래와 위험을 도전정신과 치밀한 준비 등을 통해서 계산하고 통제하는 태도를 가짐 – 예측가능한 결과의 지식 없이 실행하는 의사결정 활동, 위험을 감수하는 벤처프로세스에서 구체적인 지원의 몰입을 포함하는 실행

	– 위험감수성은 기업가정신의 가장 핵심적인 요인이며, 기업가(Entrepreneur)와 경영자 (Manager)를 구분하는 결정적인 기준(맥클리랜드 : McClelland)
진취성 (Proactiveness)	– 시장 내 경쟁자에 대한 적극적인 경쟁의지와 우월한 성과를 창출하려는 의지를 보이거나, 시장 내 지위를 바꾸기 위해 경쟁자에 대해 직접적이고 강도 높은 수준으로 도전하는 자세 – 자발적으로 변화를 인식하고 경쟁 환경에 적극적으로 대응하는 창업가의 태도 – 기업환경의 변화와 연계하여 미래 수요를 예측하고, 경쟁 환경 속에서 새로운 제품과 서비스를 도입함으로써 경쟁사를 압도하는 진취적이고 적극적인 태도
자율성 (Autonomy)	– 개인이나 팀이 독립적으로 움직이는 기업가적인 감각, 조직의 관료주의를 탈피하여 새로운 가치와 아이디어를 추구하는 기업가적인 독립성
경쟁적 공격성 (Competitive aggressiveness)	시장에서 경쟁사를 압도하기 위해 직접적이고 집중적으로 경쟁하려 하는 성향

출처 : 창업에듀(www.k-startup.go.kr/edu) 및 한국창업보육협회(2019), 창업보육전문매니저 표준교재 내용을 중심으로 재구성

상기의 주요 구성요소 이외에도 기업가정신 구성요소로는 책임감(Responsibility), 리더십(Leadership), 독창성(Initiative), 신뢰성(Reliability), 도전성(Challenge), 헌신(Commitment), 결단(Determination), 인내심(Perseverance), 기회 지향성(Opportunity orientation), 실패에 대한 관용(Tolerance for failure), 정직성(Honesty) 등이 있다.

기업가정신의 핵심적인 개념으로는 새로운 가치를 창출(New Value Creation)하려는 동기와 실천하는 활동이 있고 새로운 가치를 창출할 수 있는 행동방식으로는 개척, 발견, 개선, 개혁, 혁신, 혁명, 변화, 변신 등이 있다. 기업가정신은 오늘날 사회의 모든 영역에 적용되는 개념으로 확산되고 있는 시대정신(the spirit of times)이라고 할 수 있다(이춘우).

한편, 개인차원의 기업가정신과 조직차원의 기업가정신을 비교할 수 있으며, 주요 내용은 〈표 7-5〉와 같다.

〈표 7-5〉 개인차원과 조직차원의 기업가정신

구분		개인차원의 기업가정신	조직차원의 기업가정신
차이점	개념 정의	개인적 기질, 특성, 행동, 역할에 초점	조직과정, 전략적 특성, 조직 구성원행동, 사내 벤처링 창출과정
		미래예측과 위험감수인지, 기회포착, 창조적 혁신자, 불확실성 인내	조직혁신, 위험감수, 경영관리과정, 전략적 지향성
	연구 대상	기업가, 설립자, 창업가	벤처기업, 신생기업, 대기업 경영자, 사내벤처팀, 일반 구성원
공통점	과정	혁신성, 위험감수성, 진취성, 생산적 요소와 새로운 조합을 발견하고 촉진하는 활동으로 기업가와 기업조직의 새로운 조합을 수행하는 활동	
	결과	새로운 가치 창출, 기존 시장의 창조적 파괴, 시장불균형상태의 해소, 신조직 탄생, 생존, 성장	

출처 : 이춘우(1999), 조직앙트라프러뉴십의 역할과 조직성과에 대한 연구 및 한국창업보육협회(2019), 창업보육전문매니저 표준교재 내용을 중심으로 재구성

기업가정신의 확장성 차원에서 창업으로부터 조직 내 기업가정신(corporational entrepreneurship)에서 사회적기업가정신(social entrepreneurship) 및 공공부문 기업가 정신(public-sector entrepreneurship)으로 확대할 수 있다.

5 기업가정신의 필요성

벤처 및 스타트업을 경영하면서 어려움을 극복하고 성과를 이루기 위해서는 기업가 정신이 필요하며, 이러한 기업가정신이 필요한 구체적인 이유는 아래와 같다.

① 기업 설립 및 운영을 통해서 신고용창출 및 경제적 기반 마련
② 창의적이고 혁신적인 의지와 행동이 비즈니스 성공에 있어서 중요함
③ 기업가정신이 없다면 다른 나라 기업들과의 경쟁에서 뒤처지게 됨
④ 기업가정신을 통해 과학과 기술이 발전하고, 양질의 일자리 창출이 가능함
⑤ 슘페터와 피터 드러커 모두 기업가를 경제적 이익을 중시하는 사업가로 인식하고 있지 않으며, 사업을 잘한다고 모두 기업가가 되는 것도 아니며, 비사업 분야 등

어느 분야에서도 기업가정신이 필요하다고 역설

⑥ 기업가정신지수가 높을수록 경제규모도 크고, 경제 활성화도 가능함

2018 기업가정신지수·경제규모 비교			
순위	국가	기업가정신 지수(GEI)	총 GDP 순위 (2017기준)
1	미국	83.6	1
2	스위스	80.4	19
3	캐나다	79.2	10
4	영국	77.8	6
5	호주	75.5	13
6	덴마크	74.3	36
7	아이슬란드	74.2	105
8	아일랜드	73.7	35
9	스웨덴	73.1	23
10	프랑스	68.5	5
24	한국	54.2	11

(자료: GEDI, IMF)

출처 : 한국청년기업가정신재단(2018), 2018년 글로벌 기업가정신지수 순위

[그림 7-3] 기업가정신지수와 경제규모

6 한국의 기업가정신

미국의 경영학자인 피터 드러커(Peter Drucker)는 과거 삼성, 현대 기업의 성장과 연계해서 "한국은 전 세계에서 기업가정신이 가장 충만한 나라다"라고 언급하면서 한국의 기업가정신에 대해 극찬한 적이 있으며, 특히, 현대 정주영 회장의 'Can-doism'이라 불리는 기업가정신은 한국의 기업가정신을 대표할 정도로 유명하다.

하지만 피터 드러커가 극찬했던 한국의 기업가정신은 최근 많이 쇠퇴했는데 그 원인으로는 한국에서는 기업에 대한 부정적 인식이 많기 때문이다. 반면, 미국에서는 기업가가 존경받는 사회적 분위기이다.

한국에서 기업을 부정적으로 인식하는 이유는 탈세, 경영권다툼 등 경영권 가족 상속,

직무윤리가 부족하기 때문이다. 또한 젊은 층들의 공무원, 공기업 등 안정적인 직업에 대한 선호도가 매우 높고, 입시 위주의 교육이 팽배하고, 학교 정규 교육에서 도전정신, 창의성을 가르치지 않는다.

각종 규제로 인해 한국에서는 기업을 운영하기가 어렵다고 인식되고 있으며, 미국과 달리 한국에서는 기업 실패에 대한 두려움이 존재하며, 유럽에서조차도 빌 게이츠가 탄생하지 않았다. 하지만 미국에서는 실패에 대해 관용을 베푸는 관습(Tolerance of failure)이 남아 있다.

한편, 통계청의 자료에 따르면 한국의 기업가정신지수는 1981년에 183.6을 기록한 이후 2018년 90.1을 기록하여 지속적으로 기업가정신지수가 하락하고 있으며, 국가경제 발전을 위해서는 기업가정신 함양이 필요한 상황이다.

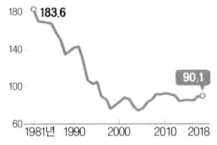

출처 : 전국경제인연합회(2020), 한국의 기업가정신지수 변화 추이(1981~2018년)

[그림 7-4] 한국의 후퇴한 기업가정신

2020년 매일경제와 전국경제인연합회가 공동으로 분석한 '기업가정신 OECD 국제 비교'에 따르면 한국의 기업가정신지수 순위가 경제협력개발기구(OECD) 회원국 35개국 중 26위를 기록했으며, 한국 기업가정신지수가 10년째 제자리걸음인 것으로 나타났다. 한국의 젊은 세대가 창업보다는 공무원 등 안정적인 직장에 취업하려는 경향이 높아지면서 기업가에 대한 직업 선호도는 낮은 수준을 보였고, 제조업보다는 정보기술(IT)이나 서비스업을 선호하는 젊은 세대의 인식이 반영되었다.

〈표 7-6〉 기업가정신 지표별 한국 순위

구분	한국 순위	1위 국가
기업가에 대한 사회 평판	14위	이스라엘
기업가 직업 선호도	22위	네덜란드
규제 등 경제제도 수준	27위	핀란드
개인의 경제활동 참가율	29위	스위스
대기업 비중	27위	스위스
인구 10만 명당 사업체 수	4위	체코
기업 체감 경기	34위	리투아니아
기업 · 개인의 법률 신뢰 · 준수 수준	20위	핀란드

출처 : 매일경제 · 전국경제인연합회(2020). 기업가정신 OECD 국제 비교.

한국의 기업가정신을 향상시키기 위해 한국기업들이 변화를 추구하고 있는데, 삼성전자는 국내스타트업 육성을 위해 기술 지원부터 투자유치까지 종합 지원을 하고 있으며, SK는 사회적기업을 육성하고 있다. 또한 한화는 드림플러스(Dream Plus)사업을 통한 스타트업을 지원하고, 정부에서도 재도전 패키지 운영 등 다양한 지원사업을 전개하고 있다.

한국의 기업가정신을 함양하고 기업가를 육성한다는 차원에서 보육기능을 담당하는 액셀러레이터(Accelerator)뿐만 아니라 좀 더 적극적으로 회사를 키운다는 개념의 컴퍼니 빌더(Company Builder)가 등장하고 있다.

〈표 7-7〉 주요국 기업가정신 순위

순위	국가
1	스위스
2	뉴질랜드
3	룩셈부르크
4	핀란드
5	노르웨이
7	네덜란드
8	독일
11	미국
25	일본
26	한국

출처 : 매일경제 · 전국경제인연합회(2020). 기업가정신 OECD 국제 비교.

7 기업가정신 함양방법

각자가 기업가정신의 중요성을 인식하고 평소에 기업가정신을 함양할 수 있는 방법이 다양하므로 아래와 같은 방법으로 각자 실천을 해볼 수 있다.

1. 현재 인기를 끌고 있는 아이템, 신조어, 트렌드를 평소에 익힌다

인구학적 변화, 기술적 변화와 연계해서 주목받는 제품 및 새로운 서비스가 무엇인지를 탐구한다.

예) 구독경제, 에이징 테크(Aging Tech) 등

2. 비즈니스시장에서 유니콘기업 및 데카콘기업을 탐색한다

   - 유니콘(Unicorn)기업 : 기업가치 10억달러 이상인 스타트업
   - 데카콘(Decacorn)기업 : 기업가치 100억달러 이상인 스타트업

   예) 2021 한국 유니콘기업

옐로모바일	모바일
엘앤피코스메틱	화장품
크래프톤	게임
비바리퍼블리카	핀테크
야놀자	O2O서비스
위메프	전자상거래
지피클럽	화장품
무신사	전자상거래
에이프로젠	바이오
쏘카	카셰어링
컬리	온라인 신선식품 배송
A사(기업명 비공개)	도·소매업
티몬	소셜커머스
두나무	핀테크
직방	부동산중개

출처 : 중소벤처기업부(2021), 2021년도 상반기 국내유니콘 기업 현황 발표

[그림 7-5] 2021년도 한국의 유니콘기업

3. 데모데이(Demo Day)에 참석해서 기업들의 발표를 경청하면서, 창업가의 참신한 아이디어를 공부하고, 데모데이에서 주목받은 스타트업을 탐색한다

예) 한국관광스타트업 액셀러레이팅 데모데이, 서울-관광스타트업 협력프로젝트 데모데이

출처 : 한국관광공사 관광기업지원센터(www.tourbiz.or.kr) 및 서울관광재단(www.sto.or.kr)

[그림 7-6] **문체부와 서울시의 데모데이(Demo Day)**

4. 크라우드펀딩(Crowdfunding) 사이트를 탐색한다

– 펀딩 사이트에 올라온 기업과 제품을 통해서 트렌드를 분석하고, 국내뿐만 아니라 해외 크라우드펀딩 사이트도 조사한다.

예) 와디즈, 텀블벅, 킥스타터, 인디에고고

5. 비즈니스 모델(Business Model)을 잘 분석한 책을 탐독한다

– 고객의 관점과 투자자의 관점에서 비즈니스 모델(Business Model)을 바라보고, 해당 비즈니스에서 어떤 점이 인상적이었는지, 무엇을 추가할 것인지, 무엇을 제거할 것인지를 고민한다.

예) 성공하는 비즈니스 모델 101가지 등

출처 : 교보문고(www.kyobobook.co.kr)

[그림 7-7] 비즈니스 모델관련 책자

CHAPTER 08

관 광 벤 처 창 업 론

창업마케팅

08 창업마케팅

1 창업마케팅 개요

창업기업은 혁신적인 아이디어를 기반으로 기존 기업과 차별화된 새로운 제품과 서비스를 개발하는 데 많은 시간과 자금을 투자한다. 시제품을 테스트한 후에는 제품과 서비스를 적극적으로 판매하는 마케팅 계획을 수립해야 한다. 또한, 창업기업의 경우 마케팅은 성공 기업으로 가는 필수 과정이며, 기존 기업과 비교하여 차별적인 마케팅 전략 및 방법을 강구해야 한다.

하지만 창업하는 경우 일반적으로 기존 기업과 비교해서 자금, 인력, 네크워크 등의 사업을 전개하는 데, 특히 시제품 및 서비스의 마케팅 활동을 전개하는 데 많은 제약이 있을 수 있다. 특히, 기존 기업과는 달리 시장에 기존 고객이 전혀 없는 상황에서 새로운 제품과 서비스를 가지고 일반 대중을 대상으로 홍보하는 것은 무척 어려운 활동이다. 그러므로 창업기업은 창업하기 전부터 마케팅에 관심을 두고 구체적이고 차별적인 마케팅 실행계획을 수립하여야 하며, 시제품 또는 완제품이 출시된 이후에는 시장을 대상으로 집중적인 마케팅 활동과 피드백을 추진해야 한다.

창업마케팅은 기업가정신을 발휘하여 고객 중심의 기회를 추구하고, 포착하는 일련의 과정으로, 창업기업들이 시장에 신제품이나 새로운 서비스를 구매할 만한 고객을 유인하고 그들과 어떻게 관계를 지속시킬 수 있을지 기회를 탐색하고 포착하는 진취적(Proactive), 혁신적(Innovative), 위험감수적(Risk-Taking)인 활동이라 할 수 있다(황보윤 외, 기업가정신과 창업, 2018).

창업기업은 신생기업이라는 시장에서의 한계점을 가지고 있고, 제한된 규모의 영세성 및 시장에서의 활동에 대한 불확실성, 격동성이라는 마케팅 특성을 지닌다. 구분별 상세 창업기업의 마케팅 특성은 〈표 8-1〉과 같다.

〈표 8-1〉 창업기업의 마케팅 특성

구 분	특성
신생기업	• 창업기업은 신생기업이라는 점으로 인해 시장 진입과 마케팅 활동에 제약이 존재함 • 새롭게 설립된 기업들은 비즈니스에 필요한 고객관계가 충분히 구축되어 있지 않고, 기업에 대한 잠재적 소비자의 신뢰도가 부족함 • 마케팅 매니저의 경험 및 전문지식이 부족하거나 전문적인 마케팅 매니저를 추가 구성원으로 영입하기 어려움
기업규모의 영세성	• 대부분의 창업기업들은 작은 규모로 신규 비즈니스를 시작하기 때문에 적절한 마케팅 전략실행에 필요한 예산과 기술을 충분히 보유하고 있지 않음 • 제한된 자원으로 인해 새롭게 착수하는 활동들은 높은 수준의 효율성을 달성해야 함
불확실성	• 창업기업, 특히 기술기반의 창업기업들은 시장에 대한 충분한 데이터를 보유하고 있지 않고, 관련 정보에 대한 접근성이 떨어지기 때문에 높은 불확실성에 직면함 • 신제품을 출시하거나 새로운 시장에 진출하는 창업기업은 자사가 보유하고 있는 이용 가능한 데이터 또는 지식이 특정 상황에서는 적용이 불가능한 경우가 자주 발생함
격동성	• 창업기업은 신제품을 가지고 새로운 시장에 진출하므로 행보가 상당히 격동적이거나 예측 불가능함

출처 : 한국창업보육협회(2019), 창업보육전문매니저 표준교재

창업마케팅 행태를 관찰해 보면 많은 성공기업들은 전통적인 마케팅과 명백히 다르게 수행한다는 점을 알 수 있고 창업마케팅의 차별점을 〈표 8-2〉와 같이 제시할 수 있다.

〈표 8-2〉 창업마케팅의 차별점

구 분	차별점
경영전반 측면	• 마케팅이 기업의 모든 수준과 기능적 영역들에 침투해 있음 • 판매와 프로모션에 대한 집중적 관심을 가짐 • 기업에는 기회의 인식에 대한 타고난 관심 집중력을 보임 • 열정, 열망, 몰입의 역할이 중요함
시장 & 고객관리 측면	• 시장에 대한 유연한 고객맞춤형 접근이 중요 • 작은 틈새시장을 활용함 • 시장을 능동적으로 창출하고 활용하는 데 초점을 둠 • 마케팅 전술은 보통 고객과 쌍방향적임 • 고객 선호의 변화에 대해 신속히 반응함

마케팅활동 특징	• 마케팅 의사결정은 개인적 목표 및 장기적 성과와 연결되어 있음 • 창업자 및 기타 핵심인물들이 마케팅의 중심이 됨 • 관계와 동맹을 통해 가치를 창출함 • 직관과 경험에 의존하며, 공식적인 마케팅 조사는 거의 이루어지지 않음

출처 : 서상혁(2016), 창업마케팅

2 디지털 마케팅(Digital Marketing) 개요

◎ 디지털 마케팅(Digital Marketing) 개념

디지털 마케팅(Digital Marketing)은 인터넷을 중심으로 모바일 기기, 스마트폰 등 다양한 디지털 미디어에 디지털 기술을 활용하여 제품과 서비스를 홍보, 광고, 판매하는 일련의 과정을 의미한다. 기존 마케팅 활동에서 장애 요인으로 인식되었던 시간 및 공간의 장벽이 무너지고 기업과 고객이 상호 연결되어서 가치를 창조하는 통합형 네트워크 마케팅이다.

구체적으로 디지털 쿠폰·팩스·휴대폰·인터넷·이메일 등 디지털 기술을 응용한 제품이 이용되는 모든 상업적 활동이 이에 포함된다. 인터넷 마케팅은 인터넷을 기반으로 하는 상업적 활동을 가리키는 것으로 디지털 마케팅보다 협의의 의미로 사용된다(매일경제).

디지털 마케팅에는 Pull(유인형) 마케팅과 Push(강요형) 마케팅의 두 종류가 있다. Pull(유인형) 디지털 마케팅은 소비자가 이메일, 문자 메시지나 뉴스 피드를 통해 특정 기업의 판매품목에 대한 광고 전송을 허가하는 것과 소비자가 직접 인터넷을 통해 특정 품목을 자발적으로 검색하는 것 등의 두 가지로 이루어진다. 인터넷 웹사이트나 블로그, 스트리밍 미디어(Youtube, 음원 스트리밍 사이트)들이 Pull(유인형) 마케팅의 예이다. Push(강요형) 디지털 마케팅이란, 웹사이트나 인터넷 뉴스에서 보이는 광고처럼, 판매자가 수신자의 동의 없이 광고를 보내는 것이다. 이메일, 문자 메시지나 뉴스 피드백도 수신자의 동의 없이 발송하는 것을 스팸메일 혹은 스팸이라 부르고, 이는 Push(강요형) 디지털 마케팅으로 분류할 수 있다(위키피디아).

한편, 기존의 마케팅과 비교하여 디지털 마케팅의 장점은 다음과 같다.

- 모바일로 접속 가능
- 전환율 등 중요한 데이터 수집
- 목표고객 타기팅 가능
- 제공 정보의 신뢰도가 높음
- 자동화 가능
- 시간과 비용의 절약
- 다양한 아이디어와 접목
- 여러 기술 활용

이러한 디지털 마케팅의 여러 장점도 있지만, 비대면 마케팅 활동으로 인한 기업과 고객과의 상호작용 부족, 전문적인 기술 필요, 관리를 위한 시간·노력·비용 필요, 디지털 비선호 및 이용하지 못하는 고객 고려 등의 단점도 있다.

하지만 디지털 마케팅은 온라인에서 주목받고자 하는 기업이면 누구에게나 많은 혜택을 제공하며, 일반적으로 디지털 마케팅이 중요한 이유는 다음과 같다.

- 디지털광고시장의 급성장
- 고객과의 커뮤니케이션 개선
- 마케팅 성과의 정량적 측정 가능
- 초개인화 마케팅 가능
- 고객의 지속적인 확보 가능
- 고객 충성도 향상
- 고급 분석 가능
- 마케팅과 모바일 기술과의 통합
- 효율적인 마케팅 비용
- 편리한 마케팅 방법

◉ 디지털 마케팅 트렌드

디지털 마케팅을 시행하기 전에 시장의 변화 및 마케팅 트렌드 등을 예의 숙지하고 시사점을 찾아내어 마케팅 계획에 반영하여 마케팅을 추진해야 한다. 디지털 마케팅의 중요도가 점점 증가하는 상황에서 안단테수익모델연구소에서 발표한 '2021년 디지털 마케팅 트렌드 Top 9'에 대한 내용을 보면 다음과 같다.

2021 디지털 마케팅 트렌드 Top 9

1) 대화형 마케팅에 활용되는 챗봇(Chatbot) : 심심이, 상담원이 되다

자연어 처리와 AI(인공지능)의 발달로 인해서 챗봇 산업이 번창하고 있으며, 챗봇의 시장규모는 2025년까지 1,022억원 규모로 성장할 것으로 예상되며(모도르 인텔리전스), 이는 2020~2025년까지 매년 34.75% 성장한 규모이다.

대규모 기업들이 챗봇을 활용하고 있는데 카카오 플러스친구의 챗봇, 페이스북 메신저, 웹사이트 속의 라이브 챗이 모두 챗봇 형태이며, 사용자들도 답변에 시간이 걸리는 이메일 문의보다 즉각적인 답장을 받아볼 수 있는 챗봇을 선호한다.

2) 마케팅에 활용되는 AR과 VR : 직접 보고 결정하세요, 집에서

바쁜 현대인들을 위해 소비자들이 직접 매장에 방문하지 않도록 상품을 생생하게 설명해 주는 AR(증강현실) 기술을 활용하고 있다. 성공사례로는 스웨덴 가구 제조기업 이케아(IKEA)가 고객이 실제 매장을 방문하지 않더라도 앱을 통해서 가구의 색상, 질감 등을 변경해 보거나 다양한 공간에 배치해 보는 등의 시뮬레이션을 해볼 수 있는 기능을 제공하고 있다.

3) 라이브 스트리밍(Live Streaming) : 함께 만들어가는 실시간 영상 콘텐츠

지난 몇 년간 이어져 온 페이스북 및 인스타그램 라이브 스트리밍은 꾸준한 인기를 유지할 것으로 예상되며, 실시간으로 사람들과 소통하는 일은 블로그 글을 포함한 그 어떤 유형의 콘텐츠보다 사람들의 호감과 신뢰를 얻기 쉬운 방법이다. 유튜브나 트위터에서도 라이브 스트리밍 서비스를 제공하면서 라이브 영상 콘텐츠 성장이 가속화되고 있다.

4) 검색엔진최적화(SEO)와 음성 검색 : OK Google, SEO가 뭐야?

SEO(검색엔진 최적화, Search Engine Optimization)가 인바운드 마케팅에서 빠질 수 없는 필수 전략이며, SEO전략은 구글의 꾸준한 알고리즘 업데이트에 연계해서 변화해야 한다.

최근 들어, 중요성이 강조되고 있는 SEO 트렌드 중 첫 번째는 UX(사용자 경험)로 지금은 그 어느 때보다 사용자 경험의 중시가 SEO의 중요한 요소이다. 두 번째는 추천 스니펫(Featured Snippet)으로 SEO는 검색 순위 1위를 차지하기 위해 사용되는 전략인데, 1위보다 더 높은 위치는 검색자들이 클릭하지 않고, 즉각적인 답변을 확인할 수 있는 추천 스니펫이 등장하는 자리인 제로 포지션(Zero Position)이다. 이 제로 포지션의 인기 및 중요도가 상승하는 이유는 90%에 이르는 단어정확도(영어기준)를 자랑하는 음성 서비스의 등장도 요인이 된다.

5) 영상 콘텐츠의 성장

영상 콘텐츠는 온라인 마케팅분야에서 ROI(투자 대비 효과)가 높은 편이며, 오픈 서베이의 2018년 조사에 의하면 응답자의 51.1%가 동영상 광고를 접한 뒤, 브랜드에 대한 시각이 긍정적으로 바뀌었다고 한다.

유튜브의 성장과 함께 인스타그램과 틱톡에서의 짧은 분량(30초~1분 내외)의 동영상도 인기를 끌고 있다.

6) 개인정보 보호와의 줄다리기

GDPR(유럽연합 일반 개인 정보보호법, General Data Protection Regulation)이 시행된 지 2년이 지났고, 최근에는 CCPA(캘리포니아 소비자 프라이버시 보호법, California Consumer Privacy Act)가 미국 캘리포니아주에서 시행되고 있다.

페이스북, 애플 등과 같은 세계적인 기업들도 고객 데이터를 이용하는 데 제한을 받고 있으며, 자국민의 개인 정보보호를 위한 전 세계적인 움직임이 더욱더 강화될 것으로 예상된다.

7) 개인화! 개인화! 개인화!

사람들이 검색했던 정보를 바탕으로 한 맞춤형 광고, 장바구니 이탈 등 구매자의 행동 분류를 통한 마케팅 등이 모두 개인화에 포함되고, 앞으로 진행될 마케팅 동향은 개인화(Personalization)를 넘어선 초개인화(Hyper-personalization)가 될 것이다.

소비자의 72%가 자신의 관심사에 특화된 메시지를 제공하는 기업과만 관계를 맺는다는 조사 결과가 있고, 앞으로의 기업 마케팅 성패는 기업이 보유하고 있는 고객 데이터를 얼마나 잘 활용해서 적절한 장소와 시간에 적절한 메시지를 전달하느냐에 달려있다.

8) 브랜드 행동주의(Brand Activism)

브랜드 행동주의는 소비자를 포함한 직원, 기업이 함께 해당 브랜드의 정치, 경제, 환경, 기타 사회적 이슈와 관련된 가치를 지지하고 표현하는 활동을 말한다. 소비자의 입장에선 브랜드가 담고 있는 가치를 함께 소비한다고 느끼고, 자신이 지향하는 가치를 가진 브랜드를 선호하는 행위가 포함된다.

기업은 '어떤 가치를 지향할 것인가?' 하는 부분을 진지하게 고려해야 하며, '우리는 이러이러한 가치를 중시한다'는 단순히 공식적 선언이 아닌 의미있는 행동을 보여야 한다.

9) 마이크로 인플루언서

마이크로 인플루언서는 대형 인플루언서보다 규모는 작지만 충실한 팔로워 수를 가진 인플루언서를 말하며, 이들을 잘 활용하면 적은 비용으로도 브랜드 인지도를 높이고 상품 이벤트를 진행하는 등의 높은 효율을 추구할 수 있다.

마이크로 인플루언서를 통한 마케팅이 인기를 끄는 이유는 단지 저렴하다는 것 때문은 아니며, 일반적으로 대형 인플루언서의 광고 콘텐츠는 아무리 자연스러워도 광고처럼 보이기 쉬우며, 폭넓은 사람들을 상대로 하기에는 통제가 어렵다는 단점이 있다. 더욱 세분화되고 타기팅된 끈끈한 팬을 가지고 있는 마이크로 인플루언서를 통한다면 해당 상품이나 서비스가 정말로 필요한 사람들에게만 표적 마케팅을 할 수 있을 것이다.

3 디지털 마케팅(Digital Marketing)의 종류

▶ SEO(Search Engine Optimization)

SEO(Search Engine Optimization)는 검색엔진 최적화라 불리는 마케팅이며, 검색엔진에 최적화한다는 것은 일반적으로 어떤 콘텐츠를 특정한 키워드로 검색했을 때, 검색 결과의 상위에 노출되도록 하는 방법이다. 키워드 광고, 유튜브 광고, GDN(Google Display Network) 등의 SEM(Search Engine Marketing) 혹은 PPC(Pay Per Click)의 경우 검색엔진에 유료로 인위적으로 노출시키는 방식이지만, SEO의 경우 검색엔진 고유의 알고리즘을 활용하여 노출시키는 것이다. SEO는 다른 마케팅 전략에 비해 결과 도출까지 시간이 오래 소요되는 장기적인 마케팅 전략이고, 투자대비 효과(ROI)가 높은 편이다.

예) 네이버 등 검색엔진 상단에 타깃 웹사이트 상위 노출

▶ 이메일 마케팅(E-mail Marketing)

고객 대상으로 가끔 스팸메일로 인식되는 이메일 마케팅은 실질적으로 특정 제품이나 서비스를 홍보하기에 매우 효과적인 마케팅 전략 중 하나이다. 기업은 이메일 마케팅을 고객과 소통하는 방법으로 활용하고, 이메일을 통해 콘텐츠나 할인 이벤트 등을 홍보하고 고객 대상으로 웹사이트 방문을 유도한다. 이메일 마케팅은 사용자의 동의를 얻고 이메일을 보내는 것이 중요하고, 스팸메일로 분류되지 않는 방법, 전환율을 증가시키는 콘텐츠 제작방법 등 다양한 전략이 필요하다. 이메일 마케팅의 장점은 비용이 많이 들지 않기 때문에 ROI가 높다는 점이다.

예) 블로그 구독 뉴스레터, 웹사이트 방문자대상 후속 이메일 전송, 고객 환영 이메일 등

▶ SNS 마케팅

SNS 마케팅은 페이스북, 트위터 등의 다양한 소셜 플랫폼을 통해 마케팅을 추진하는 전략으로, 브랜드 인지도를 높이고 트래픽을 증가시키며 잠재고객을 발생시키기 위해서

브랜드와 콘텐츠를 홍보하는 데 활용된다. SNS 마케팅을 통해서 고객과 연결될 수 있고 실시간으로 문제를 해결하고, 제품 업데이트를 공유하고, 브랜드 이미지 및 특성을 표출할 수 있다. SNS 마케팅은 광고 마케팅과 콘텐츠 마케팅으로 구분한다. 광고 마케팅의 경우 사용자의 데모그래픽(성별, 나이, 직업, 거주지 등) 및 사용자 성향에 기반하여 타기팅을 할 수 있다. 콘텐츠 마케팅의 경우 기술적인 마케팅 전략보다는 콘텐츠의 질이 전략의 성패를 좌우하고, 텍스트, 이미지, 비디오 등의 콘텐츠를 통해 브랜딩 목표를 달성하는 방법으로 자주 사용된다.

예) 페이스북, 트위터, 인스타그램, 링크드인, 틱톡 등을 활용한 SNS 마케팅

◉ 바이럴 마케팅(Viral Marketing)

바이럴 마케팅의 Viral은 바이러스처럼 감염시킨다는 의미에서 사람들 사이에서 제품이나 서비스에 대한 정보들이 입소문으로 퍼져나가는 것을 뜻한다. 과거에는 입을 통해 정보들이 전해졌지만, 현대에는 인터넷에서 각종 댓글과 좋아요, 조회 수, 정보 공유를 통해서 형성되고 있다. 바이럴 마케팅의 핵심 요소는 특정 제품 또는 서비스가 소비자를 완전히 만족시켜서, 소비자 스스로가 제품 또는 서비스를 소비자 주변에 추천하는 것이다.

SNS 체험단, 블로그 체험단이 최근에는 바이럴 마케팅의 기본이 되고 있고, 온라인 커뮤니티에서 댓글이나 카페에서 공동구매를 진행하는 것도 바이럴 마케팅의 일종이다.

예) 각종 쇼핑몰 대상 상품후기 작성 등

◉ 모바일 마케팅(Mobile Marketing)

모바일 마케팅이란 모바일 장치 사용자를 대상으로 SMS 및 MMS 메시지, 모바일 앱, 메시지 앱, 모바일에 최적화된 브라우저 사이트 등 모바일 채널을 활용하는 마케팅 전략이다. 모바일 마케팅이 중요한 이유는 많은 사람들이 컴퓨터가 아닌 휴대폰이나 태블릿 등 모바일을 사용하여 인터넷을 탐색하기 때문이다. 따라서 이러한 추세와 연계해서 비즈니스를 위한 모바일 마케팅 전략을 추진하지 않으면 잠재고객을 놓칠 가능성이 높기 때문이다.

예) SMS 문자 마케팅, 푸시알림 마케팅, 반응형 웹사이트 구축하기 등

◗ 인플루언서 마케팅(Influencer Marketing)

인플루언서 마케팅은 영향력 있는 개인을 활용한 마케팅으로, 높은 인지도를 지닌 유명한 인플루언서가 잠재고객과 상호작용을 통해 브랜드를 홍보하고, 브랜드 인지도와 신뢰도를 확산시키는 마케팅이다. 각 연령층 대상으로 효과가 나타나지만, 특히 각종 SNS 활동에 익숙한 젊은 층(10대~30대)에게 가장 효과적인 마케팅 전략이다.

예) 인스타그래머 대상 제품 및 서비스 협찬하기, 유명 유튜버 활용 광고 등

◗ 제휴 마케팅(Affiliate Marketing)

제휴 마케팅은 특정 제품 및 서비스를 사용자가 다른 잠재고객에게 추천하면 그에 따른 혜택(포인트, 수수료, 제품 등)을 받는 마케팅 방법으로, 제휴 마케팅의 대표적인 사례로는 쿠팡 파트너스가 있으며, 쿠팡 파트너스에 특정 사용자가 가입한 후, 쿠팡의 링크를 여기저기 공유하고 제3자가 특정 사용자가 공유한 링크를 통해 제품을 구입하면 특정 사용자에게 수수료 등 혜택이 부여되는 방식이다. 이러한 제휴 마케팅은 구매가 이루어져야 정산한다는 전제조건이 깔려 있기 때문에, 기업의 입장에서 효율적인 디지털 마케팅 방법이라 볼 수 있다.

예) 유튜브 등 소셜 미디어 인플루언서의 상품 홍보, 쿠팡 파트너스 등

◗ 챗봇 마케팅(Chatbot Marketing)

AI(인공지능)를 기반으로 한 챗봇(Chatbot)은 실시간으로 고객의 문의를 접수하고 답변을 제공하며, 데이터 분석을 통해서 맞춤형 정보를 전달한다. 챗봇 마케팅은 이러한 기업과 고객을 이어주는 커뮤니케이션 채널기능의 채팅 플랫폼(메시징 앱, 웹페이지 채팅 위젯 등)을 활용하여 고객 관여, 프로모션, 타기팅 등과 같은 마케팅 활동을 수행하는 것을 의미한다.

예) 인터파크의 톡집사 챗봇 서비스 등

▶ 콘텐츠 마케팅(Contents Marketing)

콘텐츠 마케팅은 타깃 소비자 유인, 브랜드 인지도 증대, 고객 확보 등의 목적으로 가치 있는 콘텐츠를 생성 및 홍보하고 확산시키는 마케팅 기법을 의미한다. 고객의 구매 행동을 유발하기 위해 가치 있는 콘텐츠를 생산하고 전달하여 잠재고객을 유치할 뿐만 아니라 최종적으로 구매라는 행동을 유도하는 마케팅을 말한다. 콘텐츠 마케팅 전략에 활용되는 채널은 다음과 같다.

- 블로그(Blog) 게시물 : 기업 블로그에 기사를 작성하여 게시하면 기업의 전문성이 부각되고 트래픽을 늘릴 수 있으며, 블로그 방문자를 기업의 잠재고객으로 전환시킬 수 있다.
- 동영상 게재 : 제품에 대한 긍정적인 리뷰 동영상을 게재하여 제품에 대한 이해도 증진 및 기존 고객의 제품 충성도를 높이고 신규 고객 확보가 가능하다.
- E-book 및 백서 : 긴 형식의 콘텐츠를 통해서 웹사이트 방문객이 학습할 수 있는 기회를 제공하고 독자의 연락처 정보를 확보하여 잠재고객으로 전환할 수 있는 기회를 얻을 수 있다.
- 인포그래픽 : 시각적인 콘텐츠를 제공하여 웹사이트 방문자들을 대상으로 관심을 증대시키고 개념을 구체화시킬 수 있다.
  예) 음료회사 레드불의 익스트림 스포츠 대회, 인텔리젠시아 커피(Intelligentsia Coffee) 등

▶ 모바일 동영상 마케팅

온라인 사용자의 체류 시간 중 동영상 시청에 지출하는 비율이 지속적으로 증가하고 있고, 이러한 동영상을 시청하는 온라인 사용자를 대상으로 라이브 스트리밍, 아웃스트림, 360도 동영상, 가상현실, 증강현실 등 다양한 동영상을 통해서 브랜드 메시지를 효과적으로 전달할 수 있는 마케팅이다.
예) 유튜브, 틱톡 등의 동영상을 활용한 추천 알고리즘 제공

⊙ 개인화 마케팅(Personalization Marketing)

개인화 마케팅은 고객의 needs를 충족시키기 위해 개개인의 상황 및 행동을 예측하여 정확한 시점에 정확한 디바이스를 통해 개개인의 특성에 맞는 메시지를 전달하고 고객의 특성에 맞춰서 최적화된 서비스를 제공하는 마케팅 기법이다.

개인화 마케팅을 하는 기업은 소비자가 인터넷을 이용하며 방문했던 페이지나 검색 단어를 기반으로 소비자의 성향과 행동 패턴을 예측할 수 있기 때문에, 소비자가 선호할 만한 제품을 찾아서 추천할 수 있다. 소비자는 큰 어려움 없이 원하는 상품이나 서비스를 찾을 수 있다.

예) 개인 맞춤형 동영상 추천, 책자 추천 등

⊙ 인바운드 마케팅(Inbound Marketing)

인바운드 마케팅은 고객이 적극적으로 특정 제품 및 서비스를 구매하기 위해 기업으로 직접 찾아오게 만드는 마케팅 기법이다. 인바운드 마케팅의 기본적인 개념은 잠재고객대상 고품질 콘텐츠와 서비스를 제공함으로써 실질적 구매자로 만드는 것이다. 기존 DM이나 광고로 고객이 원하지 않는 정보를 인위적으로 제공하는 것에서 벗어나, 소셜미디어 등을 이용해서 고객의 참여를 유도하고, 고객이 검색 결과를 통해 회사를 발견할 수 있는 방법을 모색하는 마케팅이다.

예) 블로깅, 비디오 마케팅, 위키피디아, 허브스팟(Hubspot) 등

⊙ 데이터베이스 마케팅(Database Marketing)

데이터베이스 마케팅(Database Marketing)은 고객에 대한 여러 정보 등을 수집하여 데이터베이스(DB)를 구축하고, 구축된 데이터베이스를 마케팅에 활용하는 것을 의미한다. 잠재고객의 정보를 통해 구매고객으로 전환시키고 구매고객의 충성도를 높여 재구매하게 만드는 마케팅이라고 할 수 있다. 이 경우 다양한 고객과 잠재고객 대상 기업의 구체적인 시장 세분화 범주에 맞게 분류하는 것이 중요하다. 세분화된 타깃층에 최적화된 커뮤니케이션을 시행하면 최소의 마케팅 비용으로 최대의 효과를 얻을 수 있으며, 고객을 대상으로 차별적인 가치를 부여함으로써 장기적인 관계를 구축할 수 있고 매출을 극대화시킬 수 있는 마케팅이다.

고객별로 맞춤식 마케팅 전략을 추진한다고 해서 '원 투 원 마케팅(One to One Marketing)'으로 부르기도 하며, 빅데이터와 같은 분석기법이 미래 주도 산업으로 부상하면서 중요성이 더욱 부각되고 있다.

예) 유튜브, 넷플릭스의 고객대상 선호영상 추천 등

4 퍼포먼스 마케팅(Performance Marketing) 개요 및 실행

앞에서 언급한 디지털 마케팅 기법 이외에 창업 초기기업들이 효과적으로 성과를 창출할 수 있는 디지털 마케팅의 한 분야인 퍼포먼스 마케팅(Performance Marketing)에 대한 개념 및 실행 방법에 대한 상세 내용은 다음과 같다.

▶ 퍼포먼스 마케팅(Performance Marketing) 개념

퍼포먼스 마케팅(Performance Marketing)이란 디지털 환경의 변화에 따라 등장한 마케팅 유형이며, 디지털 마케팅(Digital Marketing)의 한 분야로, 퍼포먼스(performance)라는 영어 단어에서 알 수 있듯이, 성과나 이익을 중요시하며 한정적인 자원을 가지고 목표를 효율적으로 달성하기 위해서 스타트업이 많이 활용하는 마케팅 기법 중 하나이다.

퍼포먼스 마케팅은 기업 이익 창출을 위한 성과 위주의 마케팅으로 중요한 키워드는 '데이터'와 '성과측정'이다. 퍼포먼스 마케팅은 데이터에 기반해서 성과측정이 가능한 정량적 마케팅 기법으로, 특정 사이트 유입, 회원가입, 물품 및 서비스 구매와 같은 특정 마케팅 행위를 유도하고자 할 때 사용된다.

또한, 고객의 온라인상 행동 및 고객 여정을 추적하여 데이터를 분석함으로써 기업 목표에 맞게 타깃 광고 집행 및 피드백을 적용하여 예산을 절감할 수 있는 마케팅 수단이다. 데이터 툴을 이용해서 방문자 수, 조회 수, 클릭양, 클릭률, 평균사용시간, 사용시간대 등을 분석할 수 있다.

과거에는 전통적인 마케팅 방식으로 불특정 다수를 대상으로 제품을 노출하는 광고를 추진했지만 최근에는 고객의 성별, 지역, 연령대, 관심사, 검색어 패턴, SNS 활동 데이터 등을 수집하여 최적의 마케팅 성과를 창출하기 위해 퍼포먼스 마케팅을 추진한다.

최근 온라인 기반 스타트업이 증가하고 있고, 기업에서 비대면 전략을 강화하면서 퍼포먼스 마케팅에 대한 관심이 높아지고 있다. 기존 마케팅 방식과 퍼포먼스 마케팅 방식을 비교하면 퍼포먼스 마케팅의 첫 번째 장점은 데이터로 성과를 측정할 수 있다는 점이다. 기존의 전통적인 마케팅 기법이 마케팅 담당자들의 한정적인 지식과 경험, 타 기업의 마케팅 사례 분석을 통한 것이었다면, 퍼포먼스 마케팅은 실시간으로 데이터를 활용해서 성과를 측정할 수 있기에 성과 도출이 뚜렷한 활동에만 예산을 투입할 수 있다.

두 번째 장점으로는 개인화된 타기팅(Targeting)이 가능하다는 점이다. 광고 집행 시 어려운 점 중에 하나는 기업의 제품과 서비스에 최적화된 고객을 탐색해서 광고를 하는 것이다. 최근 디지털 환경 변화와 디지털 마케팅 기술 발전으로 인해서 구글 등의 광고 플랫폼은 온라인상에서 수집된 다양한 데이터를 기계학습(Machine Learning)을 통해 정밀하게 분석하여 타깃 고객을 찾아내서 광고를 노출시키고 최적화된 맞춤 서비스를 고객 대상으로 제공할 수 있다.

세 번째 장점으로는 적은 비용으로 마케팅을 시작할 수 있다는 점이다. 전통적인 광고 방식에는 최소한의 비용이 수반되는데, 퍼포먼스 마케팅은 우선 적은 예산으로 광고를 실시한 이후 성과가 좋은 광고매체 위주로 광고비용을 추가적으로 집행하여 광고를 확장할 수 있다. 예를 들어 본격적인 대형 TV 광고 등을 추진하기 이전에 테스트 베드(Test Bed)로 퍼포먼스 광고를 활용해서 브랜드 메시지를 테스트할 수 있다. 그리고 퍼포먼스 마케팅 결과의 고객 데이터(연령대, 관심사, 고객 여정 등)는 향후 마케팅 추진 방향 및 방식에 중요한 지침 역할을 할 수 있다.

◉ 퍼포먼스 마케팅(Performance Marketing) 실행

퍼포먼스 마케팅의 실행은 첫째, 기업의 마케팅 환경 분석 등 현황분석 및 설계 단계 둘째, 마케팅 목표 설정 등의 퍼포먼스 마케팅 실행 단계, 마지막으로 마케팅 실행 후 최종 성과 분석을 통해 향후 지속성장할 실행방안을 수립해야 하는 단계로 구분할 수 있다.

〈표 8-3〉 퍼포먼스 마케팅(Performance Marketing) 실행 절차

구분	세부 실행 내용
현황분석 및 설계	기업 마케팅 환경 분석 제품/서비스 마케팅 시장 조사 분석 퍼포먼스 마케팅 설계 및 세부계획 수립
▼	▼
퍼포먼스 마케팅 실행	웹/앱 비즈니스 환경 구축 퍼포먼스 마케팅 목표 설정 퍼포먼스 캠페인 미디어믹스(Media Mix) 수립 매체별 광고 소재 제작 퍼포먼스 캠페인 실행 및 모니터링 웹/앱 데이터 분석 실행 A/B 테스트 실행(가설 수립 및 검증) 결론 도출 및 적용 마케팅 최적화 설계
▼	▼
최종 성과 분석 및 지속성장 실행방안 수립	최종 성과 분석 및 결론 도출 퍼포먼스 캠페인 결과 보고서 작성 지속성장 실행방안 수립

퍼포먼스 마케팅을 추진하기 위해서는 담당 마케터들의 역량이 필요하다. 첫 번째는 정보 수집력으로 최대한 많은 정보를 수집하고 수집된 많은 정보 중에서 필요한 정보만을 추려서 그 정보를 잘 활용할 능력을 키워야 한다. 평소에 경제변화, 소비트렌드 변화 등을 파악하기 위한 신문 읽기, 각종 보고서 탐독, 각종 관련 신간 등에 관심을 가지고 읽어야 한다.

두 번째는 분석력으로 데이터만 볼 줄 안다고 퍼포먼스 마케팅을 할 수 있는 것은 아니며, 수집된 다양한 데이터를 통해서 성과를 창출할 수 있는 인사이트를 도출할 수 있어야 한다. 세 번째는 정보 수집력, 분석력을 바탕으로 홈페이지 구축, 콘텐츠 구성 등의 기획력이다. 네 번째는 행동력으로 광고 성과를 실험하고, 다양한 매체를 통한 매체 믹스 전략을 추진하는 것이다. 마지막으로 수많은 데이터에 부담을 갖지 말고 평소에 데이터를 늘 구축하고, 분석하는 것을 일상 생활화할 만큼 즐겨야 한다는 점이다.

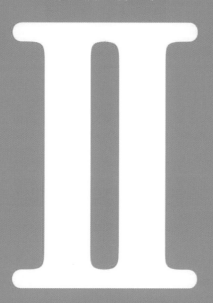

PART

II

실무 & 정보

관 광 벤 처 창 업 론

문체부 · 한국
관광공사
관광벤처사업

CHAPTER
09 문체부 · 한국관광공사
관광벤처사업

1 관광벤처사업공모전

창의적인 관광사업 발굴과 관광 분야 창업 확산으로 한국관광산업 경쟁력을 강화하고, 신규 일자리 창출에의 기여를 목적으로 한 관광벤처사업공모전은 2011년에 최초로 실시되었다. 동 공모전은 매년 1회 개최되며, 선발된 예비창업자 및 기업을 대상으로 사업화 자금, 역량 강화 컨설팅, 홍보 · 판로개척, 유관 기관 네트워크 및 투자유치 등을 지원한다.

'2021년 관광벤처사업공모전' 공고 내용에 따른 관광벤처사업공모전 대상 및 지원사항은 참가자격을 갖춘 창업이력이 없는 예비관광벤처 부문, 참가자격을 갖춘 개인사업자와 법인사업자의 초기관광벤처 부문 및 성장관광벤처 부문의 지원사항으로 〈표 9-1〉과 같다.

〈표 9-1〉 관광벤처사업공모전 대상 및 지원사항

구분	선정 수	자금지원		자격유지 기간	주요 혜택 [사업화 지원금 외]
		사업화 지원금	자부담 (필수)		
예비 관광 벤처	25개 내외	사업자당 7,000만원 ~ 3,000만원	사업화 지원금의 10% 이상	선정 후 3년	– 창업역량강화를 위한 교육 및 컨설팅 지원 – 국내/외 홍보 및 판로 개척 지원 – 사업자 간 네트워크 구축 지원
초기 관광 벤처	75개 내외	사업자당 8,000만원 ~ 3,000만원	사업화 지원금의 20% 이상	선정 후 3년	– 창업역량강화를 위한 교육 및 컨설팅 지원 – 국내/외 홍보 및 판로 개척 지원 – 사업자 간 네트워크 구축 지원

| 성장
관광
벤처 | 40개
내외 | 사업자당
4,500만원 | 사업자당
900만원 | 성장관광벤처
확인증
발급일로부터
3년간 유효하며,
갱신심사를 통해
2년 연장 가능 | – 문화체육관광부 장관 명의 확인증
　수여
– 창업역량강화 교육 및 컨설팅
– 국내/외 홍보 및 판로개척 지원
– 사업자 간 네트워크 구축 지원
– 관광산업육성펀드의 주목적 투자
　대상 포함(펀드운영사 최종결정) 등
　투자유치 지원 |

출처 : 한국관광공사(2021), 2021년 관광벤처사업공모전 공고 내용

공모전 참가자격은 예비관광벤처는 사업자등록이 없는 자, 초기관광벤처는 창업 3년 미만인 개인사업자 등이고, 성장관광벤처는 3년 초과 7년 이내의 업력을 보유한 개인 또는 법인 등이며 자세한 내용은 〈표 9-2〉와 같다.

〈표 9-2〉 관광벤처공모전 참가부문 및 참가자격

참가부문	참가자격
예비관광벤처	• 관광과 관련한 창의적인 창업 아이템을 계획 중인 예비(재)창업자로 사업 공고일기준 사업자등록이 없는 자로서 다음 각 호에 해당하는 자 ① 창업경험이 없는 자로 공고일기준 사업체(개인, 법인)를 보유하고 있지 않은 자 ② 창업경험이 있으나 폐업한 자로 예비창업자 인정범위를 충족하는 자
초기관광벤처	• 창업 3년 미만(사업자등록증상 업태 및 업종 불문)인 개인사업자 또는 중소기업기본법 제2조에 따른 중소기업으로 관광과 관련한 창의적이고 지속가능한 사업을 영위하고 있거나 계획 중인 자
성장관광벤처	• 중소기업기본법 제2조에 따른 중소기업을 영위하며, 사업 공고일('21.2.3) 기준으로 다음의 조건을 모두 충족하는 자(①, ②, ③) ① 관광과 관련한 창의적인 사업 아이템(상품, 서비스 등)을 보유 : 해당 아이템의 매출실적(100만원 이상)을 관련증빙서류(거래명세서, 전자계산서 등)를 통해 증명 가능해야 함 ② ①에 해당하는 업력을 3년 초과 7년 이내 보유한 개인 또는 법인 ③ 전년도 결산서 기준 매출액 1천만원 이상 또는 엔젤 및 기관 투자유치금액이 5천만원 이상인 기업

출처 : 한국관광공사(2021), 2021년 관광벤처사업공모전 공고 내용

심사방법은 1차 서류평가, 2차 발표평가로 진행되며, 1차 및 2차 평가 시 상세 평가기준은 〈표 9-3〉과 같다.

〈표 9-3〉 **심사방법(예비/초기/성장관광벤처 부문)**

1차 서류평가	(평가기준) 창의성, 시장 및 사업모델, 사업화전략, 지속가능성, 리더십, 관광산업연관성 등
2차 발표평가	(평가기준) 창의성, 시장 및 사업모델, 사업화전략, 지속가능성, 리더십, 관광산업연관성 등

출처 : 한국관광공사(2021), 2021년 관광벤처사업공모전 공고 내용

　예비관광벤처부문에서의 우대사항에는 아카데미 수료, 청년우대, 디지털 뉴딜 창업 우대 등이 있으며, 초기/성장관광벤처부문에서의 우대사항에는 지역우대, 청년우대, 디지털 뉴딜 사업 우대가 있다. 상세 우대사항 내용은 〈표 9-4〉와 같다.

〈표 9-4〉 **우대사항**

구분	가점항목	상세내용	점수	비고
예비 관광 벤처	아카데미 수료	• 관광창업 아카데미 수료자 ＊ 한국관광공사에서 운영하는 관광창업 아카데미 수료자에 한함	1점	최대 3점
	청년우대	• 가점대상 : 만 39세 이하 예비청년창업자 ＊ 관련근거 : 중소기업창업지원법 시행령 제5조의4	1점	
	디지털 뉴딜 창업 우대	• 데이터/네트워크(5G)/AI 활용 · 융복합 관광서비스 · 제품 관련 창업 • 비대면 관광서비스 · 제품 관련 창업	1점	
초기/ 성장 관광 벤처	지역우대	• 신청기업 사업자등록증상 소재지가 서울, 경기, 인천 외 지역에 해당되는 경우	3점	최대 5점
	청년우대	• 가점대상 : 만 39세 이하 청년창업자 ＊ 관련근거 : 중소기업창업지원법 시행령 제5조의4	1점	
	디지털 뉴딜 사업 우대	• 데이터/네트워크(5G)/AI 활용 · 융복합 관광 서비스 · 제품 관련 사업자 • 비대면 관광 서비스 · 제품 관련 사업자	1점	

출처 : 한국관광공사(2021), 2021년 관광벤처사업공모전 공고 내용

　관광벤처사업 공모전에 관한 구체적인 내용은 다음에 소개하는 '제12회 관광벤처사업 공모전' 모집 요강을 통해 살펴볼 수 있다.

[그림 9-1] 2021 관광벤처사업 공모전 포스터

「제12회 관광벤처사업 공모전」
예비관광벤처부문 모집 요강

관광 분야의 우수한 창업아이템을 보유하고 있는 예비창업자의 사업화 지원을 위해 「제12회 관광벤처사업 공모전」에 참여할 예비창업자를 다음과 같이 모집합니다.

2021년 2월 3일

I 모집개요

◻ **주최/주관** : 문화체육관광부 / 한국관광공사

◻ **사업목적**

  ○ 관광 분야 창업아이템을 보유한 예비창업자의 성공적인 창업활동을 지원하여 한국 관광산업 경쟁력 강화 및 관광분야 일자리 창출에 기여

◻ **선정규모** : 총 25개 내외

◻ **지원대상**

  ○ 관광과 관련한 창의적인 창업 아이템을 계획 중인 **예비(재)창업자**로 사업 공고일 기준('21.2.3) 사업자등록증이 없는 자로서 다음 각 호에 해당하는 자

  ① **창업경험이 없는 자**로 공고일 기준 사업체(개인, 법인)를 보유하고 있지 않은 자

  ② **창업경험이 있으나 폐업한 자**로 예비창업자 인정범위에 충족하는 자

◻ **모집유형**

모집유형	개념	예시
체험콘텐츠형	관광객이 직접 참여하여 즐기고 공감할 수 있는 새로운 체험 프로그램 및 관광 콘텐츠의 개발과 운영에 관련된 사업	캠핑, 한류, 미식, 무장애, 반려동물, 공연 등 특정 테마와 연계된 여행상품, 레저스포츠와 연계된 액티비티 여행상품, 지역 특화형 여행상품, AR/VR 활용 콘텐츠 제작 등
기술혁신형	혁신적인 기술로 관광편의를 제공하며 IT 등 기술 자체가 수익모델인 사업	관광 플랫폼, VR/AR 기술개발, 챗봇 안내, 스마트 모빌리티, AI기반 여행 큐레이션 서비스, IoT 짐배송 등

시설기반형	시설 또는 물적 자원을 핵심기반으로 하는 관광사업	IT 기술 접목 테마공원, 사물인터넷 적용 호텔, 마을호텔 운영, 목장·농원 자원 활용 체험 상품 등
기타형	타 유형에 속하지 않은 창의적인 관광사업	

① 모집유형 중 창업 아이템 해당 유형을 선택하여 공모전 신청

② 융·복합 아이템일 경우 모집유형 중 주력부문 선택

③ 모집유형 구분 없이 평가 고득점 순으로 선정

II 지원내용

◻ **지원기간** : 총 7개월(협약 체결일로부터~'21.11월 예정)

◻ **지원내용** : 창업활동에 필요한 사업화 지원금, 교육 및 컨설팅 등

구분	지원내용	비고
사업화 지원금	• 지원규모 : 평균 4,440만원(최대 7,000만원, 최소 3,000만원) * 평가결과에 따라 사업화 지원금 차등 지원 ** 사업화 지원금은 협약기간 동안만 집행가능 *** 사업비 집행 및 정산 사업비관리시스템 활용(바우처카드 지급) • 자금용도 : 인건비, 재료비, 외주용역비, 광고선전비, 유·무형 자산취득비 등	자부담(현물) 10% 이상 (사업화 지원금 기준)
교육 및 컨설팅	• 창업교육 : 창업자 역량강화를 위한 분야별 교육 • 컨설팅 : 분야별 전문가 컨설팅 지원	–
홍보·판로개척	• 국내·외 홍보 및 판로개척 지원	
네트워크 및 투자	• 네트워크 : (예비)창업자 간 네트워크 구축 지원 • 투자유치 : 유관기관 투자유치 지원	–
투자유치 지원	• '관광벤처사업 공모전' 선정 기업은 문체부에서 조성한 관광기업육성펀드의 투자대상에 포함	실제 투자여부는 펀드운용사에서 판단
예비관광벤처기업 자격 부여	• 예비관광벤처기업 자격 부여('24.12.31까지)	기타 안내사항 참조

III 신청방법 및 제출서류

- **신청기간 :** '21년 2월 3일(수)~3월 9일(화) 14:00시까지
- **신청방법 :** 온라인 접수(관광벤처사업 공모전 사이트 : tourbiz.spectory.net)
  - * 참가신청 및 제출자료 우편, 방문접수 불가

IV 평가 및 선정

평가방법 및 기준

- ❍ **평가절차 :** 지원자격검토 → 1차 서류평가 → 2차 발표평가(1.8배수)
- ❍ **평가기준 :** 사업의 창의성, 시장 및 사업모델, 사업화전략, 사업의 지속가능성, 리더십, 관광산업 연관성 등을 종합적으로 평가
- ❍ **우대사항 :** 가점 항목 해당 시 최대 3점 부여
  - * 1차 서류평가에 한하여 적용되며, 항목별 증빙서류 미제출 시 가점 불인정

〈 가점항목 및 점수 〉

가점항목	지원내용	점수	비고
아카데미 수료	• 관광창업 아카데미 수료자 * 한국관광공사에서 운영한 관광창업 아카데미 수료자에 한함	1점	최대 3점
청년우대	• 가점대상 : 만 39세 이하 예비청년창업자로 주민등록등본상 '81.02.04 이후 출생자 * 관련근거 : 중소기업창업지원법 시행령 제5조의4	1점	
디지털 뉴딜 창업 우대	• 데이터/네트워크(5G)/AI 활용·융복합 관광서비스·제품 관련 창업 • 비대면 관광서비스·제품 관련 창업	1점	

최종선정

- ❍ 평가기준에 따라 발표평가 점수 고득점 순으로 최종 지원 대상자 확정
  - * 평가결과 및 사업비 활용계획 등을 종합 검토하여 사업화 지원금 차등 지원

〈 공모전 평가 및 선정 프로세스 〉

구분	대상자	주요 내용
지원자격검토	공모전 신청자	• 제출서류, 예비창업자 지원자격 등에 대한 검토 진행
1차 서류평가	지원자격검토 합격자	• **평가방식** : 신청자 사업계획서 서류심사 • **평가기준** : 창의성, 시장 및 사업모델, 사업화전략, 지속가능성, 리더십, 관광산업 연관성 등
합격자(1차) 발표 및 추가서류 제출	1차 평가 합격자	① 국세, 지방세 납세증명서 사본(대표자 명의) ② 창업·유지확약 동의서 ③ 2차 발표평가 자료(지정양식)
2차 발표평가 (1.8배수)	1차 평가 합격자 (서류제출자에 한함)	• **평가방식** : PT발표 및 질의응답 * 참가신청서 대표자만 허용, 팀원 1명 배석가능(참석자 신분증 지참) • **평가기준** : 창의성, 시장 및 사업모델, 사업화전략, 지속가능성, 리더십, 관광산업 연관성 등
최종선정	2차 평가 합격자	• 합격자 심의 후 최종선정자 확정

붙임	사업화 자금 사용기준	

구분		집행기준	비고
재료구입비		• 제품제작을 위해 소요되는 재료 또는 원료구입비 • 사업수행을 위한 최소수량 구매가능	
외주용역비		• 시제품 제작을 위해 외부 업체에 의뢰하는 용역비 • 선금인정(최대 50%, 이행보증증권 혹은 지급각서 必)	
유형자산취득비		• 사업화에 직접적으로 필요한 사용 가능한 기계, 설비, 비품 등을 구매하는 비용 • 협약종료 1개월 이전까지 납품 완료건에 한정 • 생활가전, 통신기기, 일반사무용품 구입 불가 • PC 및 노트북은 신규인력 채용 시 인당 1개 한정 • 건물, 토지 등과 관련하여 부동산의 가치를 높이는 비용집행 (시설비, 인테리어비 등)은 제한 받을 수 있음	
무형자산취득비		• 산업재산권, 특허, SW등록 저작권 등 출원·등록 경비	
인건비		• 신규채용 직원 인건비 및 신규직원 1명당 기존직원 1명 인건비 인정(인당 월 185만원 한도) • 사업자부담 4대보험료 지원불가 • 대표자 및 친족 등 지급불가	총 재무지원금의 50% 초과 집행 불가
지급 수수료	기자재 임차비	• 기기, 장비, SW 라이선스 임차료 등 협약기간 내 인정	
	공간 임차비	• 정부 및 지자체 지원 보육료 형태 임차료 집행 불가 • 주택 및 근무좌석 지정되어 있지 않은 공유오피스 불가	
	시장반응 조사비	• 시장반응 확인 및 홍보를 위한 체험비, 입장료, 가이드비, 참가자 보상비 등 인정	
	전시회참가비	• 등록비, 부스임차비, 참가비, 장치비 등 인정	
	법인설립비	• 법인설립을 위한 법무 수수료	
	회계감사비	• 공사 지정 회계법인에 대한 회계감사 비용	
	세무기장료	• 세무 기장 수수료 지원	월 20만원 한도
여비	해외여비	• 아이템 고도화, 홍보마케팅 등을 위해 해외 출장 시 집행 비용 (이코노미 기준 해외항공비 실비만 지급)	
교육훈련비		• 사업자의 임직원이 사업화를 위해 기술 및 경영 교육 이수 시 집행하는 비용 • 4대보험 가입인력 한정, 환급비 제외하고 지급	
광고 선전비	홍보비	• 홍보를 위한 홈페이지(앱), 영상물, 리플릿, 광고게재 등 비용 • 배포용 기프티콘 등 경품 집행불가	
	팸투어비	• 언론홍보 및 유관기관 대상 홍보를 위한 팸투어 실행사 소요비 지원	

「제12회 관광벤처사업 공모전」 초기관광벤처부문 모집 요강

관광 분야의 우수한 창업아이템을 보유하고 있는 창업자의 사업화 지원을 위해 「제12회 관광벤처사업 공모전」에 참여할 초기창업자를 다음과 같이 모집합니다.

2021년 2월 3일

Ⅰ 모집개요

■ **주최/주관** : 문화체육관광부 / 한국관광공사

■ **사업목적**
  ○ 관광 분야 창업아이템을 보유한 초기창업자의 성공적인 창업활동을 지원하여 한국 관광산업 경쟁력 강화 및 관광분야 일자리 창출에 기여

■ **선정규모** : 총 75개 내외

■ **지원대상**
  ○ 관광과 관련한 창의적인 창업 아이템을 보유하고 있는 **초기창업자(창업 3년 이내)**로 사업 공고일('21.2.3) 기준 다음 각 호에 해당하는 자

> ### 초기창업자 인정범위
>
> 가. **초기창업자** : 사업 개시일부터 3년 이내 창업자(중소기업창업 지원법 제2조3)
> 나. **창업일 기준** : (개인) 사업자등록증 개업연월일, (법인) 법인등기부등본 회사설립연월일
> 다. **복수 사업자** : 보유하고 있는 사업자 모두 공고일 기준 업력 3년 이내 해당자

① 창업일이 '18.02.03~'21.02.03에 해당되는 창업기업(개인·법인)

② 폐업경험이 있으나 창업하여 초기창업자 인정범위에 충족하는 자

모집유형

모집유형	개념	예시
체험콘텐츠형	관광객이 직접 참여하여 즐기고 공감할 수 있는 새로운 체험 프로그램 및 관광 콘텐츠의 개발과 운영에 관련된 사업	캠핑, 한류, 미식, 무장애, 반려동물, 공연 등 특정 테마와 연계된 여행상품, 레저스포츠와 연계된 액티비티 여행상품, 지역 특화형 여행상품, AR/VR 활용 콘텐츠 제작 등
기술혁신형	혁신적인 기술로 관광편의를 제공하며 IT 등 기술 자체가 수익모델인 사업	관광 플랫폼, VR/AR 기술개발, 챗봇 안내, 스마트 모빌리티, AI기반 여행 큐레이션 서비스, IoT 짐배송 등
시설기반형	시설 또는 물적 자원을 핵심기반으로 하는 관광사업	IT 기술 접목 테마공원, 사물인터넷 적용 호텔, 마을호텔 운영, 목장·농원 자원 활용 체험 상품 등
기타형	타 유형에 속하지 않은 창의적인 관광사업	

① 모집유형 중 창업 아이템 해당 유형을 선택하여 공모전 신청
② 융·복합 아이템일 경우 모집유형 중 주력부문 선택
③ 모집유형 구분 없이 평가 고득점 순으로 선정

Ⅱ 지원내용

지원기간 : 총 7개월(협약 체결일로부터~'21.11월 예정)
지원내용 : 창업활동에 필요한 사업화 지원금, 교육 및 컨설팅 등

구분	지원내용	비고

사업화 지원금	• **지원규모** : 평균 4,700만원(최대 8,000만원 최소 3,000만원)
	  * 평가결과에 따라 사업화 지원금 차등 지원
	  ** 사업화지원금은 협약기간 동안만 집행가능
	  *** 사업비 집행 및 정산 사업비관리시스템 활용(바우처카드 지급)
	• **지금용도** : 인건비, 재료비, 외주용역비, 광고선전비, 유·무형 자산취득비 등
		자부담(현물)
		20% 이상
		(사업화 지원금 기준)

교육 및 컨설팅	• **창업교육** : 창업자 역량강화를 위한 분야별 교육 • **컨설팅** : 분야별 전문가 컨설팅 지원	–
홍보·판로개척	• 국내·외 홍보 및 판로개척 지원	–
네트워크 및 투자	• **네트워크** : 창업자 간 네트워크 구축 지원 • **투자유치** : 유관기관 투자유치 지원	–

투자유치 지원	• '관광벤처사업 공모전' 선정 기업은 문체부에서 조성한 관광기업 육성펀드의 투자대상에 포함	실제 투자여부는 펀드운용사에서 판단
초기관광벤처 기업 자격부여	• 초기관광벤처기업 자격 부여('24.12.31까지)	기타 안내사항 참조

Ⅲ 신청방법 및 제출서류

◼ **신청기간** : '21년 2월 3일(수)~3월 9일(화) 14:00시까지
◼ **신청방법** : 온라인 접수(관광벤처사업 공모전 사이트 : tourbiz.spectory.net)

　* 참가신청 및 제출자료 우편, 방문접수 불가

Ⅳ 평가 및 선정

◼ **평가방법 및 기준**

○ **평가절차** : 지원자격검토 → 1차 서류평가 → 2차 발표평가(1.8배수)
○ **평가기준** : 사업의 창의성, 시장 및 사업모델, 사업화전략, 사업의 지속가능성, 리더십, 관광산업 연관성 등을 종합적으로 평가
○ **우대사항** : 가점 항목 해당 시 최대 5점 부여

　* 1차 서류평가에 한하여 적용되며, 항목별 증빙서류 미제출 시 가점 불인정

〈 가점항목 및 점수 〉

가점항목	지원내용	점수	비고
지역우대	• 신청기업 사업자등록증상 소재지가 서울, 경기, 인천 외 지역에 해당되는 경우 * 단, 소재지 신고일자가 '21.02.03 공고일 전까지인 경우에 한함 * 복수사업자의 경우, 참가신청서에 기재한 사업자등록증상 소재지가 해당 지역일 경우만 가점 인정 * 사업자등록증 또는 법인등기부등본상의 본사(점) 소재지 기준	3점	최대 5점
청년우대	• 가점대상 : 만 39세 이하 청년창업자로 주민등록등본상 '81.02.04 이후 출생자 * 관련근거 : 중소기업창업지원법 시행령 제5조의4	1점	

디지털 뉴딜 사업 우대	• 데이터/네트워크(5G)/AI 활용·융복합 관광 서비스·제품 관련 사업자 • 비대면 관광 서비스·제품 관련 사업자	1점

최종선정

❍ 평가기준에 따라 발표평가 점수 고득점 순으로 최종 지원 대상자 확정

* 평가결과 및 사업비 활용계획 등을 종합 검토하여 사업화 지원금 차등 지원

〈 공모전 평가 및 선정 프로세스 〉

구분	대상자	주요 내용
지원자격검토	공모전 신청자	• 제출서류, 초기창업자 지원자격 등에 대한 검토 진행
1차 서류평가	지원자격검토 합격자	• **평가방식** : 신청자 사업계획서 서류심사 • **평가기준** : 창의성, 시장 및 사업모델, 사업화전략, 지속가능성, 리더십, 관광산업 연관성 등
합격자(1차) 발표 및 추가서류 제출	1차 평가 합격자	① 국세, 지방세 납세증명서 사본 * 개인사업자는 대표자 명의, 법인사업자는 법인명으로 발급된 것만 인정 * 증명서 발급일이 공고일 이후(공고일 포함) 발급된 증명서만 인정 ② 창업·유지확약 동의서 ③ 중소기업확인서 ④ 공동대표의 경우 신청인 외 공동대표 사업참여 동의서 ⑤ 법인사업의 경우 주주명부 ⑥ 2차 발표평가 자료(지정양식)
2차 발표평가 (1.8배수)	1차 평가 합격자 (서류제출자에 한함)	• **평가방식** : PT발표 및 질의응답 * 참가신청서 대표자만 허용, 팀원 1명 배석가능(참석자 신분증 지참) • **평가기준** : 창의성, 시장 및 사업모델, 사업화전략, 지속가능성, 리더십, 관광산업 연관성 등
최종선정	2차 평가 합격자	• 합격자 심의 후 최종선정자 확정

「제12회 관광벤처사업 공모전」 성장관광벤처부문 모집 요강

관광 분야의 우수한 사업아이템을 보유하고 있는 기업의 발굴 및 지원을 목적으로「제12회 관광벤처사업 공모전」에 참여할 사업자를 다음과 같이 모집합니다.

2021년 2월 3일

| I | 모집개요 |

🔳 **주최 / 주관** : 문화체육관광부 / 한국관광공사

🔳 **사업목적**

　○ 관광 분야 창의적인 사업아이템을 보유한 기업의 성장과 도약을 지원하여 한국관광산업 경쟁력 강화 및 관광분야 일자리 창출에 기여

🔳 **선정규모** : 총 40개 이내

🔳 **지원대상**

　○ 중소기업기본법 제2조에 따른 중소기업을 영위하며, 사업 공고일('21.2.3) 기준으로 다음의 조건을 모두 충족하는 자(①, ②, ③)

> **① 관광과 관련한 창의적인 사업 아이템(상품, 서비스 등)을 보유 : 해당 아이템의 매출실적(100만원 이상)을 관련증빙서류(거래명세서, 전자계산서 등)를 통해 증명 가능해야 함**
>
> • 사업자등록증상 업종 · 업태가 관광사업자로 등록되어 있지 않아도 공모 참여 가능하나, 이 경우 금번 공모 결과 성장관광벤처기업으로 최종선정 시 협약 체결일로부터 6개월 내 관광기업 등록 · 허가 또는 지정 필수
>
> **② ①에 해당하는 업력을 3년 초과 7년 이내 보유한 개인 또는 법인 : 사업자등록증 사업개시일(개인) 또는 법인등기부등본 회사설립연월일(법인)이 '14.02.04~'18.02.02 해당 시 인정**

- 과거 공사 선정 관광벤처기업(예비, 초기, 재도전) 이력 보유기업, 사업화 지원사업 참여이력 보유기업은 업력이 3년 이하라도 아래 표에 의거 ② 의 기준 충족여부를 판단(특례조건 부여)

기존 관광벤처사업 공모전 등 참여 부문	기존 참가 시 자격	검토조건	지원조건 충족여부	비고
– 8회('18), 9회('19 상반기), 10회('19 하반기), 11회('20) 선정 예비관광벤처 – 10회('19 하반기), 11회('20) 선정 재도전관광벤처	예비 창업자 (사업자 미보유)	'21년 이전 관광 액셀러레이팅, 관광플러스팁스, 글로벌 선도기업 육성사업 참여이력 보유	O	초기관광벤처, 성장관광벤처 중 선택지원 가능
		'21년 이전 관광 액셀러레이팅, 관광플러스팁스, 글로벌 선도기업 육성사업 참여이력 미보유	X	초기관광벤처 지원가능
	기창업자 (창업 3년 이내)	–	O	–
– 11회('20) 선정 초기관광벤처	–		O	–
– 관광 액셀러레이팅('18, '19, '20), 관광플러스팁스('20), 글로벌 선도기업 육성사업('20)		업력 7년 이내('14.02.04 이후 설립)로, 왼쪽 사업 중 1개 이상 지원대상 선정 및 사업완료 이력 보유	O	초기관광벤처, 성장관광벤처 중 선택지원 가능

③ 전년도 결산서 기준 매출액 1천만원 이상 또는 엔젤 및 기관 투자유치금액이 5천만원 이상인 기업

■ 모집유형

모집유형	개념	예시
체험콘텐츠형	관광객이 직접 참여하여 즐기고 공감할 수 있는 새로운 체험 프로그램 및 관광 콘텐츠의 개발과 운영에 관련된 사업	캠핑, 한류, 미식, 무장애, 반려동물, 공연 등 특정 테마와 연계된 여행상품, 레저스포츠와 연계된 액티비티 여행상품, 지역 특화형 여행상품, AR/VR 활용 콘텐츠 제작 등
기술혁신형	혁신적인 기술로 관광편의를 제공하며 IT 등 기술 자체가 수익모델인 사업	관광 플랫폼, VR/AR 기술개발, 챗봇 안내, 스마트 모빌리티, AI기반 여행 큐레이션 서비스, IoT 짐배송 등

시설기반형	시설 또는 물적 자원을 핵심기반으로 하는 관광사업	IT 기술 접목 테마공원, 사물인터넷 적용 호텔, 마을호텔 운영, 목장·농원 자원 활용 체험 상품 등
기타형	타 유형에 속하지 않은 창의적인 관광사업	

① 모집유형 중 사업 아이템 해당 유형을 선택하여 공모전 신청

② 융·복합 아이템일 경우 모집유형 중 주력부문 선택

③ 모집유형 구분 없이 평가 고득점 순으로 선정

Ⅱ 지원내용

▣ **지원기간** : 총 7개월 이내(협약 체결일~'21.11월 예정)

▣ **지원내용** : 창업활동에 필요한 사업화 지원금, 교육 및 컨설팅 등

구분	지원내용	비고
사업화 지원금	• **지원규모** : 기업별 4,500만원 • **자금용도** : 광고선전비 　* 최종평가결과 우수기업 4개사 추가지원(+4,500만원) 　** 사업화지원금은 협약기간 동안만 집행가능	자부담(현금) 900만원 * 자금용도 세부내용은 붙임의 '사업화자금 사용기준' 참고
교육 및 컨설팅	• **창업교육** : 창업자 역량강화를 위한 분야별 교육 • **컨설팅** : 분야별 전문가 컨설팅 지원	–
홍보·판로개척	• 국내·외 홍보 및 판로개척 지원	–
네트워크 및 투자	• **네트워크** : 창업자 간 네트워크 구축 지원 • **투자유치** : 유관기관 투자유치 지원	–
투자유치 지원	• '관광벤처사업 공모전' 선정 기업은 문체부에서 조성한 관광기업육성펀드의 투자대상에 포함	실제 투자여부는 펀드운용사에서 판단
성장관광벤처기업 자격부여	• 성장관광벤처기업 자격 부여(발급일로부터 3년간 유효) 　* 갱신심사 통과 시 성장관광벤처기업 자격 2년 연장	기타 안내사항 참조

Ⅲ 신청방법 및 제출서류

■ **신청기간** : '21년 2월 3일(수)~3월 9일(화) 14:00시까지
■ **신청방법** : 온라인 접수(관광벤처사업 공모전 사이트 : tourbiz.spectory.net)
  * 참가신청 및 제출자료 우편, 방문접수 불가

Ⅳ 평가 및 선정

■ **평가방법 및 기준**

○ **평가절차** : 지원자격검토 → 1차 서류평가 → 2차 발표평가(1.8배수) → 3차 현장심사

○ **평가기준**

  – (1차 서류평가) 사업의 창의성, 시장 및 사업모델, 사업전략, 지속가능성, 재무건
    전성(매출액, 투자유치실적) 등 종합평가

  – (2차 발표평가) 사업의 창의성, 시장 및 사업모델, 사업전략, 사업의 지속가능성,
    리더십 등 종합평가

○ **우대사항** : 가점 항목 해당 시 최대 5점 부여

  * 1차 서류평가에 한하여 적용되며, 항목별 증빙서류 미제출 시 가점 불인정

〈 가점항목 및 점수 〉

가점항목	지원내용	점수	비고
지역우대	• 신청기업 사업자등록증상 소재지가 서울, 경기, 인천 외 지역에 해당되는 경우 * 단, 소재지 신고일자가 '21.02.03 공고일 전까지인 경우에 한함 * 사업자등록증 또는 법인등기부등본상의 본사(점) 소재지 기준	3점	최대 5점
청년우대	• 가점대상 : 만 39세 이하 청년창업자로 주민등록등본상 출생일이 '81. 02.04 이후 출생자 * 관련근거 : 중소기업창업지원법 시행령 제5조의4	1점	
디지털 뉴딜 관련 사업	• 데이터/네트워크(5G)/AI 활용·융복합 관광 서비스·제품 관련 사업자 • 비대면 관광 서비스·제품 관련 사업자	1점	

■ **최종선정**

○ 평가기준에 따라 발표평가 점수 고득점 순으로 최종 지원 대상자 확정

* 평가결과 및 사업비 활용계획 등을 종합 검토하여 사업화 지원금 차등 지원

〈 공모전 평가 및 선정 프로세스 〉

구분	대상자	주요 내용
지원자격검토	공모전 신청자	• 제출서류, 성장관광벤처기업 지원자격 등에 대한 검토 진행
1차 서류평가	지원자격검토 합격자	• **평가방식** : 신청자 사업계획서 서류심사 • **평가기준** : 사업의 창의성, 시장 및 사업모델, 사업전략, 지속가능성, 재무건전성 등
합격자(1차) 발표 및 추가서류 제출	1차 평가 합격자	① 국세, 지방세 납세증명서 사본(대표자 명의) 　* 개인사업자는 대표자 명의, 법인사업자는 법인명의로 발급된 것만 인정 　* 증명서 발급일이 공고일 이후(공고일 포함) 발급된 증명서만 인정 ② 창업·유지확약 동의서 ③ 중소기업확인서 ④ 공동대표의 경우 신청인 외 공동대표 사업참여 동의서 ⑤ 법인사업의 경우 주주명부 ⑥ 2차 발표평가 자료(지정양식)
2차 발표평가 (1.8배수)	1차 평가 합격자 (서류제출자에 한함)	• **평가방식** : PT발표 및 질의응답 　* 참가신청서 대표자만 허용, 팀원 1명 배석가능(참석자 신분증 지참) • **평가기준** : 창의성, 시장 및 사업모델(관광산업 연관성 등), 사업전략, 지속가능성, 리더십 등
합격자(2차) 발표 및 현장심사 진행준비	2차 평가 합격자	• 사업계획서상의 관광상품 평가를 위한 직·간접 체험 제공 준비
3차 현장심사	2차 평가 합격자	• 2차 발표평가 시 발표내용과 실제 사업내용과의 일치 여부, 실제 사업 영위여부 등을 바탕으로 관광벤처기업 선정 적합/부적합 여부 심사
최종선정	3차 평가 합격자	• 합격자 심의 후 최종선정자 확정

붙임		사업화 자금 사용기준

비목	세목	정의 및 집행기준
광고 선전비	홍보비	**국내외 판로개척 및 마케팅 지원(박람회, 전시회 참가)** 가. 판로개척 및 마케팅을 위하여 국내외 이벤트 및 박람회, 전시회에 참가하기 위한 부스 임차비, 참가등록비, 부스 조성비 등에 대하여 지원 가능

		제품 홍보물 제작 및 홍보비, 카탈로그 제작비
		가. 사업과 관련된 리플릿, 카탈로그 등 홍보물 제작, 온라인 홍보를 위한 사업 홍보
		  동영상 제작에 소요되는 비용에 대하여 지원가능(단, 해당 제작물이 제3자의 저작
		  권, 디자인권 등 일체의 지식재산권을 침해하여서는 안 되고 이를 위반한 경우 그
		  책임은 사업자에게 있음)
		나. 사업의 홍보를 위한 판촉물 제작에 대하여 지원가능하며, 제작의 목적 및 배포처,
		  수량 등에 대하여 명시해야 함(단, 판촉물에는 해당 참여기업명이 반드시 명시되어
		  야 하며, 미준수 시 지원이 불가함)

		온·오프라인 매체광고 등 미디어 홍보 지원 가. 사업의 광고 홍보를 위한 온·오프라인 매체광고 등 미디어 홍보비용에 대하여 지원 가능 나. 홈페이지 및 앱 등의 개발 및 고도화 사업내용은 지원 불가

	팸투어비	**언론홍보 및 유관기관 대상으로 홍보 확대 등을 위하여 실시하는 팸투어비**
		가. 대상은 언론인(검증된 파워블로거 포함) 및 유관기관 관계자로 한정
		  (단, 참가자의 소속과 이름, 팸투어 결과가 명확히 보고된 사항에 대해서만
		  지원 가능함)

2 예비창업패키지(스마트관광)

예비창업패키지는 창업진흥원에서 혁신적인 기술 창업 소재가 있는 예비창업자의 원활한 창업 사업화를 위한 사업화 자금, 창업교육, 멘토링 등을 지원하는 프로그램으로 스마트관광 등 10개 특화프로그램을 운영 중이다.

예비창업패키지의 전담기관인 창업진흥원에서는 특화프로그램별로 주관기관을 선정하고 있으며, 스마트관광분야는 한국관광공사에서 예비창업기업 대상으로 선발 및 지원사업을 하고 있다.

2021년 지원대상은 30개 예비창업기업으로 사업공고일까지 창업경험(업종 무관)이 없거나 공고일 현재 신청자 명의의 사업자 등록(개인, 법인)이 없는 자로서, 지원내용은 사업화 자금, 사업자 역량강화 및 판로개척 지원 등이다.

K-Startup(www.K-Startup.go.kr)을 통하여 온라인으로 신청하며, 선정평가는 서류평가, 발표평가 등을 거쳐서 최종선정을 하며, 서류평가 면제 대상은 실전창업교육 '린-스타트업 과정' 수료생 및 도전! K-스타트업 통합본선 진출팀이다.

가점항목은 특허권 보유자, 창업경진대회 수상자, 고용 위기지역 거주자 대상으로 가점이 부여되고 세부 가점항목은 〈표 9-5〉와 같다.

[그림 9-2] 2021 예비창업패키지 모집 공고 포스터

〈표 9-5〉 예비창업패키지 가점항목

세부 가점항목	점수
1) 신청한 창업아이템과 관련된 특허권 또는 실용신안권 보유자 　* 단, 권리권자에 한함, 출원 건은 제외 　* 다수의 특허 또는 실용신안권을 보유하고 있더라도 가점은 최대 1점	1점
2) 최근 2년 이내('19~현재) 정부 주최 전국규모 창업경진대회 수상자 　* 다수의 수상 경력을 보유하고 있더라도 가점은 최대 1점	1점
3) 고용·산업 위기지역 거주자(주민등록등본(초본)상 주소지 기준) 　① 전북 군산시 ② 울산 동구　③ 경남 창원시 진해구　④ 경남 고성군 　⑤ 경남 거제시 ⑥ 경남 통영시 ⑦ 전남 영암군 ⑧ 전남 목포시 ⑨ 전남 해남군	1점
4) 감염병* 예방·진단·치료 관련 기술로 창업 예정인 자 　* '감염병의 예방 및 관리에 관한 법률 제2조'에 정의된 감염병, '코로나바이러스감염증-19' 기준 　* 감염병 예방·진단·치료 관련 제품 서비스를 과제로 신청한 예비창업자 가점 자격기준 참조	1점

출처 : 한국관광공사(2021), 2021년 예비창업패키지 공고 내용

평가지표는 서류평가 및 발표평가가 동일하며, 문제인식, 해결방안, 성장전략, 팀구성을 평가하며, 세부 평가지표 내용은 〈표 9-6〉과 같다.

〈표 9-6〉 평가지표(서류, 발표 평가 동일)

세부평가	평가내용	배점	최소 득점기준
1. 문제인식 (Problem)	창업아이템의 개발동기	15점	18점
	창업아이템의 목적(필요성)	15점	
2. 해결방안 (Solution)	창업아이템의 사업화 전략	15점	18점
	시장분석 및 경쟁력 확보방안	15점	
3. 성장전략 (Scale-Up)	자금소요 및 조달계획	10점	12점
	시장진입 및 성과창출 전략	10점	
4. 팀 구성 (Team)	대표자 및 팀원의 보유역량	20점	12점

출처 : 한국관광공사(2021), 2021년 예비창업패키지 공고 내용

3 관광 크라우드펀딩

크라우드펀딩(Crowdfunding)은 대중을 의미하는 크라우드(Crowd)와 자금 조달을 의미하는 펀딩(Funding)을 조합한 용어로, 온라인 플랫폼을 이용하여 다수의 일반 대중으로부터 자금을 모집하는 방식을 뜻하며, 내용에 따라 후원형, 기부형, 대출형, 증권형 등의 네 가지 형태가 있다.

한국관광공사에서는 창업 초기나 성장 초기기업이 상품을 정식으로 출시하기 전에 상품의 시장성을 테스트하거나 새로운 구매자층에 선보이기 위해 홍보의 수단으로 진행하는 후원형 크라우드펀딩 제도와 금융기관 대출이나 전문 투자자 심의를 통한 자금 조달보다 훨씬 간편하면서도 대중으로부터 기업 성

[그림 9-3] 2021 관광 크라우드펀딩 지원사업 공고 포스터

장 가능성에 대한 투자 가치 확신을 얻을 수 있는 증권형 크라우드펀딩 제도를 지원하고

있다.

크라우드펀딩 지원사업에 참여하는 기업을 대상으로 비즈니스 모델(Business Model) 분석 및 투자유치전략 수립 등 맞춤형 기업컨설팅 제공, 투자유치 역량강화 전문 교육 초청, 크라우드펀딩 수수료 및 마케팅 콘텐츠 제작비 지원, 대국민 홍보연계 이벤트 등의 혜택을 제공하고, 크라우드펀딩에 성공한 기업 대상으로 우수기업 대상 문화체육관광부 장관상 및 한국관광공사 사장상, 시상금 등 상장 및 시상금이 수여되며, 후속투자와 연계한 지원을 하게 된다.

❏ 2021 관광 크라우드펀딩 지원사업

○ 추진배경 및 목적
  - 창의적인 관광 아이디어, 제품을 보유한 관광기업의 홍보판로개척과 민간 자금 조달 지원을 통한 지속적인 성장지원
  - 관광산업에 대한 대중의 관심도 제고를 통한 내수 활성화

○ 모집기간 : 2021.7.21(수)~8.24(화)

○ 지원분야 및 유형
  - 부문1(개별펀딩) 일반 크라우드펀딩 : 증권형, 후원형
  - 부문2(특별기획전) 공사-와디즈 크라우드펀딩 특별기획전 : 후원형

○ 모집규모 : 70개 내외

〈표 9-7〉 **지원자격**

구분	후원형	증권형
자격요건	• (공통) 관광분야의 혁신적인 아이디어제품을 보유한 기창업자 또는 예비창업자로 아래 기준 중 하나 이상 충족하는 자 ① 공고일 기준 사업자등록증상 관광 관련 업종이 최소 1개 이상 포함되어 있는 경우 ② 관광벤처사업 공모전, 관광 액셀러레이팅 사업 등 한국관광공사의 관광기업육성사업 공모에 선정된 경우 ③ 비관광 업종으로 보유한 기술/서비스 등을 관광산업에 접목하여 새로운 제품·서비스를 개발한 경우 ④ 예비창업자로 국내 관광 활성화 또는 관광산업에 기여할 수 있는 새로운 시제품·서비스를 개발한 경우 (특별전 참여기업) 기획전이 시작하는 10월 중 펀딩 오픈이 가능한 기업	

유형별 자격요건	• 상기 공통부문 조건 외 기타 조건 없음	• 상기 공통부문 조건을 충족하면서 아래 증권형 크라우드펀딩 발행인 기준을 충족하는 기업 – 창업 7년 이하의 비상장 중소기업 (단, 비상장 벤처기업 또는 이노비즈 기업 및 메인비즈기업, 사회적기업은 입력 무관) – 자본시장과 금융투자업에 관한 법률 시행령 14조의5에 준하는 업종의 기업

출처 : 한국관광공사(2021), 2021 관광크라우드펀딩 지원사업 공고 내용

○ 선정 절차

– 주요일정 : 사업공고 → 신청·접수 → 심사(서류) → 선정

– 선정방법(서류평가) : 제출서류 토대로 평가항목별 적/부 평가

– 선정기준 : 지원 적합성, 계획의 적절성, 기업역량

〈표 9–8〉 선정기준

평가항목	세부내용
지원 적합성	• 크라우드펀딩 진행에 적합한 프로젝트인가? • 참가 기업의 상품/서비스가 관광과의 연관성이 있는가? • 참가 기업 혹은 기업의 상품/서비스가 관광산업 경쟁력 강화에 기여할 가능성이 높은가? • 타 기관으로부터 동일한 프로젝트에 대해 중복지원을 받는 등 지원 결격사유가 없는가?
계획의 적절성	• 크라우드펀딩 참여목적에 비추어 활동계획이 적절한가? • 참가자가 활동계획을 원활히 실행할 수 있는 역량을 보유하고 있는가? • 크라우드펀딩 성공을 위한 전략이 있는가?(기업의 타깃 고객에 맞는 홍보방안, 리워드 구성, 이벤트, 지인홍보 등)
기업역량	• 기업의 상품/서비스는 기존 경쟁사와 비교하여 차별성이 있고 참신한가? • 참여기업은 타깃시장과 고객을 잘 이해하고 있는가? • 참가기업은 향후 성장 가능성이 높은가?(매출 성장성, 사업 확장 가능성 등)

출처 : 한국관광공사(2021), 2021 관광크라우드펀딩 지원사업 공고 내용

〈표 9-9〉 지원내용

구분	지원사항	지원 내역 개요	비고
교육	크라우드펀딩 실무교육	• 펀딩 유형별 크라우드펀딩 실전 오픈을 위한 역량강화 교육	• 지원대상 선정 - 모든 지원사항은 참여 신청서에 의거하며 공사는 사전 승인이 필수임 - 공사 대내외 심사위원이 관광적합성, 기업역량, 사업취지 부합성, 중복지원여부 등 심의를 통해 지원기업 선정
컨설팅	크라우드펀딩 컨설팅	• 기업분석 및 크라우드펀딩 유형별 추진전략 코칭 • 크라우드펀딩용 IR자료 작성 컨설팅	
예산 지원	펀딩용 마케팅 콘텐츠 제작비	• 후원형 40만원 한도 내 전액 • 지원내용 - (후원형) 크라우드펀딩용 오픈스토리 디자인 제작	
	펀딩 수수료	• 후원형 200만원 한도 내 각 수수료의 90% 지원 ※ 참여기업 10% 자부담 필수	
	상품비용 (후원형만 해당)	• 선물(리워드)의 상품/제품 구성당 제작비의 30% 지원 - 후원자 대상 선물(리워드) 상품/제품 구성당 정가의 40% 할인하여 제공(30% 지원, 10% 자부담) - 300만원 한도 내 지원	• 지원방법 - 수수료, 마케팅 콘텐츠 제작비, 상품비용, 온라인 광고비 - 지원은 예산 소진 시까지 진행하며, 펀딩 완료 후 결과보고서 제출 선착순으로 마감
특화	관광벤처 특화지원	• 대상 : 관광벤처 공모전을 통해 선정된 기업 • 지원내용 - "상이한 프로젝트"에 한하여 연간 지원한도 내 횟수 상관없이 펀딩 수수료, 홍보 콘텐츠 제작비 지원	
홍보	기획전 (부문 2 지원 기업만 해당)	• 와디즈 플랫폼 내 상품기획전 실시 - 와디즈 첫 페이지 기획전 배너 홍보, 기획전 페이지 운영	• 10월 기획전 오픈 예정

출처 : 한국관광공사(2021), 2021 관광크라우드펀딩 지원사업 공고 내용

4 관광액셀러레이팅

액셀러레이터란 초기 스타트업을 선발하여 정해진 기간 동안 '아이디어 발굴, 초기투자, 멘토링, 네트워킹, 해외진출'을 밀착 지원하여 빠른 시간 내에 수익을 창출할 수 있는 기업으로 육성하는 민간전문기관을 뜻하는 용어로 한국관광공사에서는 관광액셀러레이팅 사업을 통해 액셀러레이터가 관광분야의 초기 스타트업을 선발 및 육성하는 사업을 추진하고 있다.

2021 관광액셀러레이팅 지원사업

- ○ 사업목적
  - 초기 관광기업 대상 체계적 보육 프로그램 제공을 통한 단기 고속성장 지원
  - 관광분야 민간 투자유치 활성화
- ○ 사업기간 : 협약체결일~2021.12.31
- ○ 지원대상 : 초기 관광 스타트업
- ○ 지원규모 : 총 30개사(액셀러레이터별 지원기업 10개사 선발)

[그림 9-4] 2021 관광산업분야 액셀러레이팅사업 공고 포스터

- ○ 지원사항
  - 사업화 자금 지원(5천만원, 자부담 10% 별도)
  - 액셀러레이터 연계 '관광 스타트업 밸류업 프로그램(교육, 컨설팅, 멘토링 등)' 제공
  - 우수 참여기업 대상 담당 액셀러레이터 직접투자 기회 제공(액셀러레이터별 최대 2억원)
  - 한국관광공사 보유 관광산업 네트워크, 빅데이터 및 지식인프라 등을 활용한 특화 프로그램 참여 기회 제공 등
- ○ 모집기간 : 2021.4.26~5.21
- ○ 모집방법 : 액셀러레이터 3개사를 통한 '관광 액셀러레이팅 기업' 선발
- ○ 모집대상 : 초기 관광 스타트업(창업 3년 미만)

  ※ 관광산업과 관련된(ICT 연계, 콘텐츠, 체험기반 등) 모든 분야의 기업 지원 가능

- ○ 신청자격
  - 중소기업기본법 제2조에 따른 중소기업으로 공고일 기준 창업 3년 미만 관광기업 대상 평가심사를 통해 선정

    단, 공고일 기준 예비창업자는 동 사업 지원 대상이 아님

○ 신청제외대상

- 2020 및 2021 관광 글로벌 선도기업, 2021 제12회 관광벤처사업(예비 · 초기 · 성장), 관광액셀러레이팅 기선정기업, 2020 및 2021 관광플러스팁스 선정기업, 2021 관광기업 혁신바우처 선정기업, 2021 중기부 창업패키지 선정기업(예비 · 초기 · 도약 · 재도전) 및 기타 정부 지원사업 중복지원 불가

5 관광플러스팁스

팁스(TIPS : Tech Incubator Program for Startup)는 중소벤처기업부에서 운영하는 민간투자주도형 기술창업지원 프로그램으로 팁스(TIPS) 운영사가 스타트업을 선발해 1~2억원을 투자한 후 추천하면 정부가 R&D, 창업사업화 등 최대 7억원을 매칭하는 사업이며, 2019년 9월 스타트업얼라이언스 조사결과, 정부의 정책 중 팁스(TIPS)프로그램에 대한 기업 선호도가 가장 높은 것으로 나타났다.

관광플러스팁스 사업은 중소벤처기업부의 팁스(TIPS) 프로그램에 선정된 유망 창업기업의 관광분야 신규 진출 및 사업 확대를 지원하는 목적으로 2020년 처음으로 한국관광공사에서 추진된 사업이다.

[그림 9-5] 관광플러스팁스 공고문

◘ 관광플러스팁스 사업

○ 선정규모 : 7개 기업(관광부문 3, 비관광부문 4)

(관광) 관광관련 제품(서비스)으로 팁스에 선정된 기업이 플러스팁스 지원금을 통

해 사업영역을 새롭게 확장하는 경우

(비관광) 관광과 관련이 없는 제품(서비스)으로 팁스에 선정된 기술보유기업이 관광산업으로 사업영역을 확대하는 경우

○ **사업기간** : 2020년 협약 시~2021.12월(2년)

○ **지원규모** : 총 32억원 내(3개 기업×4억원, 4개 기업×4.5억원)

※ 중기부 팁스(TIPS)와 동일하게 2년제 사업으로 운영

※ 시제품개발, 인건비, 홍보·마케팅비, 시장조사, 응용기술 개발지원비 등

○ **대상자격** : 중기부 팁스(TIPS)에 선정되어 현재 지원받고 있는 기업 또는 팁스(TIPS) 졸업 기업 중 성공판정을 받은 기업

※ '프리팁스'와 '실패한 졸업기업'의 경우, 지원 대상이 아님

〈관광부문 지원가능 예시〉

관광관련 TIP선정기업이 핵심기술*을 접목하여 신규 서비스(제품)를 개발하는 경우
* 4차산업혁명 관련 16대 핵심기술분야에 기반

〈비관광부문 지원가능 예시〉

TIP선정기업이 보유한 핵심기술을 관광에 접목하여 새로운 서비스(제품)를 개발하는 경우

예1) 근적외선이미지센서기술 보유기업이 나이트비전을 관광에 접목시켜 야간투어 상품의 확장, 야간투어 안전기능 등을 도입하는 경우

예2) 딥러닝알고리즘을 활용하여 국내외 개최 MICE의 통번역서비스에 대여가능한 통번역 AI로봇 또는 디바이스를 개발하는 경우

○ **상세 지원내용**

- 사업화자금

  • (관광) 기업당 최대 4억원, (비관광) 기업당 최대 4.5억원

    * 자부담 : 사업화자금의 10% 별도, 사업비 인정항목과 동일

  • 사업비 인정항목 : 재료비, 외주용역비, 기계장치, 특허권 등 무형자산 취득비, 인건비, 지급수수료, 여비, 교육훈련비, 광고선전비 등

- 중간평가 및 후속지원

  • 중간평가 통과기준　　*①, ② 모두 충족 시 성공

    ① 사업선정 시 설정한 개발목표 진도점검

    ② 사업자등록증상 관광(과제) 관련 업종 추가

  • 중간평가 통과 시 사업자금 추가지원 및 관광기업육성펀드* 투자유치 지원 등 후속지원 예정, 실패판정 시 사업지원중단 등 제재조치

  * 관광기업육성펀드 : 창업 초기 관광 중소·벤처기업의 금융자금을 지원하기 위해 정부에서 출자한 모태펀드의 자펀드

- 기타 지원

  • 관광 관련 전문 멘토링·컨설팅 프로그램과 국내외 홍보판로개척 지원 등 모든 선정기업 대상 관광산업 관련 맞춤형 지원이 가능

- (참고) 최종 성과평가 성공판정 기준

  ① 사업선정 시 계획한 관광 시제품·서비스 출시

  ② 이하 1개 이상 조건 충족

  • 관광사업 아이템으로 인한 월평균 매출액 200만원 이상 달성

  • 관광사업 아이템으로 관광플러스팁스 지원금액 이상 투자유치 성공

  • 관광 관련 시제품, 서비스로 인한 계약 체결 1건 이상

○ **선정심사 및 평가항목**

- 선정심사 개요

  • 발표심사 : 평가항목별 최고·최저점을 제외한 평균 점수를 합산, 발표심사 평균점수 **70점 이상**인 기업 중 부문별 상위 기업 선발

- 평가항목(부문별 기준 적용)

〈표 9-10〉 평가항목(관광부문)

평가항목	평가지표	평가요소
기술성 (30)	개발지원 타당성 (15)	• 기술개발의 필요성 및 시급성 • 아이템 개발의 기술적 난이도 및 도전성 여부 • 사업수행 후 기술적 파급효과
	기술개발 적정성 (15)	• 기술개발 목표 및 추진방법의 적정성 • 기술개발 목표의 실현가능성
사업성 (50)	사업화전략 (15)	• 목표(타깃) 시장의 적절성 • 사업화 추진계획의 적절성 및 실현가능성 • 사업 지원예산 대비 사업화 성과의 경제성
	성장가능성 (15)	• 향후 3년 재무 프로젝션에 대한 적절성 • 글로벌 진출역량 및 성장가능성
	기대효과 (20)	• 관광산업 기여 여부 • 일자리 창출 및 유지계획의 적절성 및 구체성
사업수행 역량 (20)	추진의지 (10)	• 창업자의 사업의지 및 사전준비 수준
	창업팀 전문성 (10)	• 아이템에 대한 기술 전문성 보유 여부 • 팀구성의 적절성 및 역량

출처 : 한국관광공사(2020), 2020 관광플러스팁스 공고 내용

〈표 9-11〉 평가항목(비관광부문)

평가항목	평가지표	평가요소
기술성 (30)	개발지원 타당성 (15)	• 기술개발의 필요성 및 시급성 • 아이템 개발의 기술적 난이도 및 도전성 여부 • 사업수행 후 기술적 파급효과
	기술개발 적정성 (15)	• 기술개발 목표 및 추진방법의 적정성 • 기술개발 목표의 실현가능성
사업성 (50)	사업화전략 (15)	• 목표(타깃) 시장의 적절성 • 사업화 추진계획의 적절성 및 실현가능성 • 사업 지원예산 대비 사업화 성과의 경제성
	성장가능성 (15)	• 향후 3년 재무 프로젝션에 대한 적절성 • 글로벌 진출역량 및 성장가능성
	관광산업 기대효과 (20)	• 관광산업 이해도 및 관광산업 연관성 • 관광산업 기여 여부

사업수행 역량 (20)	추진의지 (10)	• 창업자의 사업의지 및 사전준비 수준
	창업팀 전문성 (10)	• 아이템에 대한 기술 전문성 보유 여부 • 팀구성의 적절성 및 역량

출처 : 한국관광공사(2020), 2020 관광플러스팁스 공고 내용

6 글로벌챌린지 프로그램

관광스타트업들은 기업을 성장시켜서 국내뿐만 아니라 해외 진출을 원하고 있으며, 글로벌챌린지 프로그램은 글로벌 전문 액셀러레이터를 통한 글로벌 진출을 희망하는 관광 유망 스타트업 발굴 및 체계적인 육성을 추진하는 프로그램이다.

[그림 9-6] 글로벌챌린지 프로그램 소개

■ 글로벌챌린지 프로그램(Global Challenge Program) 사업

○ **모집기간** : 2021.4.19~5.14

○ **모집대상** : 해외진출 희망 유망 관광기업

   – 3대 분야(관광 인공지능, 관광 서비스 플랫폼, 관광 실감형콘텐츠) 등 관광산업과 관련된 모든 분야의 기업 지원 가능

○ **지원자격** : 중소기업기본법 제2조에 따른 중소기업으로 공고 및 기준 허가 조건을 1개 이상 만족하는 관광기업 중 평가심사를 통해 신청

   – 2020년 매출액 규모 5억원 이상

   – 2020년 수출액 10만달러 이상

- 상시 근로자 10인 이상
- 최근 3개년 후속 투자유치 10억원 이상
※ 단, 프로그램 참여자는 원활한 영어 커뮤니케이션이 가능해야 하고, 평가 심사 시 영어 피칭 능력도 평가함
※ 신청 제외 대상
2020 관광 글로벌 선도기업, 2021 제12회 관광벤처사업(예비 · 초기 · 성장), 2021 관광 액셀러레이팅 선정기업, 2020 및 2021 관광 플러스팁스 선정기업, 2021 관광 기업 혁신바우처 선정기업, 2021 중기부 창업패키지 선정기업(예비 · 초기 · 도약 · 재도전) 및 기타 정부 지원사업 중복지원 불가

❍ **선정규모** : 총 30개사(글로벌 특화 액셀러레이터별 지원기업 10개사 선정)
❍ **지원사항**
- 해외진출 기반 조성 및 글로벌 사업확장을 위한 사업화 자금 지원
- 글로벌 특화 액셀러레이터 연계 '관광 글로벌 챌린지 프로그램' 제공
- 국내외 투자유치 지원 공사 보유 국내외 관광산업 네트워크 협업기회 제공
- 우수 참여기업 차년도 후속 지원(후속 사업비, 후속 지원 프로그램 등)

❍ **신청방법**
- tourbiz.or.kr > 공지사항 > 2021 관광 글로벌 챌린지 프로그램 참가기업 모집 게시글 확인
- 관광 글로벌 챌린지 프로그램 운영 액셀러레이터 3개사 중 1개사를 선택하여 참가신청
  ※ 기업의 진출희망 시장, 액셀러레이터별 제공 프로그램 내용 고려 신청

❍ **신청문의** : 글로벌특화 액셀러레이터
- 씨엔테크 운영 사무국 : 2021globalchallenge@gmail.com / 02-3152-0924
- 어썸벤처스 운영 사무국 : traveltech@awesome-v.com / 070-8098-2594
- 와이앤아처 운영 사무국 : info@ynarcher.com / 02-2600-1550

[그림 9-7] 글로벌챌린지 프로그램 운영 액셀러레이터

▣ 와이앤아처 글로벌챌린지 프로그램(Global Challenge Program) 사업 공고 내용

○ 프로그램 기간 : 협약일로부터 12월 10일까지

○ 주요 지원 내용

〈표 9-12〉 주요 지원 내용

직접 투자	1개 기업 이상 총 3억원
사업화 지원	선발기업 중 3억원(1개) / 2억원(1개) / 1억원(8개)

* 자부담금 : 사업화 지원금당 10% 별도

○ 주요 프로그램 내용

〈표 9-13〉 주요 프로그램 및 지원 내용

프로그램	주요 지원 내용
사업화 역량 강화 프로그램	• 진단 컨설팅 • 글로벌 사전 검증 리포트 제작 • 네트워킹 • 스타트업 어벤져스(1:1 전문 멘토링) 　* 사업모델 개발, 기술개발, 판로개척, IR 등 지원
IR 역량 강화 프로그램	• IR 번역 • IR 영문 피칭 컨설팅
투자 역량 강화 프로그램	• 해외 VCRT 　* 해외 VC 대상으로 모의 피칭 진행
글로벌 역량 강화 프로그램	• Global Y&LAB 　* 기업 진출 니즈 대륙에 맞게 해외 시장 실증화 테스트 지원 및 지역 파트너 발굴 및 연계 • Global Act 　* 현지 진출 지원 프로그램(탐방, 데모데이, 네트워킹 등) • 글로벌 컨퍼런스 행사 'A-STREAM' 할인참가 지원
후속 지원	• 후속투자유치/사업화 등 지속적인 지원

○ 신청기간 : 2021년 4월 19일(월)~5월 14일(금) 14:00까지

○ 선정기준

– 서류 평가(국문 신청서) **20개 기업 선발**

〈표 9-14〉 서류평가 평가항목, 평가내용 및 배점

평가항목	평가내용	배점
경영진 역량	경영진의 전문성 및 역량	20
혁신성	아이템의 독창성 및 우수성	20
시장경쟁력	목표 시장의 명확성 및 판매 전략 경쟁사 대비 우수성	20
사업 구체성	사업 계획의 구체성 및 타당성	10
산업 연관성	관광산업과의 연관성 관광산업과의 기대효과	10
글로벌 진출 준비도	글로벌 실적 및 추진 계획의 명확성	20
합계		100

* 평가방법은 사정에 따라 변경될 수 있음

* 사업 신청서 외, 별도의 자유 양식의 사업계획서 제출 가능

– 발표 평가(영문 발표) **10개 기업 선발**

〈표 9-15〉 발표평가 평가항목, 평가내용 및 배점

평가항목	평가내용	배점
기업 역량 (영어 발표 능력 포함)	기업의 비전, 사업 수행 의지, 인력의 전문성 및 개발 역량	20
아이템/서비스의 기술성	기술의 난이도 및 차별성 기술의 구현(실현) 가능성	20
아이템/서비스의 시장성	아이템/서비스의 시장성(사업성, 경쟁력) 아이템/서비스의 성장가능성(수익성)	20
연관성	관광산업과의 연관성 관광산업과의 기대효과	10
글로벌 진출 및 투자 실현 가능성	글로벌 진출 실적 및 잠재력 투자유치 실적 및 가능성 진출 지역에 대한 이해도	20

심층 인터뷰	경영진 마인드 주관사와의 시너지	10
합계		100

* 평가방법은 사정에 따라 변경될 수 있음
* 발표 평가는 유럽/동남아 현지 기관 및 투자자가 직접 평가 진행
* 심층 인터뷰의 경우 발표 평가 당일 진행

○ 가점대상 [1차 서류심사 시 가점 부여]

  – 관광벤처기업 확인증(문화체육관광부 장관 명의) 보유 관광 벤처기업(+5점)

    * 2016~2020년 관광벤처기업 선정기업 해당(공고일 기준 유효기업일 것)

---

7 관광기업 혁신바우처

관광기업 혁신바우처 사업의 목적은 중소기업기본법상 중소기업에 해당하며 관광관련 업종을 영위하고 있는 사업체(관광진흥법 시행령 제2조)를 대상으로 관광분야에 특화된 다양한 서비스를 바우처 형태로 제공함으로써, 혁신활동을 통해 성장기반 구축을 지원하고 중견기업으로의 성장을 촉진함에 있다.

2021년도 혁신바우처 사업 규모는 총예산 50억 4천만원으로 142개 기업대상으로 대형바우처(1억×20개 기업), 중형바우처(0.5억×20개 기업), 소형바우처(0.2억×102개 기업)의 내용으로 사업기간은 2021년 5월부터 2021년 12월까지이다.

바우처 유형

○ (중·대형 바우처) 기업당 지원금 5천만원(중형) / 1억원(대형)

  – 기술요소와 관광요소의 융복합을 통한 혁신적 스마트 관광사업 발굴 및 육성을 위해, 바우처 사용계획에 근거하여 서비스 메뉴 내 자유로운 서비스 조합 구성으로 바우처 사용

○ (소형 바우처) 기업당 지원금 2천만원
  – 바우처 서비스 메뉴 중 시급한 현안
  해결 중심으로 사용

■ 바우처 사용방법

○ (중·대형 바우처) 바우처 사용-계획에
  근거하여 바우처 프로그램 내 자유로
  운 서비스 조합 구성으로 바우처 총액
  소진 가능

○ (소형 바우처) 제시된 13개 바우처 프
  로그램 중 최대 두 가지의 서비스를
  선택하여 바우처 총액 소진 가능

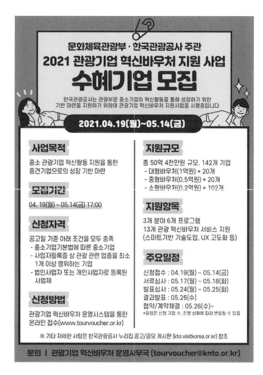

[그림 9-8] 2021 관광기업혁신바우처 사업 공고 포스터

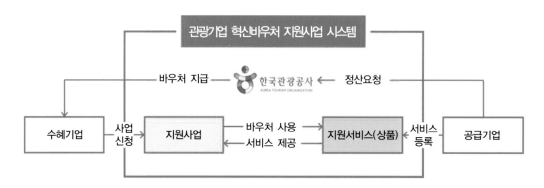

[그림 9-9] 관광기업 혁신바우처 지원사업시스템

■ 바우처 메뉴판

○ 3개 분야, 6개 프로그램, 13개 관광 혁신 바우처 서비스 세부내역

〈표 9-16〉 관광 혁신 바우처 서비스 메뉴판

분야	프로그램	관광 혁신 바우처 서비스
관광 특화 혁신 지원	관광 혁신 서비스 개발	**관광 상품/서비스 기획** 관광 부문 상품·서비스·비즈니스 모델 기획 및 개발, 기존 비즈니스 모델 진단, FIT 여행상품 개발 등
		관광산업 특화 리서치 인바운드, 아웃바운드, 인트라바운드 관점에서의 관광산업 동향 및 동종업계 관련 시장 조사, 빅데이터 기반, 여행자 동향조사(소비지출, 이동동선, 상권분석) 등
	관광 혁신 서비스 구현	**스마트 기반기술 도입** 실감형(VR/AR) 콘텐츠 제작, AICBM 기술 구현, 챗봇 도입 및 여행 상품 큐레이션 기능 개발 등
		UX 고도화 모바일 애플리케이션 개발, 홈페이지 UI/UX고도화, 모바일/O2O 플랫폼 구축, 반응형 웹사이트 구축 및 솔루션 개발 등
컨설팅 및 자문	비즈니스 컨설팅	**경영 컨설팅** 인사조직, 경영체계, 구조개선 등의 경영 개선 진단, 사업전략 수립 및 비즈니스 모델 구축 자문 등
		기타 전문 서비스 세무, 재무, 노무, 법률 관련 전문 자문 서비스
	디지털 역량 강화	**디지털 역량 진단 및 정보화 전략계획 수립** 기업 디지털 역량 및 정보기술환경 분석과 진단, 개선, APP의 QA Test, MICE 온라인 컨설팅 등
		서버 및 개발환경 구축 클라우드 기반 SW 개발환경(PaaS, IaaS) 구축, 관광기업 SW 개발을 위한 ICT 환경 구축, 관광 빅데이터 시스템 구축 등
		ICT 솔루션 도입 ERP/CRM/Analytics 등 솔루션 도입 및 커스터마이징, SaaS-based ICT 솔루션 도입 등
마케팅	홍보/ 마케팅 /광고	**마케팅 전략 수립** 마케팅 콘텐츠 전략, 채널 믹스 전략, SEO마케팅 전략, 디지털/크리에이티브 마케팅 전략 수립, SNS마케팅 방안 수립 등
		홍보 지원 광고 콘텐츠 제작, 국내외 마케팅/홍보/광고 집행, 유튜브 영상 제작, 기업 카탈로그 및 홈페이지 제작, 라이브 커머스 활용 등
	디자인 개발	**브랜딩** 브랜딩, 네이밍, 브랜드 콘셉트 도출, 기업 맞춤형 BI/CI 개발 및 고도화 등
		디자인/콘텐츠 제작 상품디자인, 오프라인 홍보물, 모션그래픽 영상, App/Web UI, SNS콘텐츠 제작, 패키지 디자인, 3D 모션그래픽 영상 제작 등

출처 : 한국관광공사(2021), 2021 관광기업 혁신 바우처 지원사업 운영지침

■ 수혜기업 신청 요건

❍ 신청자격

- 공고일 기준 아래 조건을 모두 충족하는 사업체
  - 중소기업기본법에 따른 중소기업
  - 사업자등록증상 관광 관련 업종을 최소 1개 이상 영위하는 기업
  - 법인사업자 또는 개인사업자로 등록된 사업체

❍ 가점대상(1차 서류심사 시 가점부여)

- 관광벤처기업확인증(문화체육관광부 장관 명의) 보유 관광벤처기업(+5점)
- 고용노동부 확인 공휴일 유급휴일 전환사업장(+1점)

❍ 대상기업 선정

- 각 분야 전문가로 평가위원회를 구성, 소정의 심사를 거쳐 최종선정
  (대형·중형 바우처) 신청 기업의 혁신 가능성, 성장 잠재력, 바우처 활용계획 우수성을 종합적으로 판단, 서류심사 통과기업의 발표심사를 통해 최종선정
  (소형바우처) 신청 기업의 혁신 가능성, 성장 잠재력, 바우처 활용계획 우수성을 종합적으로 판단, 서류심사 결과 최종선정

■ 서비스 제공기업 신청 요건

❍ 신청자격

- 관광산업 이해도가 높은 국내 등록된 기업, 학교, 연구소 등
- 상기 요건을 갖추고, 신청하려는 서비스 제공항목 관련 최근 1년 내 유사과제 수행실적 증빙을 최소 1건 이상 제출할 수 있는 기업·기관

❍ 평가절차 : 각 분야 전문가로 평가위원회를 구성하여 소정의 심사를 거쳐 최종선정

- (수혜기업 대형 바우처) 신청 기업의 혁신 가능성, 성장 잠재력, 바우처 활용계획 우수성을 종합적으로 판단, 서면평가 및 발표평가를 통해 최종선정
- (수혜기업 소형 바우처) 신청 기업의 혁신 가능성, 성장 잠재력, 바우처 활용계획 우수성을 종합적으로 판단, 서면평가를 통해 최종선정

- (서비스 제공기업) 서비스 품질의 적정성, 서비스 제공의 안정성, 정부 정책의 부
  합성을 종합적으로 판단, 서면평가를 통해 최종선정

8 관광창업아카데미

관광분야 신규 사업아이디어를 보유한 예비창업자를 양성함으로써 한국 관광산업의 외연 확대 및 관광산업 청년창업 기회를 제공하고 체계적인 육성시스템 마련을 통해 경기불황으로 인한 청년실업률 완화에 기여하는 목적으로 2020년에 최초로 관광창업아카데미가 실시되었다.

2020년에 실시한 제1기 관광창업아카데미는 45명을 대상으로 온라인 및 현장멘토링, 모의피칭대회 등 다양한 프로그램과 함께 수료생들을 대상으로 관광벤처사업공모전 1차 서류심사 가점 부여 등의 혜택이 주어졌으며, 2021년 제2기 관광창업아카데미의 자세한 개최 내용은 다음과 같다.

[그림 9-10] 제2기 관광창업아카데미 홍보 포스터

❏ 2021 제2기 관광창업아카데미 개요

- ○ **교육기간** : '21.9.1~10.21(총 6주)
- ○ **교육대상** : 관광분야 사업아이디어를 보유한 예비창업자 70명 내외
- ○ **교육내용** : 아이템 기획, 비즈니스 모델링, 사업아이템 검증에 대한 강연 및 전문가

멘토링, 사업계획서 작성 실습, 모의피칭대회 등

❍ **진행방식** : ZOOM 활용 온라인 라이브 교육으로 진행

❍ **모집규모** : 전국권(40명), 전북권(15명), 울산권(15명)

❍ **참가자 선정** : 권역별로 참가신청서를 제출한 선착순으로 선정, 제출된 사업계획서 심사 후 점수 70점 이상 득점자에 한함

　　– 심사기준 : 사업의 창의성 및 실현가능성, 창업자의 역량 및 창업의지

2020 관광창업아카데미 상세 추진 내용

❍ **아카데미 세부 프로그램**

〈표 9-17〉 아카데미 세부 프로그램 내용

일자	구분	주요 내용	진행방법
1주차	코로나시대 관광창업	• 관광소비 패러다임 탐구 • 관광아이템 발굴 및 상품기획	온라인 교육
2주차	관광창업 아이템 기획	• 관광분야 비즈니스 모델링 • 비즈니스 모델 작성 실습	
3주차	관광창업 아이템 검증	• 사업타당성 검증 그룹멘토링(조별)	현장교육
4주차	관광창업 사업화 전략 및 선배 창업가와의 만남	• 관광창업 사업화 전략 가이드 • 관광창업 사업계획서 작성법 • 선배 관광창업자 벤치마킹 (사업계획서 작성사례 소개)	온라인 교육
5주차	사업계획서 작성	• 사업계획서 작성 실습 및 1:1 멘토링	현장교육
6주차	모의피칭대회 및 수료식	• 모의피칭대회 및 우수발표자 시상식 • 수료식 및 참석자 네트워킹	현장교육

❍ **모의피칭대회**

　　– 발표시간 : 1인당 3분 발표

　　– 참가자격 : 기한 내 사업계획서를 제출한 관광아카데미 과정 교육생

　　　　　　　(선착순 25명에 한함)

　　– 시상내역 : 최우수상 1명, 우수상 2명, 장려상 3명, 참가자 4명

○ 수료생 혜택
- 한국관광공사 사장 명의 수료증 발급
- 2022년도 관광벤처사업공모전 1차 서류심사 시 가점 1점 부여
  (예비관광벤처 부문만 해당)

9 관광기업지원센터

관광기업지원센터는 관광산업 현장에서 발생하는 다양한 관광기업의 애로사항에 대한 상시적, 단계적 상담서비스를 제공하며 해당분야별 전문가 상담을 통한 기업의 육성을 추진하는 목적으로 2017년도에 최초로 서울관광기업지원센터가 개설되었고, 2019년도에는 전국 최초로 부산에 지역관광기업지원센터가 개설된 이후, 2020년에는 인천, 경남, 대전·세종에 지역관광기업지원센터가 개소되어서 지역관광기업대상 컨설팅 등을 추진하고 있다.

주요 업무로는 관광진흥법상 7대 업종 및 IT 접목 관광스타트업, 관광분야 예비창업자 등 대상 관광수요 애로사항 조사, 관광법규, 관광분야 정부지원사업 등 관광분야 기초 상담, 관광기업 창업, 경영, 법률, 투자, 홍보 등 외부 전문자문단의 단계별 심화상담 등의 관광기업 & 예비창업자 원스톱 상담 지원, 관광기업 애로사항 및 상담결과를 기반으로 한 실무교육 제공, 관광기업 간 네트워킹 강화 세미나 개최 등의 관광기업 실무교육 및 세미나 개최, 상담결과를 바탕으로 국내 관광기업 세부 지원방안 도출, 정부지원사업 연계 지원 등 지속 성장을 위한 후속 관리 등의 관광기업 지원방안 도출 및 성장지원 업무를 추진하고 있다.

또한, 지역 특화 일자리 정보 제공 및 일자리 상담, 관광 미니 잡페어 및 관광기업 분야별 취업매칭 지원, 지역별 특성에 맞는 관광인력 육성 교육 등 인력양성 및 일자리 허브 역할도 추진하고 있다.

출처 : 한국관광공사(2021).

[그림 9-11] 전국관광기업지원센터

서울, 부산, 인천, 경남, 대전·세종 관광기업지원센터의 상세 내용은 다음과 같다.

◢ 서울관광기업지원센터(2017년 5월 개소)

- ○ 위　　치 : 서울시 중구 청계천로 40 / 7, 8, 9, 10층(4개층)
- ○ 면　　적 : 1개층 면적 1,104.87㎡(약 335평) * 9층은 1/2층
- ○ 입주기업 : 59개 기업(독립공간 : 33개, 스마트워크공간 : 26개)
- ○ 홈페이지 : https://www.tourbiz.or.kr

◢ 부산관광기업지원센터(2019년 9월 개소)

- ○ 위　　치 : 부산시 영도구 대교동 1가 59번지(씨사이트 콤플렉스)
- ○ 운영주체 : 부산광역시(주관), 부산관광공사(운영기관)
- ○ 주요시설 : 입주공간(21개), 회의실(6실), 사무실(4실), 방문자센터 등

○ **주요사업** : 기업 입주 지원, 기업 사업화 자금 지원, 홍보판로개척 및 컨설팅 지원, 인턴십 지원 및 기업 지원, 일자리 상담소 운영 및 교육 프로그램 운영 등을 통한 일자리 창출 사업

○ **홈페이지** : http://busan.tourbiz.or.kr

◳ 인천관광기업지원센터(2020년 9월 개소)

○ **위   치** : 인천 연수구 센트럴로 263 IBS타워 23층(292.52평, 1개층)

○ **운영주체** : 인천광역시(주관), 인천관광공사(운영기관)

○ **주요시설** : 입주기업 사무실(12개), 운영사무실, 컨퍼런스룸(50인), 중소회의실(2개), 컨설팅룸, 공유오피스(20석), 1인 크리에이터 스튜디오 등

○ **주요사업** : 입주기업 지원(최대 3년), 벤처기업 공모전 개최, 공항·항만 연계 융복합관광 지원, 인천 관광일자리 인턴십 지원 등

○ **홈페이지** : https://incheon.tourbiz.or.kr

◳ 대전·세종관광기업지원센터(2020년 9월 개소)

○ **위   치** : 대전광역시 중구 은행동 65-1(360평, 4개층)

○ **운영주체** : 대전시(주관)·세종시(참여), 대전마케팅공사(운영기관)

○ **주요시설** : 입주기업 사무실(17개), 센터사무실, 대형 강의실(50인), 회의실(5개), 공유오피스(24석) 등

○ **주요사업** : 입주기업 지원, 벤처기업 공모전 개최, 지역 대학생 관광일자리 인턴십 지원, 일자리 상담소 운영, 지역특화 관광사업 개발 등

○ **홈페이지** : https://daejeonsejong.tourbiz.or.kr

◳ 경남관광기업지원센터(2020년 12월 개소)

○ **위   치** : 경남 창원시 창원문성대학교 경상관 1층(353평, 1개층)

○ **운영주체** : 경상남도(주관), 경남관광재단(운영기관)

○ **주요시설** : 입주기업 사무실(12개), 방문자 안내데스크, 운영사무실, 컨퍼런스

룸(50인), 회의실(5개), 컨설팅룸, 일자리상담 창구 등

○ **주요사업** : 입주기업 지원(최대 3년), 벤처기업 공모전 개최, 공항·항만 연계 융복합 관광 지원 등

○ **홈페이지** : https://gyeongnam.tourbiz.or.kr

CHAPTER 10

관 광 벤 처 창 업 론

지역관광
벤처창업
지원사업

CHAPTER

10 지역관광벤처창업 지원사업

부산 등 전국 4개의 관광기업지원센터 및 각 지자체에서는 지역 관광기업을 육성하고 창의적인 관광창업아이디어를 발굴하여 지역의 우수한 관광자원 및 차별화된 관광프로그램을 홍보하고자 지역관광벤처창업 지원사업을 추진하고 있다. 관광스타트업 공모전 등 각 지역의 대표적인 관광벤처스타트업 지원사업은 다음과 같다.

1 2021 대전·세종 관광스타트업 공모전

◨ **접수기간** : 2021.5.3~5.14
◨ **공모분야**
　○ 대　전
　　– 융복합관광 : 관광산업 또는 다른 산업 간 기술 및 서비스를 결합하여 새로운 경험과 창의적 관광상품을 제공
　　– 과학 관광 : 지역 내 관광자원과 첨단 IT기술을 활용한 스마트관광 구현
　○ 세　종
　　– 지역특화 관광관련 전 분야
◨ **주　　최** : 대전시·세종시 공동주최
◨ **후　　원** : 문화체육관광부, 한국관광공사
◨ **참가대상**
　○ 대전·세종 소재 관광분야 예비 창업자부터 업력 7년 미만의 사업자
　　– 예비 관광스타트업 : 예비 창업자

     – 초기 관광스타트업 : 창업 3년 미만

     – 지역혁신 관광스타트업 : 업력 3~7년 미만

◻ **지원혜택**

  ◯ **사업화 자금지원** : 선정 상위 7개사
     총 2억 1천만원

  ◯ **센터 입주기업 제공** : 사무공간, 회의
     실, 라운지 등 시설 이용

  ◯ **센터 운영 프로그램** : 경영 및 컨설팅,
     교육, 홍보, 네트워킹, IR 등

◻ **선정규모**

  ◯ **최대 30개사 이내** : 상위 7개사 사업
     화자금 지원(대전 5개사, 세종 2개사)

  ◯ **접수방법** : 센터홈페이지(daejeonsejon
     g.tourbiz.or.kr)에서 제출서류를 다
     운받아 이메일로 접수

  ◯ **문의처** : 대전 · 세종관광기업지원센
     터(대전본원 : 042-253-0420 / 세종분
     원 : 044-867-0440)

[그림 10–1] 2021 대전 · 세종 관광스타트업 공모전
포스터

2 2021 서울관광스타트업 공모전

◻ **신청기간** : 2021.2.22~3.15

◻ **지원분야** : 국내외 관광객을 대상으로 하는 ① ICT/플랫폼 ② 콘텐츠/체험 ③ 가치관
  광(공공가치 추구상품) 등의 3개 분야별 상품 개발 운영사업

◻ **공모자격** : 6개월 이상 사업을 유지하고 창업한 지 7년 이내 사업자

◻ **지원내용**

○ 최종 심사결과 분야별 순위에 따라 프로젝트 사업비 차등 지급

(총 16개사 / 460백만원)

– 대상(3개) : 각 50백만원씩, 총 150백만원 지원

– 최우수상(5개) : 각 30백만원씩, 총 150백만원 지원

– 장려상(8개) : 각 20백만원씩, 총 160백만원 지원

◻ **선정방법** : 서류심사 → PT면접심사 → 공개오디션

◻ **문의처**

○ 서울관광재단 스마트관광팀

– 전화) 02-3788-0830,

02-3788-8197

– 이메일) tourism_startup@naver.com

[그림 10-2] '21 서울관광스타트업 공모전 포스터

---

3 2021 경기관광스타트업 공모전

◻ **신청기간** : 2021.2.25~3.31

◻ **주최/주관** : 경기도/경기관광공사

◻ **공모유형**(2개 중 택 1)

○ (ICT 기술사업) ICT 기술을 활용, 경기관광 홍보 또는 외국인 관광객에게 편의를 제공하는 사업

○ (체험형관광상품) 체험형 상품 개발·운영 사업

※ 공모전에 제출된 서비스 및 상품 수요자는 외국인 관광객으로서 영어, 중국어, 일어 중 최소 1개 이상 언어를 포함하여 개발 및 운영되어야 함

☐ 지원대상

- ○ 6개월 이상 사업을 유지하고 창업한 지 7년 이내 사업자
- ○ 경기도 관광 활성화를 위한 창의적인 사업아이템을 보유하고 있는 경기도 소재 개인사업자 혹은 중소기업 법인
- ○ 사업 공고일('21.2.25) 기준 대표자 39세 이하 청년이 운영하는 사업개소 7년 이하 회사(업종·업태 무관)

☐ 선정혜택 : 프로젝트 사업비 지원, 홍보 마케팅·네트워킹 지원

☐ 선   발

- ○ 총 3개 내외 프로젝트 선발 예정
- ※ 선정개수는 신청 상황 및 심사결과에 따라 변동될 수 있음

[그림 10-3] 2021 경기관광스타트업 공모전 포스터

☐ 평가방법 및 기준

- ○ 평가방법 : 지원자격 검토 → 전문가 심사 → 지원사업
- ○ 심사방법 : 심사위원회 개최를 통한 서류심사
- ○ 심사기준 : 사업독창성, 운영타당성, 외래객 관광편의 기여 등을 종합적으로 평가

☐ 문의처

- ○ 경기관광공사
  - 전화) 031-259-4786
  - 이메일) hjilee@gto.or.kr

4 2021 도전! J-스타트업 참가자 모집

■ **신청기간** : 2021.5.3~5.14

■ **주최/주관** : 제주특별자치도 / 제주관광공사

■ **모집주제** : 제주기반 혁신적인 관광비즈니스

○ 4차산업 IoT, AI 등 혁신기술 및 새로운 아이디어의 접목을 통해 현 제주관광의 문제점을 해소하거나, 국내외 관광객의 편의성을 개선할 수 있는 관광비즈니스

○ 미래 관광산업의 트렌드를 이끌어갈 수 있는 사업화 가능성이 높거나 일자리 창출에 도움이 되는 관광비즈니스

○ 제주 지역자원(자연, 역사, 문화 등 다양한 콘텐츠)을 소재로 지역민과 상생할 수 있는 관광비즈니스

■ **신청자격**

○ '제주 기반 관광비즈니스'를 영위하거나 계획하고 있는 기업이고, '창업 후 7년 이내 기업'(중소기업 법인, 개인사업자)

■ **상금 및 지원사항**

○ 비즈니스 컨설팅 : 제주관광 기반 비즈니스 고도화 컨설팅

 – 1차 심사 통과기업

○ 상금 : 우수스타트업 대상 총상금 1억원

 – 2차 최종 심사 선정기업 대상

 – 데모데이 심사결과에 따라 상금 수여

 – 5개사 내외 상금 수여 1위 최대 5,000만원

[그림 10-4] 2021 도전! J · 스타트업 참가자 모집 포스터

○ J-스타트업 지정 등 지원

　－ 2차 최종 심사 선정기업 대상

　－ 제주관광 J-스타트업 지정 및 협약

　－ 비즈니스 마케팅 바우처 사업 지원

　－ 온·오프라인 마케팅(SNS 홍보, 광고 등) 지원

　－ 제주관광공사 마케팅 연계 홍보 등

▪ **추진절차** : 1차 심사(서류검증, 서류 및 발표심사) → 비즈니스 빌드업(미션수행, 컨설팅, IR코칭 등) → 2차 최종심사 비즈니스 데모데이(발표심사, 우수기업 선정) → 협약체결(상금지급, 지정서 발급)

▪ **문의처** : 제주관광공사(064-740-6923, 6925)

5　2021 부산관광스타트업 공모전

▪ **신청기간** : 2021.2.24~3.30

▪ **주최/주관** : 부산광역시/부산관광공사

▪ **참가부문**

○ **예비 관광스타트업** : 부산에 관광 분야 신규 사업을 계획 중인 예비창업자

○ **초기 관광스타트업** : 부산 소재 관광분야 창업 3년 미만 사업자

○ **성장 관광스타트업** : 부산 소재 관광분야 창업 3년 이상 사업자

○ **지역상생 관광스타트업** : 부산에 신규 사업자 등록 예정인 타 지역 3년 이상의 사업자

○ **비상주 협력기업** : 센터에 입주 없이 운영 프로그램만 참여하기를 희망하는 기업

[그림 10-5] 2021 부산관광스타트업 공모전 포스터

■ **지원혜택**

○ 부산관광기업지원센터 내 사무공간 및 회의실, 강의실 등 무상제공

○ 관광스타트업의 창업과 육성을 위한 교육 및 컨설팅, 판로개척, 네트워킹, 투자유 치 등의 다양한 프로그램 지원

○ 예비 · 초기 관광스타트업 통합 평가 결과 상위 10개 기업 대상

  – 기업당 3,000만원 사업화 자금 지원

○ 지역상생 관광스타트업 평가 결과 상위 3개 기업 대상

  – 기업당 1,000만원 사업화 자금 지원

■ **추진절차** : 1차 서류 심사 → 2차 발표 심사 → 최종합격자 통지 → 합격자 오리엔테이 션 및 협약 체결

■ **문의처** : 부산관광공사(051-715-3274~5)

<table>
<tr><td>**6**</td><td>**광주 예술관광 스타트업 공모전**</td></tr>
</table>

■ **신청기간** : 2021.6.9~6.28

■ **주최/주관** : 광주광역시 / 광주관광재단

■ **신청대상** : 광주 예술관광 콘텐츠 분야에 창 의적인 아이디어를 보유하고 있는 예비창업 자 및 기업

■ **공모분야** : ICT기반형, 예술체험형, 마케팅형

■ **지원혜택**

○ 사업화자금 지원금(7개사, 총 1,050원)

○ 교육 및 컨설팅(창업교육, 컨설팅)

○ 사무공간 지원(총 5개사)

○ 홍보마케팅 및 판로 개척 지원

[그림 10-6] 2021 광주 예술관광 스타트업 공모전 포스터

- **추진절차** : 1차 서류 심사 → 2차 제안(PT)발표 심사 → 수상작 발표 → 협약 및 사업화 지원 → 중간평가 → 성과보고회
- **문의처** : 광주관광재단 예술관광사업단(062-611-3651)

7 2021 인천관광스타트업 공모

- **신청기간** : 2021.2.22~3.30
- **주최/주관** : 인천광역시/인천관광공사
- **모집대상** : 예비창업자 및 창업 7년 이하 개인 사업자 또는 중소기업 법인

  ○ **예비 관광스타트업** : 창업 이력이 없는 관광 분야 예비창업자 및 대학생

  ○ **지역혁신 관광스타트업** : 인천 소재 창업 7년 이하 개인사업자 또는 법인사업자

  ○ **지역상생 관광벤처** : 한국관광공사 관광벤처 인증기업(예비 제외)

- **선정규모** : 총 12개 내외
- **사업유형** : 체험콘텐츠형, 기술혁신형, 시설기반형, 기타형

[그림 10-7] 2021 인천관광스타트업 공모전 포스터

- **지원혜택**

  ○ **예비 관광스타트업(2개 내외)** : 사업화지원금 최대 2천만원, 지원센터 공유공간 입주지원, 관광아카데미 교육 제공, 컨설팅 및 네트워킹 제공

  ○ **지역혁신 관광스타트업(9개 내외)** : 사업화지원금 최대 3천만원, 지원센터 독립공간 공실 시 입주우선권 부여 및 공유공간 입주지원, 맞춤형 교육 및 컨설팅 제공, 관광기업 간 네트워킹 제공

  ○ **지역상생 관광벤처(1개 내외)** : 인천상품개발비 최대 3천만원, 지원센터 공유공간

입주지원, 맞춤형 교육 및 컨설팅 제공, 관광기업 간 네트워킹 제공

- **추진절차** : 1차 서류 심사 → 2차 발표 심사 → 최종선정 결과 발표
- **문의처** : 인천관광기업지원센터(032-724-9128)

---

8 경남 웰니스 관광 창업아이디어 경진대회

- **공모기간** : 2021.1.18~2.15
- **공모자격** : 경남 거주 도민 중 창의적인
  창업 아이디어를 가진 자
- **공모내용** : 경남의 자연·생태를 활용한
  웰니스 관광 창업 아이디어 기획, 제품
  및 서비스 개발 아이디어
- **주   관** : 경상남도 관광재단
- **시상내역** : 최우수 1팀 300만원 / 우수 1
  팀 200만원 / 장려 3팀 각 50만원
- **심사기준**
  - **1차 서면심사** : 아이디어 경쟁력, 실현
    가능성, 경남웰니스 관광 이해도, 역량
  - **2차 발표심사** : 1차 서류심사 합격자 대
    상 발표 10분 및 질의응답 5분

[그림 10-8] 경남 웰니스 관광 창업아이디어 경진
대회 포스터

- **수상특전** : 우수 아이디어 5팀 상장 및 시상금 지급, 수상 아이디어에 대해 사업화가
  가능하도록 전문가 창업 멘토링 지원
- **추진절차** : 1차 서면 심사(수상작 2배수 선발) → 2차 발표 심사 → 수상자 선정 →
  멘토링 운영
- **문의처** : 경상남도관광재단 마케팅팀(065-212-6848)

9 | 2021 경북스타관광벤처 육성공모전

■ **공모기간** : 2021.7.15~7.25

■ **공모분야** : 경상북도 관광상품을 보유한 주민사업체와의 협업을 통해 기업에서 보유한 e-커머스 혹은 사이트를 활용하여 판매 활성화할 수 있는 아이디어

■ **참가자격** : 관광관련하여 e-커머스 또는 O2O사이트를 운영 중인 대한민국 중소기업

　예) 인트라바운드 여행사(패키지 여행상품), OTA(주로 숙박 관련), 벤더사(네이버제휴사, 오픈마켓, 소셜커머스 상품 공급처), 체험/액티비티 판매채널, SNS 커머스, O2O 플랫폼 등

[그림 10-9] 2021 경북스타관광벤처 육성공모전 포스터

■ **응모자격**

○ 접수 마감일까지 다음 중 하나의 요건을 갖출 것

　– 관광진흥법상 7대 업종 및 관광지원서비스업

　– 「중소기업기본법」에 따른 중소기업

　– 「사회적기업 육성법」에 따른 사회적기업

　– 한국관광공사 예비 관광벤처 및 관광벤처, 예비사회적기업

　– 「협동조합기본법」에 따른 협동조합

○ 중소기업기본법 제2조에 따른 중소기업으로 사업등록증상 적법한 업태 및 업종으로 관광 관련하여 창의적으로 지속 가능한 사업을 영위하고 있는 법인 사업자 중 다음 각 호에 모두 해당하는 자

　– 공모전 접수 시작일 기준으로 사업계획서에 적시된 해당 관광관련 상품 및 서비스가 시장에 출시, 운영되고 있는 사업자

- 전년도 결산서의 매출액 기준 1천만원 이상이거나 엔젤 및 기관 투자유치금액이 5천만원 이상인 법인사업자

■ 주　　관 : 경상북도콘텐츠진흥원

■ 지원혜택 : 8개 기업 선발 지원금 사업자당 3,500만원

■ 심사기준 : 서면심사, 발표심사

■ 우대사항

 ○ 39세 이하의 청년창업자(1981.07.15 이후 출생자)

 ○ 개인사업자와 법인사업자는 공고일 기준(2021.07.15) 사업자등록증상의 소재지가 경상북도 지역에 해당하는 자

■ 추진절차 : 1차 서면 심사(수상작 2배수 선발) → 2차 발표 심사 → 수상자 선정 → 멘토링 운영

■ 접수처 : 2021 경북스타관광벤처 육성 공모전 홈페이지 (http://gbtourventure.or.kr)

10　강원도 관광콘텐츠 스타트업 공모전

■ 공모기간 : 2021.3.29~4.16

■ 주　　관 : 강원도청 / 강원대학교 강원창업보육센터

■ 공모분야

 ○ ICT 기반 프로그램 개발

 - 강원도 관광 편의 증진 및 애로사항 해소를 위한 ICT 기반 서비스

 - 관광객의 흥미를 유발할 수 있는 프로그램

  예) 실감 및 체감형 콘텐츠 등

 ○ 체험형 상품 개발

 - 강원도 문화, 관광, 자연 등 고유 자원을 활용한 차별화된 강원도 맞춤형 관광 체험 상품 개발

예) 한류, e스포츠, 무장애관광, MICE 등

※ 공모주제 예시

- 공공기관의 정보를 활용한 아이템
- 관광인프라를 활용한 아이템
- 4차산업을 이용한 아이템
- 야간관광 상품 주제의 아이템
- 자유주제

■ 참가자격

○ 사업장 소재지가 강원도인 기업 또는 강원도에 창업예정인 예비창업자

○ 관광콘텐츠 관련 예비창업자 및 창업 7년 미만 기업

○ 강원도 관광콘텐츠 분야 창의적인 아이디어를 보유하고 있는 자

○ 예비창업자 : 사업종료일 1개월 이전에 중소기업창업 지원법상 등의 창업이 가능한 자

[그림 10-10] 강원도 관광콘텐츠 스타트업 공모전 포스터

○ 기창업기업 대표자 : 창업일로부터 7년이 경과하지 않은 자

■ 선정규모 : 사업화지원 5팀

○ 최우수상 : 1개팀(사업화 지원비 2천5백만원)

○ 우수상 : 2개팀(사업화 지원비 2천만원)

○ 장려상 : 2개팀(사업화 지원비 1천2백5십만원)

■ 지원내용

○ 사업화지원(바우처 활용)

- 시제품제작 및 프로그램 개발지원
- 지식재산권 취득 지원
- 마케팅 비용 지원 등

❍ 기업별 집중 멘토링

   – 선정기업과 멘토 간 1:1매칭을 통한 지원

◻ **진행방법** : 공모전 발표심사를 통한 사업화지원팀 발굴 및 사업화자금 지원

◻ **추진절차** : 서면 검토 → 교육 및 컨설팅 → 공모전 발표심사 → 협약 및 사업화지원

      → 중간평가 → MVP콘테스트(사업화지원 완료 후)

◻ **공모전 개최**

❍ 공모전 수상기업(5팀) 사업화지원금 지급(총 90백만원)

❍ 발표심사 심사기준

심사배점	평가기준
참가팀 역량(20)	창업동기, 창업역량, 경험, 사업의지, 사업화계획 및 비즈니스 모델의 구체성
사업성(30)	기술성, 시장성, 수익성, 성장가능성, 마케팅 전략 등
아이템 가치(30)	기술의 독창적 구성, 기술의 난이도, 실현가능성
기대효과(10)	강원도 관광산업 발전 기대효과, 일자리 창출 및 소득창출 효과 등
창업사업화 추진계획(10)	세부 항목별 사업비 집행계획의 타당성

◻ **MVP콘테스트(12월)**

❍ 콘텐츠 공모전 수상기업 중 사업화 완료된 제품에 관한 MVP 선발

❍ 차년도 후속지원 가점 부여

◻ **접수처 :** 강원대학교 강원창업보육센터

11　2021 울주관광 청년벤처 육성사업

◻ **신청기간** : 2021.3.12~3.31

◻ **지원대상** : 울산광역시 소재 또는 울주군 소재*의 만 39세 미만 청년

  * 울산광역시 울주군 관광과 관련된 분야 예비창업자~업력 7년 미만 창업기업

  * 울주군 소재의 군민 또는 사업장의 경우 가산점 부여

  * 2021년 울주군에서 시행하는 유사 청년창업 지원 프로그램과 중복 수혜 불가능

◻ 지원규모 및 지원내용

○ 총 100백만원, 10개 기업 내외

– 사업의 구체화(사업화 모델개발 등), 권리화(특허출원 등), 실증화(시제품 제작, 기술도입 등)에 소요되는 사업화 자금을 선발 기업당 최대 10백만원 지원

○ 아이디어(과제)당 최대 10백만원 지원

◻ **주　　관** : 울산창조경제혁신센터

◻ **평가절차** : 서면 및 대면 평가 실시

◻ **문 의 처** : 울산창조경제혁신센터 창업본부 창업기반팀

[그림 10-11] 2021 울주관광 청년벤처 육성사업
포스터

12 2021 전라북도 관광벤처기업 육성사업

◻ **신청기간** : 2021.4.7.~5.3

◻ **주　　관** : 강중소벤처기업부, 전라북도청, 전북창조경제혁신센터

◻ **모집대상** : 도내 예비창업자 및 3년 이내 창업자

◻ **모집규모** : 3명(팀) 내외

◻ **지원분야** : 체험기반형, 시설기반형, IT기반형 등 관광벤처 분야

○ 생태관광, 농촌관광, 공정관광, 무장애관광 관련 아이템 우대

◻ **지원내용**

○ 사업화자금

– 시제품제작비(재료비, 외주용역비), 홍보비, 지재권취득비 등

○ 전문 창업교육 및 컨설팅

○ 센터 관리기업 혜택 부여

■ **신청방법** : 전북창조경제혁신센터 온라인
신청 플랫폼 이용

■ **신청문의** : 전북창조경제혁신센터 혁신창
업본부(063-220-8936)

[그림 10-12] 2021 전라북도 관광벤처기업 육성사업
포스터

관 광 벤 처 창 업 론

정부
벤처 · 창업
지원사업

CHAPTER
11

정부 벤처 · 창업 지원사업

중소벤처기업부의 보도자료 발표(2022.01.04)에 의하면, 2022년도 대한민국 정부의 창업지원사업은 14개 중앙부처, 17개 광역지자체, 63개 기초지자체의 총 378개 사업, 3조 6,668억원 규모의 창업지원사업을 추진한다고 발표했으며, 상세 내용은 〈표 11-1〉과 같다.

〈표 11-1〉 연도별 창업지원사업 현황   (단위 : 개, 억원)

구분		'16년	'17년	'18년	'19년	'20년	'21년	'22년	'21 기준*
지원기관		6	7	7	14	16	31	94	31
	중앙부처	6	7	7	14	16	14	14	14
	광역지자체	–	–	–	–	–	17	17	17
	기초지자체	–	–	–	–	–	–	63	–
대상사업		65	62	60	69	90	193	378	247
	중앙부처	65	62	60	69	90	89	100	97
	광역지자체	–	–	–	–	–	104	152	150
	기초지자체	–	–	–	–	–	–	126	
지원예산		5,764	6,158	7,796	11,181	14,517	14,623	36,668	16,243
	중앙부처	5,764	6,158	7,796	11,181	14,517	13,812	35,578	15,398
	광역지자체	–	–	–	–	–	811	885	845
	기초지자체	–	–	–	–	–	–	205	–

주 : * '21 기준 : 기초지자체와 융자사업 제외
출처 : 중소벤처기업부 보도자료(2022.01.04)

중앙부처는 15개 부처에서 100개 사업에 3조 5,578억원을 지원하는데, 이 중 중소벤처기업부가 45개 사업, 3조 3,131억원(93.1%)으로 가장 높은 비중을 차지했으며, 다음으로 문화체육관광부 14개 사업, 626.8억원(1.8%), 과학기술정보통신부 9개 사업, 533.7억원(1.5%) 순이다.

한편, 광역지자체는 17개 시도에서 152개 사업, 885억원을 지원하며 경기도가 21개 사업, 155억원(17.5%)으로 지자체 중 가장 높은 예산 비중을 나타냈으며, 서울시 9개 사업, 110억원(12.4%), 전남도 6개 사업, 89억원(10.2%) 순으로 나타났다.

〈표 11-2〉 2022년 중앙부처 및 광역지자체 창업지원사업 현황　　　　　　　(단위 : 개, 억원, %)

구분	중앙부처					지자체(광역, 기초 합산)				
	기관	사업 수	비율	예산	비율	기관	사업 수	비율	예산	비율
기관별	중기부	45	11.9	33,131.2	90.4	경기도	49	13.0	204.1	0.6
	문체부	14	3.7	626.8	1.7	서울시	34	9.0	142.3	0.4
	과기부	9	2.4	533.7	1.5	전남도	13	3.4	108.3	0.3
	고용부	1	0.3	318.8	0.9	대전시	11	2.9	83.2	0.2
	농림부	8	2.1	202.1	0.6	제주도	23	6.1	64.1	0.2
	산림청	2	0.5	182.0	0.5	울산시	12	3.2	55.9	0.2
	환경부	3	0.8	159.8	0.4	경북도	15	4.0	54.7	0.1
	특허청	4	1.1	153.2	0.4	인천시	17	4.5	54.0	0.1
	해수부	4	1.1	120.9	0.3	부산시	16	4.2	51.9	0.1
	교육부	2	0.5	58.9	0.2	대구시	12	3.2	51.7	0.1
	복지부	3	0.8	45.7	0.1	광주시	6	1.6	51.2	0.1
	농진청	1	0.3	36.0	0.1	충북도	11	2.9	48.6	0.1
	법무부	1	0.3	8.4	0.0	강원도	13	3.4	38.4	0.1
	국토부	3	0.8	0.8	0.0	경남도	22	5.8	29.6	0.1
						전북도	8	2.1	25.6	0.1
						충남도	8	2.1	18.7	0.1
						세종시	8	2.1	7.8	0.0
소계	14	100	26.5	35,578	97.0	광역 : 17 기초 : 63	278	73.5	1,090	3.0
94개 기관, 378개 사업, 3조 6,668억원										

출처 : 중소벤처기업부 보도자료(2022.01.04)

기초지자체는 63곳에서 126개 사업, 205억원을 지원하며, 전북 익산시에서 17.9억원, 울산 울주군에서 12.0억원, 경기 안산시에서 11억원 순으로 지원한 것으로 나타났다.

〈표 11-3〉 2022년 기초지자체 창업지원사업 현황 (단위 : 개, 억원, %)

구분		사업 수	비율	예산	비율	구분		사업 수	비율	예산	비율
경기도	안산시	1	0.8	11.0	5.4	경남도	창원시	4	3.2	9.9	4.8
	화성시	3	2.4	9.0	4.4		김해시	3	2.4	3.2	1.6
	시흥시	9	7.1	7.1	3.5		진주시	3	2.4	1.7	0.8
	고양시	2	1.6	6.0	2.9		통영시	1	0.8	0.7	0.3
	김포시	3	2.4	4.4	2.1		양산시	2	1.6	0.3	0.1
	성남시	2	1.6	4.0	1.9		소계	13	10.3	15.8	7.7
	의왕시	1	0.8	2.9	1.4	강원도	춘천시	2	1.6	7.4	3.6
	군포시	2	1.6	1.8	0.9		평창군	3	2.4	3.5	1.7
	안성시	2	1.6	1.2	0.6		철원군	1	0.8	1.9	0.9
	양주시	2	1.6	1.2	0.6		홍천군	1	0.8	1.7	0.8
	부천시	1	0.8	0.3	0.1		속초시	1	0.8	0.8	0.4
	소계	28	22.2	48.9	23.8		소계	8	6.3	15.3	7.4
서울시	서초구	3	2.4	6.4	3.1	울산시	울주군	2	1.6	12.0	5.8
	관악구	1	0.8	5.0	2.4		북구	1	0.8	1.5	0.7
	광진구	1	0.8	4.9	2.4		남구	2	1.6	1.4	0.7
	양천구	4	3.2	3.5	1.7		소계	5	4.0	14.9	7.3
	송파구	3	2.4	2.5	1.2	경북도	안동시	6	4.8	8.3	4.0
	종로구	1	0.8	1.9	0.9		영양군	1	0.8	2.0	1.0
	용산구	2	1.6	1.6	0.8		김천시	1	0.8	1.2	0.6
	성북구	2	1.6	1.3	0.6		고령군	1	0.8	0.2	0.1
	마포구	1	0.8	1.2	0.6		소계	9	7.1	11.7	5.7
	동작구	2	1.6	1.2	0.6	제주도	서귀포시	4	3.2	6.5	3.2
	영등포구	1	0.8	1.1	0.5		제주시	1	0.8	2.5	1.2
	구로구	1	0.8	0.9	0.4		소계	5	4.0	9.0	4.4
	도봉구	1	0.8	0.4	0.2	인천시	남동구	2	1.6	4.2	2.0
	서대문구	1	0.8	0.3	0.1		강화군	2	1.6	2.8	1.4
	강북구	1	0.8	0.03	0.0		소계	4	3.2	7.0	3.4
	소계	25	19.8	32.2	15.7	부산시	남구	2	1.6	2.0	1.0
전북도	익산시	4	3.2	17.9	8.7		진구	6	4.8	1.7	0.8
	장수군	2	1.6	0.7	0.3		사하구	1	0.8	1.6	0.8

	소계	6	4.8	18.6	9.1
	영암군	1	0.8	6.3	3.1
	무안군	1	0.8	3.9	1.9
전남도	목포시	2	1.6	3.9	1.9
	순천시	2	1.6	3.7	1.8
	영광군	1	0.8	0.7	0.3
	소계	7	5.6	18.5	9.0
합계		126	100.0	205	100.0

	사상구	1	0.8	1.0	0.5
	수영구	1	0.8	0.1	0.0
	강서구	1	0.8	0.1	0.0
	소계	12	9.5	6.5	3.2
대전시	서구	1	0.8	1.0	0.5
	소계	1	0.8	1.0	0.5
	태안군	2	1.6	4.2	2.0
충남도	서천군	1	0.8	1.8	0.9
	소계	3	2.4	6.0	2.9

출처 : 중소벤처기업부 보도자료(2022.01.04)

사업유형별 규모를 보면, 융자 지원사업(2조 220억원, 55.1%), 사업화(9,132억원, 24.9%), 기술개발(4,639억원, 12.6%), 시설·보육(1,549억원, 4.2%), 창업교육(569억원, 1.6%), 멘토링(272억원, 0.7%), 행사(288억원, 0.8%) 순으로 나타났다.

〈표 11-4〉 2022년 사업유형별 창업지원 현황 (단위 : 개, 억원, %)

구분	사업화	기술개발	시설·보육	창업교육	멘토링	행사	융자	합계
예산	9,132	4,639	1,549	569	272	288	20,220	36,668
(비율)	24.9	12.6	4.2	1.6	0.7	0.8	55.1	100.0
사업 수	172	6	96	30	32	37	5	378
(비율)	45.5	1.6	25.4	7.9	8.5	9.8	1.3	100.0

자료 : 중소벤처기업부 보도자료(2022.01.04)

중소벤처기업부가 발표한 자료(2022 창업지원사업)에 근거하여 정부 중앙부처의 주요 벤처·창업 지원사업(사업화, R&D, 시설·공간·보육, 창업교육, 멘토링·컨설팅, 행사·네트워크, 융자)을 소개하면 다음과 같다.

1 창업 지원사업(사업화)

글로벌기업 협업 프로그램

정부는 사업화에 소요되는 자금지원을 통해 창업기업의 성장동력을 제공하고, 글로벌 기업은 기술코칭, 유통·판로지원 등 특화서비스를 통해 해외진출 촉진

- **지원규모** : 200개사 내외, 예산 300.1억원
- **지원대상** : 업력 7년 이내 창업기업
- **지원내용** : 사업화 자금, 교육, 컨설팅, 홍보·마케팅, 판로개척, 투자연계 등
- **신청방법** : K-Startup 홈페이지(www.k-startup.go.kr)
- **제출서류** : 사업계획서
- **문 의 처** : 중소벤처기업부 기술창업과, 창업진흥원 혁신창업실

글로벌 스타트업 육성

글로벌 진출을 희망하는 창업기업의 글로벌 진출 가능성을 타진하고 글로벌 기업으로서 경쟁력 함양 유도

- **지원규모** : 140개사 내외(해외시장검증 120개 내외, 해외실증지원 20개 내외), 예산 99.05억원
- **지원대상** : 글로벌 진출을 희망하는 7년 이내 창업기업
- **지원내용** : 해외시장검증 프로그램, 글로벌 대기업과의 실증 테스트베드 지원 등
  - 해외시장검증 : 해외 진출을 시작하는 초기 단계의 창업기업에게 시장조사, 전문가 멘토링, 1:1 비즈니스 매칭 등 밀착지원
  - 해외실증지원 : 글로벌 대기업과의 기술·사업 모델 검증(PoC) 기회를 제공하여,

창업기업의 창업아이템 현지화 및 글로벌 스케일업 지원

■ **신청방법** : K-Startup 홈페이지(www.k-startup.go.kr)

■ **제출서류** : 사업신청서, 계획서 등

■ **문 의 처** : 중소벤처기업부 기술창업과, 창업진흥원 글로벌창업실

글로벌 창업사관학교

우수한 사업화 아이디어를 보유한 D.N.A(Data, Network, AI) 분야 (예비)창업자 대상 글로벌 수준의 기술교육 · 보육을 제공하여 글로벌 혁신기술 스타트업으로 육성

■ **지원규모** : 60팀, 예산 108.6억원

■ **지원대상** : 업력 3년 이하 D.N.A. 분야 (예비)창업팀

■ **지원내용**

① D.N.A 특화교육(글로벌 대기업, 국내외 전문가, 실전 프로젝트)

② 창업성공사업화지원

③ 글로벌 프로그램(글로벌창업기획자 보육 등) 패키지 지원

④ 창업팀 BM 수립 등 사업화 자금(최대 0.5억원) 및 창업 공간 제공

■ **신청방법** : K-Startup 홈페이지(www.k-startup.go.kr)

■ **제출서류** : 사업신청서, 기타 증빙자료

■ **문 의 처** : 중소벤처기업부 기술창업과, 중소벤처기업진흥공단

비대면 스타트업 육성

비대면 분야 유망한 (예비)창업기업을 발굴하여 창업사업화 지원을 통해 글로벌 디지털 경제를 선도할 혁신적 기업 육성

❏ **지원규모** : 300개사 내외, 예산 450.2억원

❏ **지원대상** : 비대면 분야 예비창업자 및 7년 이내 창업기업

❏ **지원내용**

(사업화 자금) 시제품 제작, 마케팅 등에 소요되는 사업화 자금 지원(최대 1.5억원)

(특화프로그램) 분야별 전문 주관기관을 활용한 (예비)창업기업 맞춤형 지원(인증, 기술평가 등) 및 소관부처별 정책 연계 지원

❏ **신청방법** : K-Startup 홈페이지(www.k-startup.go.kr)

❏ **제출서류** : 사업계획서, 발표자료, 사업자등록증 등

❏ **문 의 처** : 중소벤처기업부 기술창업과, 창업진흥원 비대면창업실

사회적기업가 육성사업

사회적경제 분야의 대표적인 창업지원사업으로 사회적 문제를 혁신적인 방법으로 해결하는 사회적기업가 육성을 위해 창업자금, 공간, 멘토링 등 창업의 전 과정을 지원

❏ **지원규모** : 862팀, 예산 318.8억원

❏ **지원대상** : 창업희망자, 미창업팀 및 창업 2년 이내 사업자

❏ **지원내용** : 창업공간, 창업자금(7백만원~5천만원 범위 내에서 차등지급), 담임멘토링 및 전문멘토링(경영분야 또는 선배 기업가 등 전문가 심화 멘토링), 교육, 자원연계, 사후관리 및 후속지원 등 지원

❏ **신청방법** : 자체 홈페이지(www.seis.or.kr)

❏ **제출서류** : 참여신청서, 참여개요, 사업화 계획서, 기타 증빙자료

❏ **문 의 처** : 고용노동부 사회적기업과, 한국사회적기업진흥원 창업지원팀

아기유니콘200 육성사업

혁신적 사업모델과 성장성을 검증받은 유망 창업기업을 발굴, 글로벌 경쟁력을 갖춘 예비 유니콘기업(기업가치 1천억 이상)으로 육성

- **지원규모** : 100개사, 예산 300억원
- **지원대상** : 투자실적(20억 이상 100억 미만)이 있는 업력 7년 이내 기업
- **지원내용** : ① 시장개척자금, ② 후속지원, ③ 연계지원 등
- **신청방법** : K-Startup 홈페이지(www.k-startup.go.kr) 및 K유니콘 홈페이지 (k-unicorn.or.kr)를 통한 온라인 신청·접수
- **제출서류** : 사업신청서, 기타 증빙서류 등
- **문 의 처** : 중소벤처기업부 벤처혁신정책과, 창업진흥원 민관협력창업실

예비창업패키지

혁신적인 기술을 갖춘 예비창업자에게 사업화 자금과 창업교육 및 멘토링 등을 지원하는 예비창업단계 전용 프로그램

- **지원규모** : 1,500명 내외, 예산 982.8억원
- **지원대상** : 예비창업자
- **지원내용** : 창업 사업화에 소요되는 자금, 창업교육 및 멘토링 등
- **신청방법** : K-Startup 홈페이지(www.k-startup.go.kr)
- **제출서류** : 사업신청서, 가점 증빙서류 등
- **문 의 처** : 중소벤처기업부 기술창업과, 창업진흥원 예비창업실

재도전 성공패키지

성실 실패 (예비)재창업자에게 사업화 자금 및 교육, 멘토링 등을 패키지식으로 지원하여, 사회적 자산의 사장 방지 및 재창업 성공률 제고

- **지원규모** : 270명 내외, 예산 168.34억원
- **지원대상** : 예비 또는 재창업 7년 이내 기업의 대표
- **지원내용** : 사업화 자금, 교육 및 멘토링 등 패키지식 지원
- **신청방법** : K-Startup 홈페이지(www.k-startup.go.kr)
- **제출서류** : 사업계획서, 폐업사실증명원 등
- **문 의 처** : 중소벤처기업부 재도약정책과, 창업진흥원 재도전창업실

지역기반 로컬크리에이터 활성화

지역의 자연환경·문화적 자산을 소재로 창의성과 혁신을 통해 사업적 가치를 창출하는 로컬크리에이터를 발굴·육성

- **지원규모** : 200개팀, 예산 69억원
- **지원대상** : 예비 창업자 또는 업력 7년 이내의 로컬크리에이터
- **지원내용** : 로컬크리에이터의 비즈니스 모델(BM) 구체화, 멘토링, 브랜딩, 마케팅 등 성장단계별 맞춤형 프로그램 제공
- **신청방법** : K-Startup 홈페이지(www.k-startup.go.kr)
- **제출서류** : 신청서, 사업계획서 등
- **문 의 처** : 중소벤처기업부 창업생태계조성과, 창업진흥원 지역창업실

> **창업기업지원서비스 바우처사업**
>
> 창업 3년 이내의 청년 창업자에게 세무회계, 기술임치 등 서비스 바우처를 지원하여 사업 초기 안정적인 경영활동을 지원

- **지원규모** : 11,200개사 내외, 예산 121.3억원
- **지원대상** : 만 39세 이하 청년으로 창업 후 3년 이내 중소기업
- **지원내용** : 세무회계(기장대행수수료, 결산 및 조정 수수료, 회계프로그램 구입비 등) 및 기술보호(기술임치 및 갱신 수수료 등) 지원
- **신청방법** : K-Startup 홈페이지(www.k-startup.go.kr)
- **제출서류** : 사업자등록증(사업자등록증명원), 법인등기부등본(법인 신청 시에 한함)
- **문 의 처** : 중소벤처기업부 청년정책과, 창업진흥원 창업인프라조정실

> **창업도약패키지**
>
> 업력 3년 이상 7년 이내 창업기업 대상 사업모델 및 제품·서비스 고도화에 필요한 사업화 자금과 주관기관의 특화 프로그램을 지원하여 스케일업 촉진

- **지원규모** : 600개사 내외, 예산 900.4억원
- **지원대상** : 창업 3~7년 이내인 자(기업)
- **지원내용**

  (사업화 자금) 사업모델 및 제품·서비스 고도화에 필요한 사업화 자금(최대 3억원), 특화 프로그램(BM 고도화, 협업, 인프라 등) 지원

  (대기업 협업 프로그램) 사업화 자금(최대 3억원)과 대기업의 맞춤형 프로그램(교육·컨설팅, 인프라, 판로, 투자유치, 공동사업 등) 지원

- **신청방법** : K-Startup 홈페이지(www.k-startup.go.kr)
- **제출서류** : 사업계획서, 사업자등록증 등 증빙서류

문 의 처 : 중소벤처기업부 기술창업과, 창업진흥원 창업도약실

청년창업사관학교

유망 창업 아이템 및 혁신기술을 보유한 우수 창업자를 발굴하여 창업 사업화 등 창업 全단계를 패키지 방식으로 일괄지원하여 성공창업기업 육성

- **지원규모** : 915명, 예산 844.5억원
- **지원대상** : 만 39세 이하, 창업 3년 이내 기업
- **지원내용** : 창업 공간, 교육 및 코칭, 기술지원, 사업비지원, 정책사업 연계 등 종합 연계지원 방식으로 청년의 창업사업화 One-Stop 패키지 지원시스템 운영
- **신청방법** : K-Startup 홈페이지(www.k-startup.go.kr)
- **제출서류** : 사업신청서, 기타 증빙서류 등
- **문 의 처** : 중소벤처기업부 청년정책과, 중소벤처기업진흥공단 창업지원처

초기창업패키지

창업지원역량을 보유한 주관기관을 통해 업력 3년 이내 창업기업 대상 아이템 사업화를 위한 자금 및 창업기업 수요 기반의 맞춤형 프로그램을 제공하여 초기창업기업의 성장 지원

- **지원규모** : 910개사 내외, 예산 925.4억원
- **지원대상** : 업력 3년 이내 창업기업
- **지원내용**

 (사업화 자금) 시제품 제작, 지재권 취득, 마케팅 등에 소요되는 사업화 자금지원(최대 1억원)

(특화프로그램) 주관기관별 특화 분야를 고려하여 아이템 검증, 투자유치 등 창업기
업 맞춤형 프로그램 지원(주관기관별 상이)

- **신청방법** : K-Startup 홈페이지(www.k-startup.go.kr)
- **제출서류** : 사업신청서, 발표자료, 사업자등록증 등
- **문 의 처** : 중소벤처기업부 기술창업과, 창업진흥원 초기창업실

혁신분야 창업패키지(BIG3) 및 멘토링 지원 사업

미래 신성장동력인 BIG3 분야의 창업·벤처기업에 대한 기술고도화 및 사업화,
멘토링 지원 등을 통해 글로벌 시장을 선도하는 핵심 BIG3 기업 육성

- **지원규모** : 350개사[기존 250개사('20~'22년)+신규 100개사('22년~'24년 예정)] 예산
  총 606.5억원(BIG3 560.2억원, 멘토링 46.3억원)
- **지원대상** : BIG3(시스템반도체, 바이오·헬스, 미래차) 분야 업력 7년 이내 기업
- **지원내용** : 사업화 자금 및 멘토링, 기술개발·정책자금·기술보증 등 연계 지원
- **신청방법** : K-Startup 홈페이지(www.k-startup.go.kr)
- **제출서류** : 사업계획서, 대응자금 투입계획서 등
- **문 의 처** : 중소벤처기업부 창업촉진과, 창업진흥원 혁신창업실

K-스타트업 센터 사업

세계적인 혁신허브인 미국, 프랑스, 인도 등 7개국에 진출할 국내 스타트업 대상
현지 엑셀러레이팅 프로그램, 입주공간 및 특화멘토링 제공

- **지원규모** : 센터별 약 10개사(공유오피스 입주), 120개사(프로그램 참여기업)
- **지원대상** : 해외진출을 희망하는 국내 스타트업(창업 7년 이내)

◢ **지원내용** : 해외 엑셀러레이팅 프로그램, 멘토링(법인설립, 투자유치, 현지협업체계
　　　　　　 구축 등) 및 입주공간 제공

- 단기 프로그램 : 현지 산업관계자 미팅 및 시장조사를 통한 태핑(Tapping) 기회
　　　　　　　 제공

- 정규 프로그램 : 8주간 현지에서 비즈니스 매칭, 현지진출전략 멘토링, 글로벌 대기
　　　　　　　 업과의 밋업 등으로 구성된 현지 프로그램 참가 및 해외진출자금 지원

◢ **신청방법** : 프로그램 신청(K-Startup 홈페이지), 입주신청(kosmes.or.kr)

◢ **제출서류** : 국·영문 사업신청서, IR자료 등 현지 액셀러레이터별 상이함

◢ **문 의 처** : 중소벤처기업부 기술창업과, 창업진흥원 글로벌창업실

---

2 창업 지원사업(R&D)

메이커 스페이스 구축사업

시제품 제작, 양산 등 전문 메이커 활동을 통한 제조창업 촉진과 혁신적인 아이디
어를 구현하는 메이커 스페이스를 전국적으로 조성

◢ **지원규모** : 기존 213개소 및 신규 20개소 내외, 예산 437.3억원

◢ **지원대상** : 제조 창업 지원과 메이커 문화 확산을 위한 메이커 스페이스를 구축·운
　　　　　　 영할 수 있는 의지와 역량을 갖춘 법인

◢ **지원내용** : 시설 구축, 장비 구입 및 프로그램 운영 등 메이커 스페이스 구축·운영에
　　　　　　 필요한 경비 지원

◢ **신청방법** : K-Startup 홈페이지(www.k-startup.go.kr)

◢ **제출서류** : 참여신청서, 사업계획서 등

◢ **문 의 처** : 중소벤처기업부 창업생태계조성과, 창업진흥원 지역창업실

> **민관협력기반 ICT스타트업 육성사업**
>
> 정부와 민간이 ICT 기술창업 기업을 공동으로 발굴하고, 고성장 기업으로 도약할
> 수 있도록 민·관이 협력하여 성장 전 주기를 지원

- **지원규모** : 과제당 최대 5억원(2년 6개월) * '22년 신규 10개(10억원), 계속 35개(70억)
  예산 80억원(신규 10억원)
- **지원대상** : 민간 창업 프로그램 내 국내 창업 5년 이내 ICT 중소기업(법인)
- **지원내용** : R&D 지원(정부) + 창업 프로그램* 지원(민간)
  * 기술·사업화 멘토링, 판로개척, 투자연계, 창업공간, 테스트베드 등 지원
- **신청방법** : 정보통신기획평가원(IITP) 사업관리시스템(EZone)
- **제출서류** : 연구개발계획서, 사업자등록증 등 기타서류
- **문 의 처** : 과학기술정보통신부 정보통신산업기반과, 정보통신기획평가원 기업지
  원팀

> **창업성장기술개발**
>
> 성장 잠재력을 보유한 창업기업의 기술개발 지원을 통해 기술창업 활성화 및 창업
> 기업의 성장 촉진

- **지원규모** : 1,968여 개사(신규), 예산 4,436억원(신규 2,081억원, 계속 2,355억원)
- **지원대상** : 업력 7년 이하이며 매출액 20억 미만의 창업기업
- **지원내용**
  ① 디딤돌 : R&D 첫 수행, 재창업, 소셜벤처, 사회문제 해결R&D 등 창업저변 확대形
    단기 기술개발 지원
  ② 전략형 : 디지털, BIG3, 백신 원부자재, 소재·부품·장비, 친환경·친재생 에너
    지 분야 등 유망기술 분야 창업기업의 기술개발 지원

③ TIPS : 액셀러레이터 등 TIPS 운영사(기관)가 발굴·투자한 기술창업팀에게 보육·멘토링과 함께 기술개발 지원

◩ **신청방법** : SMTECH 홈페이지(www.smtech.go.kr)

◩ **제출서류** : 사업신청서, 사업계획서, 사업자등록증, 재무제표, 기타 근거서류 등

◩ **문 의 처** : 중소벤처기업부 기술개발과, 중소기업기술정보진흥원 창업성장사업실

ICT 미래시장 최적화 협업기술 개발사업

ICT혁신기업이 신시장 창출 동력 확보를 위한 유기적 협업을 통해 고성장 기업으로 도약할 수 있도록 시장·수요예측 기반 단계별 기술개발을 지원하여 스타트업의 혁신성장 기술역량 강화

◩ **지원규모** : '22년도 10개 과제 지원(신규 2개, 계속 8개), 예산 54억원

◩ **지원대상** : ICT 스타트업(주관연구개발기관 창업 7년 이내)

◩ **지원내용** : 기술개발(R&D) 자금 지원(2+1년)

◩ **신청방법** : 정보통신기획평가원(IITP) 사업관리시스템(https://ezone.iitp.kr) 전산신청

◩ **제출서류** : 연구개발계획서, 사업자등록증 등

◩ **문 의 처** : 과학기술정보통신부 정보통신산업기반과, 정보통신기획평가원 기업지원팀

3 창업 지원사업(시설 · 공간 · 보육)

중장년 기술창업센터

숙련된 경험 · 네트워크를 보유한 중장년 (예비)창업자의 기술창업 활성화를 위한 창업저변 확대

- **지원규모** : 중장년 기술창업센터 33개 내외, 예산 46억원
- **지원대상** : 만 40세 이상 (예비)창업자
- **지원내용** : 숙련된 경험과 네트워크를 보유한 역량있는 중장년을 발굴하여 One-Stop(발굴-교육-공간지원-보육)형태의 창업지원 서비스 제공
- **신청방법** : 중장년 기술창업센터 직접 신청 및 K-Startup 홈페이지 (www.k-startup.go.kr)
- **제출서류** : 입주신청서, 사업계획서(활동계획서), 대표자 이력서 등 각 1부
- **문 의 처** : 중소벤처기업부 창업생태계조성과, 창업진흥원 창업인프라조성실

창업보육센터 지원사업

대학 · 연구소 등을 창업보육센터로 지정하여 초기 창업자에게 사업공간, 경영 · 기술 자문 등 창업기업에 성장기회를 제공

- **지원규모** : 전국 263개 창업보육센터 및 6,283개 창업기업, 예산 121.6억원
- **지원대상** : 창업보육센터 입주기업
- **지원내용** : 창업보육센터 운영 및 보육역량강화 지원 사업
- **신청방법** : K-Startup 홈페이지(www.k-startup.go.kr)
- **제출서류** : 입주신청서, 사업계획서 등

◨ **문 의 처** : 중소벤처기업부 창업생태계조성과, 한국창업보육협회

창업존 운영

유망(예비)창업기업을 발굴하여 입주공간 및 맞춤형 보육 프로그램 및 창업지원
인프라를 제공함으로써 창업기업의 성장을 집중 지원

◨ **지원규모** : 창업기업 110개사, 예산 616.4억원

◨ **지원대상** : 예비창업자 또는 7년 이내 창업기업

◨ **지원내용** : 보육공간 제공, 보육프로그램 운영, 인프라 시설지원 등

◨ **신청방법** : K-Startup 홈페이지(www.k-startup.go.kr)

◨ **제출서류** : 사업신청서, 사업계획서 등

◨ **문 의 처** : 중소벤처기업부 창업생태계조성과, 창업진흥원 창업인프라조성실

창조경제혁신센터

전국 17개 창조경제혁신센터를 지역별 창업 허브로 활용하여, 지역창업 및 특화산
업 활성화를 유도하고, 혁신성장과 일자리 창출을 도모

◨ **지원규모** : 전국 17개 창조경제혁신센터, 예산 363.6억원

◨ **지원대상** : 예비창업자 및 창업 후 7년 이내 기업

◨ **지원내용** : 보육공간 제공, 보육프로그램 운영, 인프라 시설지원 등

◨ **신청방법** : 전국 17개 창조경제혁신센터 직접 방문 또는 홈페이지
　　　　　　　 (ccei.creativekorea.or.kr)를 통한 온라인 신청·접수

◨ **제출서류** : 참여신청서, 운영계획서 등

◨ **문 의 처** : 중소벤처기업부 창업생태계조성과, 창업진흥원 지역창업실

1인 창조기업 활성화

1인 창조기업 창업을 촉진하고 성장기반을 조성하기 위해 사업공간(1인 창조기업 지원센터), 마케팅, 판로개척, 투자유치 등을 지원

- **지원규모** : (1인 창조기업 지원센터) 전국 총 48개, (사업화) 180개 내외
- **지원대상** : 「1인 창조기업 육성에 관한 법률」 제2조의 (예비) 1인 창조기업
- **지원내용**

  (지원센터) 입주공간, 전문가 자문, 교육, 멘토링, 네트워킹 등

  (사업화) 마케팅, 판로·투자 지원 등
- **신청방법** : K-Startup 홈페이지(www.k-startup.go.kr)
- **제출서류** : 사업계획서 및 신청서, 증빙서류 등
- **문 의 처** : 중소벤처기업부 창업촉진과, 창업진흥원 창업인프라조성실

4 창업 지원사업(창업 교육)

공공기술기반 시장연계 창업탐색 지원

이공계 대학원생 등 연구자 중심의 실험실창업탐색팀 대상 국내·외 실전창업탐색교육(I-Corps) 및 권역별 거점대학을 통한 창업보육·사업화 프로그램 제공

- **지원규모** : 125개 내외 창업탐색팀, 예산 122.8원
- **지원대상** : 대학(원)생, 박사후연구원 등으로 구성된 (예비)실험실 창업팀
- **지원내용** : 국내·외 잠재고객 인터뷰 중심 실전창업탐색교육 및 창업보육 등
- **신청방법** : 과학기술일자리진흥원 및 권역별 거점대학을 통한 오프라인 접수
- **제출서류** : 지원신청서, 사업계획서 등

□ 문 의 처 : 과학기술일자리진흥원 공공기술창업팀, 과학기술정보통신부 실험실창업 활성화팀

기업가정신기반 구축 및 확산

도전, 창조, 혁신의 기업가정신 생태계 구축, 다양한 기업가정신 인프라 구축 및 문화조성, 창업과 취업의 균형성장 및 고용시장의 유연성 확보

□ 지원규모 : 약 1,200명, 예산 12.2억원

□ 지원대상 : 교사, 교수, 예비창업자, 취업취약계층 등

□ 지원내용

[교육자(교사, 교수)] 기업가정신 교육전문가 양성, 교육 우수사례 경진대회 등

(취창업취약계칭 및 가족단위) 여성 및 제대군인을 위한 기업가정신 교육, 기업가정신 가족캠프 등

(기업인 및 일반국민) 기업가정신 주간행사(GEW), 기업가정신 콘텐츠 공모전 등

□ 신청방법 : 한국청년기업가정신재단(www.koef.or.kr)에서 온라인 접수

□ 제출서류 : 프로그램별 상이

□ 문 의 처 : 중소벤처기업부 창업정책총괄과, 한국청년기업가정신재단

스타트업 AI 기술인력 양성

디지털 전환 가속화에 따른 인공지능 기술인력 수요급증에 따라 청년 구직자 전용 집중 교육을 제공하고 인공지능 실무 기술 인력을 양성하여 청년인재와 혁신 벤처·스타트업 연계

□ 지원규모 : 200명, 예산 27억원

☑ **지원대상** : 만 39세 이하의 청년(학력·전공 무관)

☑ **지원내용**

　(교육과정) 인공지능 기술이 많이 접목되는 4대 분야(게임, 금융, 유통, 바이오)에 대
　　　　　 한 인공지능 실무인재 양성 교육과정 지원

　* 교육기간 10개월, 하루 8시간(주 5일) 운영

　(채용연계) 인공지능 개발자를 채용할 의사가 있는 스타트업 POOL을 구축하여, 교
　　　　　 육생과 스타트업 간 맞춤 취업 연계

☑ **신청방법** : K-Startup 홈페이지(www.k-startup.go.kr)

☑ **제출서류** : 지원신청서, 개인정보 수집 동의서, 최종학력 졸업(예정)증명서 등

☑ **문 의 처** : 중소벤처기업부 청년정책과, 중소벤처기업진흥공단 창업지원처

신사업창업사관학교

전국에 소상공인 창업을 지원하는 플랫폼인 신사업창업사관학교를 설치·운영하
여 신사업 등 유망 아이디어와 아이템을 보유한 소상공인의 준비된 창업 촉진

☑ **지원규모** : 500명 교육생 선발, 예산 197.5억원

☑ **지원대상** : 예비 창업자

☑ **지원내용** : 신사업 등 유망 아이디어와 아이템을 보유한 예비창업자를 선발하여 창
　　　　　　 업교육, 점포경영체험, 사업화 자금 지원

☑ **신청방법** : 신사업창업사관학교 홈페이지(http://newbiz.sbiz.or.kr)를 통한 신청·
　　　　　　 접수

☑ **제출서류** : 신청서, 사업계획서 등

☑ **문 의 처** : 중소벤처기업부 소상공인정책과, 소상공인시장진흥공단 창업성장실

실전창업교육

(예비)창업자를 대상으로 교육, 멘토링 등을 통해 비즈니스 모델을 구체화하고 최소요건제품 제작, 고객반응조사 등을 지원하여 비즈니스 모델 검증 및 보완

- **지원규모** : 교육생 2,100명 내외, 시제품제작 및 시장검증 200명 내외, 예산 29.4억원
- **지원대상** : 혁신적인 아이디어를 보유한 (예비)창업자
- **지원내용** : 온·오프라인 창업교육, 시제품제작 및 시장검증 등을 통해 준비된 창업 지원
  - 온라인 교육 : 창업 관련 기초 역량 함양 교육 및 아이디어 구체화 등 지원
  - 오프라인 교육 : 최소요건제품 제작, 고객 및 시장검증, 전문가 멘토링 등을 통한 비즈니스 모델 고도화 사업비(최대 500만원) 지원
- **신청방법** : K-Startup 홈페이지(www.k-startup.go.kr)
- **제출서류** : 참가신청서(온라인신청), 사업계획서 등
- **문 의 처** : 중소벤처기업부 창업촉진과, 창업진흥원 창업교육실

청소년 비즈쿨

청소년을 대상으로 기업가정신 함양 및 모의 창업교육을 통해 꿈·끼·도전정신·진취성을 갖춘 '융합형 창의인재' 양성

- **지원규모** : 전국 약 424개 내외 초·중·고등학교. 예산 63.9억원
- **지원대상** : 「초·중등교육법」 제2조에 따른 초등학교, 중학교 및 고등학교, 「영재교육진흥법」 제6조에 따른 영재학교, 「학교 밖 청소년 지원에 관한 법률」 제12조의 학교 밖 청소년 지원센터 및 「초·중등교육법 시행령」 제54조에 따라 지정된 대안교육 위탁교육기관

■ **지원내용** : 기업가정신 창업교육, 창업동아리 활동, 전문가 특강 지원 등을 위한 비즈
쿨 운영학교를 지정·운영하고 비즈쿨 페스티벌, 교재·콘텐츠 개발·보
급, 담당교사 직무연수, 체험을 통한 기업가정신 함양, 창업실무지식 습득
을 위한 비즈쿨 캠프 등 지원

■ **신청·접수** : '22년은 '21년 청소년 비즈쿨 학교 및 센터 연속 운영(협약기간 : '21~
'22년)

■ **제출서류** : 참가신청서(온라인신청), 사업계획서, 정보제공활용 동의서 등

■ **문 의 처** : 중소벤처기업부 창업촉진과, 창업진흥원 창업교육실

학생 창업유망팀 300

잠재력이 높은 전국의 학생 창업팀 300개를 선발하여, 성숙도에 따른 체계적 교
육·멘토링을 통해 스타트업으로 성장할 수 있도록 지원

■ **지원규모** : 학생창업팀 300팀, 예산 16억원

■ **지원대상** : 전국의 초·중·고등학생, 대학(원)생(휴학생 포함) 및 학교 밖 청소년
등(※ 단, 원격대학 소속 재학생의 경우 참여를 제한함)

■ **지원내용** : 창업 기초교육, BM 고도화, 시드투자 유치 등 단계별 창업교육 및 육성

■ **신청방법** : 창업유망팀 300 홈페이지(u300.or.kr)를 통한 온라인 신청·접수

■ **제출서류** : 참가신청서, 사업계획서, 재휴학증명서 등

■ **문 의 처** : 한국청년기업가정신재단 대학창업팀, 한국연구재단 산학협력지원팀, 교육
부 청년 교육일자리정책팀

5 창업 지원사업(멘토링 · 컨설팅)

> **지식재산기반 차세대영재기업인 육성사업**
>
> 창의성이 뛰어난 소수정예의 발명영재(중학생)를 선발하여 미래 신성장 산업을 창출할 지식재산기반 영재기업인으로 육성

- **지원규모** : 매년 160명, 예산 18.6억원
- **지원대상** : 중학교 1~3학년 또는 그에 준하는 연령(만 13~15세)의 청소년
- **지원내용** : 차세대 리더에게 필요한 핵심역량 함양 위해 지식재산 외 기업가정신, 인문학 등 2년간 온 · 오프라인 집중교육 실시
- **신청방법** : 각 교육원 홈페이지를 통한 온라인 신청 및 접수
- **제출서류** : 지원서 및 자기소개서, 학교장추천서 등
- **문 의 처** : 특허청 산업재산인력과, 한국발명진흥외 창의발명교육연구실

> **민간협력 여성벤처 · 스타트업 육성지원사업**
>
> 여성 스타트업을 집중 발굴 · 육성하는 엑셀러레이터를 양성하여 초기 여성 스타트업 성장지원

- **지원규모** : 초기 여성스타트업 총 10개사 내외, 예산 4억원
- **지원대상** : 7년 이내 초기 여성스타트업
- **지원내용** : 기업 성장촉진을 위한 맞춤형 보육 및 비즈니스 네트워크 프로그램 운영, 유망 여성벤처 · 스타트업 직접투자
- **신청방법** : K-Startup 홈페이지, 주관기관 홈페이지를 통한 온라인 신청 · 접수
- **제출서류** : 참가신청서, 사업계획서, 개인정보 수집동의서 등

■ **문 의 처** : 중소벤처기업부 벤처혁신정책과

여성벤처창업케어 프로그램

유망한 여성벤처기업 신규 출현과 기존 여성벤처기업의 경영혁신역량 강화를 통해 여성벤처업계 활성화

■ **지원규모** : 30명, 예산 4억원
■ **지원대상** : 여성예비창업자
■ **지원내용** : 창업 사업화에 소요되는 사업화 자금, 교육 및 멘토링(최대 1,000만원)
■ **신청방법** : (사)한국여성벤처협회 홈페이지 내 별도공지 참조
■ **제출서류** : 사업계획서, 참가신청서, 개인정보 수집 동의서 등
■ **문 의 처** : 중소벤처기업부 벤처혁신정책과

IP 디딤돌 프로그램

예비창업자의 창의적인 아이디어를 지식재산 기반 사업아이템으로 고도화하고, 창업까지 연계될 수 있도록 지원하는 혁신형 창업 유도 프로그램

■ **지원규모** : 812건 내외, 예산 32.1억원
■ **지원대상** : 예비창업자
■ **지원내용** : 지식재산기반 사업아이템 도출을 위한 창업교육 및 멘토링
  - 아이디어 기초상담 : 아이디어의 IP권리화 및 창업을 위한 기초상담
  - IP기반 창업교육 : 사업아이템 연구, 사업계획서 작성, 선행기술조사 실습 등 교육
  - 아이디어 고도화 : 선정된 아이디어의 특허기술 분석을 통한 아이디어 구체화 및 고도화

- 아이디어 권리화 : 사업아이템의 특허명세서 작성, 특허출원 및 등록
- 3D프린팅 모형설계 : 아이디어 형상화 컨설팅, 사업아이템 모형 제작 등
- 창업 컨설팅 : 자금 확보, 보육센터 입주 등 연계 컨설팅, 기창업자 네트워크 및 전문가 멘토링

◻ **신청방법** : 지역지식재산센터(☎1661-1900)를 통하여 신청

◻ **제출서류** : 아이디어 신청서(기초상담 후 신청서 작성 안내)

◻ **문 의 처** : 한국발명진흥회 지역지식재산실, 특허청 지역산업재산과

K-Global 창업멘토링(ICT 혁신기업 멘토링)

선배 벤처기업인들의 풍부한 경험과 노하우를 바탕으로 ICT 분야의 유망 창업·벤처기업기술·경영 애로사항을 진단하고 해결방안을 제시하는 창업멘토링 프로그램

◻ **지원규모** : 350개사 내외, 예산 33.9억원

◻ **지원대상** : ICT 및 4차산업혁명 분야 예비창업자 및 7년 이내 창업기업

◻ **지원내용**

(전담·협업멘토링) 성공·실패 경험을 가진 선배 벤처기업인을 전담멘토로 지정하여 맞춤형 밀착멘토링 제공

(ICT 법률 및 전문기술 멘토링) ICT 법률 전문가(변호사)와 ICT 및 4차산업혁명 관련 전문기술 전문가로 구성하여 법률·기술 애로사항 해결방안 제시

(맞춤형 실전창업교육) 기업가정신 함양과 실전창업 준비를 위한 실습형 교육 프로그램 제공(스타트업 실행전략, 스케일업 전략, 디지털마케팅 스킬업 등)

(투자유치 지원) 투자자 네트워크 구축, 투자상담회, 투자설명회(IR), 데모데이 등 투자역량강화 교육(재무 및 투자유치 IR전략) 및 기회 제공

(선도기업 비즈니스 미팅) ICT 및 4차산업혁명 분야 선도기업과의 연계를 통한 기술제휴, 공동개발, 투자유치, 생산판로 등 비즈니스 미팅 제공

(글로벌멘토링) 글로벌멘토링 전문멘토가 해외시장 진출을 희망하는 기업 대상 멘토
　　　　링을 진행하여 해외판로개척 및 현지 검증 등 글로벌 선도기업 네트워킹
　　　　주선

(글로벌파트너십 체결) 우수멘티를 선발하여 유관기관과의 글로벌 프로그램 연계를
　　　　통해 투자설명회(IR), 비즈니스 상담, 전시회 참여 기회를 제공하여 해외진
　　　　출 촉진

[홍보 및 취업지원(사후관리)] 우수 아이템 언론 홍보, K-Global 수혜기업 연계지원,
　　　　전담멘티 및 청년층 취업을 위한 ICT 온·오프라인 취업지원(취·창업페
　　　　스티벌), 선·후배 멘티들의 지속적인 관계를 유지할 수 있는 네트워킹
　　　　장 마련 등

🔲 **신청방법** : K-ICT창업멘토링센터(http://gomentoring.or.kr) 홈페이지 접수

🔲 **제출서류** : 등록신청서, 사업계획서 등

🔲 **문 의 처** : 과학기술정보통신부 정보통신산업기반과, 한국청년기업가정신재단 K-ICT
　　　　창업멘토링센터

6　창업 지원사업(행사 · 네트워크)

> **대 · 스타 해결사 플랫폼**
>
> 대기업(공공기관 · 선배벤처 포함)과 스타트업이 협업이 필요한 사업 · 기술을 상
> 호 제안, 해결하는 새로운 비즈니스 모델 개발

🔲 **지원규모** : 과제별 3개사 내외, 예산 75.5억원

🔲 **지원대상** : 예비창업자(팀) 또는 공고일 기준 업력 7년 이내 창업기업

① 민간 대기업 및 선배 벤처기업의 데이터 개방

② 대기업이 문제와 데이터를 제시하고, 스타트업이 해결 및 사업화 방안을 제안하는 새로운 방식

■ **지원내용** : 과제별 선정기업 대상으로 사업화 자금 및 R&D · 정책자금 등 연계 지원

■ **신청방법** : K-Startup 홈페이지(www.k-startup.go.kr)

■ **제출서류** : 사업계획서 등 사업신청에 필요한 서류 작성

■ **문 의 처** : 중소벤처기업부 창업생태계조성과, 창업진흥원 창업교류협력실

도전! K-스타트업

중기부, 교육부, 과기정통부, 국방부 등 부처 합동으로 창업경진대회를 개최하여 유망한 (예비)창업자를 발굴하고 포상 및 창업 후속지원

■ **지원규모** : 20팀 내외, 예산 21.1억원

■ **지원대상** : 예비창업자(팀) 또는 7년 이내 창업기업 대표자

■ **지원내용** : 상장 · 상금 및 창업사업 연계지원(창업지원사업 연계 등)

■ **신청방법** : K-Startup 홈페이지(www.k-startup.go.kr)

■ **제출서류** : 참가신청서, 사업계획서

■ **문 의 처** : 중소벤처기업부 기술창업과, 창업진흥원 창업교류협력실

스타트업 해외전시회 지원

국내 스타트업 정책을 대표하는 'K-STARTUP' 브랜드를 활용하여 국가통합관을 조성하여 전시회 참여 혁신 스타트업의 브랜드 가치 제고 및 적극 홍보지원

■ **지원규모** : 3개 전시회, 예산 12억원

■ **지원대상** : 7년 이내 창업기업 중, 각 전시회별 지원요건을 충족하는 자

- **지원내용** : 부스 임차, 전시회 참가비, 사전교육, 비즈니스 매칭 지원 등
- **신청방법** : K-Startup 홈페이지(www.k-startup.go.kr)
- **제출서류** : 참여신청서, 참여계획서 등
- **문 의 처** : 중소벤처기업부 기술창업과, 창업진흥원 창업교류협력실

여성창업경진대회

(예비)여성 창업자들의 창의적이고 우수한 창업아이템을 조기에 발굴, 육성하고 여성의 창업분위기를 조성하여 적극적인 창업을 지원

- **지원규모** : 32개팀(대상 1, 최우수상 2, 우수상 3 등), 예산 1.5억원
- **지원대상** : 여성 예비창업자 및 창업 후 5년 미만의 여성기업
- **지원내용**
  - 시상 및 포상(1인 최대 상금 1,000만원 이내 및 중소벤처기업부장관상)
  - 수상자 상위 15팀 이내 도전 K-스타트업 본선 진출권 부여
  - 투자유치 연계, 언론 홍보, 교육·컨설팅, 마케팅·해외진출 지원 등
- **신청방법** : 여성기업 종합정보포털 홈페이지 접수
- **제출서류** : 참가신청서, 사업계획서, 개인정보 수집·이용·제공 동의서, 참가자 지식재산권 서약서 각 1부
- **문 의 처** : 중소벤처기업부 정책총괄과, (재)여성기업종합지원센터 창업보육팀

컴업(COMEUP) 2022

건강하고 활기찬 국내 창업생태계를 전 세계에 소개하고, 글로벌 스타트업, VC, 창업관계자 등 글로벌 창업생태계와 교류하며 협력을 강화하는 기회의 장 마련

⌐ **예산규모** : 30.2억원

⌐ **참가대상** : 국내외 스타트업, VC, 미디어, 창업지원기관 등 글로벌 창업관계자

⌐ **지원내용** : 국내 우수 스타트업이 해외 유망한 VC 및 창업생태계 관계자를 통해 투
    자유치를 받을 수 있도록 다양한 프로그램 운영

⌐ **신청방법** : K-Startup 홈페이지(www.k-startup.go.kr)

⌐ **제출서류** : 사업신청서, 사업계획서, 사업자등록증 등

⌐ **문 의 처** : 중소벤처기업부 창업정책총괄과, 창업진흥원 창업교류협력실

7 창업 지원사업(융자)

> **일자리창출촉진자금**
>
> 일자리 창출 우수기업, 인재육성기업 등에 대한 정책자금을 신속·우선·집중 지
> 원하여 중소기업의 고용창출역량 제고

⌐ **지원규모** : 7,000억원

⌐ **지원대상** : 업력 7년 미만의 일자리 창출 우수기업 및 정부의 주요 인재육성사업(미래
    성과공유제 도입기업 등) 참여기업

  - 일자리 창출 : 3년 연속 일자리 증가 기업, 기업인력애로센터를 통한 인력 채용기
    업, 최근 1년 이내 청년 근로자 고용기업, 청년 근로자 30% 이상 고용기업,
    청년 추가고용 장려금 지원사업 참여기업

  - 일자리 유지 : 내일채움공제 가입기업, 청년 내일채움공제 가입기업, 좋은 일자리
    강소기업, 청년친화 강소기업, 일자리 안정자금 수급기업

  - 인재육성 : 미래 성과공유제 도입기업, 인재육성형 사업 선정기업, 중소기업 특성
    화고 인력양성사업 참여 기업, 중소기업 계약학과 참여기업, 선취업후학습

우수 인증기업, 시·도교육청 추천 우수 선도기업, 근로시간 단축 사업

- **지원내용** : 사업장 매입·기계설비 도입 등 시설자금 및 원부자재 구입비용·인건비 등 운전자금 융자지원
- **신청방법** : 중소벤처기업진흥공단 홈페이지(www.kosmes.or.kr)
- **제출서류** : 융자 신청서 및 증빙서류
- **문 의 처** : 중소기업 통합콜센터(☎1357), 중소벤처기업부 기업금융과

창업기반지원자금

기술력과 사업성은 우수하나 자금이 부족한 창업 초기 중소벤처기업의 창업을 활성화하고 고용 창출 도모

- **지원규모** : 13,000억원
- **지원대상** : 업력 7년 미만인 중소기업 및 중소기업을 창업하는 자
- **지원내용** : 사업장 매입·기계설비 도입 등 시설자금 및 원부자재 구입비용·인건비 등 운전자금 융자지원
- **신청방법** : 중소벤처기업진흥공단 홈페이지(www.kosmes.or.kr)
- **제출서류** : 융자 신청서 및 증빙서류
- **문 의 처** : 중소기업 통합콜센터(☎1357)

CHAPTER 12

관 광 벤 처 창 업 론

창업 · 벤처 관련 법률

CHAPTER

12 창업 · 벤처 관련 법률

1 창업 · 벤처 관련법 분류

창업과 관련한 법률로는 창업촉진시책의 실시 근거 법률, 중소기업 설립촉진에 관한 법률, 창업지원에 관한 특례조항을 규정하고 있는 법률, 창업 및 등기절차에 관한 법률, 조세 및 부담금의 감면을 규정하고 있는 법률 등으로 구분할 수 있다.

〈표 12-1〉 창업관련 법률 분류

분류	법률
창업촉진시책의 실시근거 법률	중소기업기본법
중소기업 설립촉진에 관한 법률	중소기업기본법 중소기업창업지원법 벤처기업육성에 관한 특별조치법 1인 창조기업 육성에 관한 법률
창업지원에 관한 특례조항을 규정하고 있는 법률	소상공인보호 및 지원에 관한 법률 여성기업지원에 관한 법률 장애인 기업활동촉진법
창업 및 등기절차에 관한 법률	상법 비송사건절차법 상업등기법
조세 및 부담금의 감면을 규정하고 있는 법률	조세특례제한법 농지법 산지관리법

출처 : 황보윤 외(2018), 창업실무론

중소기업의 설립 촉진에 관한 법률, 창업 지원에 관한 특례조항을 규정하고 있는 법률, 창업 및 설립 절차를 규정하고 있는 법률, 조세 및 부담금의 감면을 규정하고 있는 법률 등 창업관련 법령 체계는 [그림 12-1]과 같다.

출처 : 한국관광공사(2019), 관광기업지원센터 상담 매뉴얼

[그림 12-1] 창업관련 법령 체계도

2 창업·벤처 법률의 종류

창업관련 법률과 관련하여 법률 제정 목적, 법률 주요 내용과 주요 용어에 대한 해설은 다음과 같다.

◻ 중소기업창업 지원법(약칭 : 중소기업창업법)

- **○ (목적)** 중소기업의 설립을 촉진하고 성장 기반을 조성하여 중소기업의 건전한 발전을 통한 건실한 산업구조의 구축에 기여함
- **○ (용어의 정의)**
  - 창업 : 중소기업을 새로 설립하는 것
  - 재창업 : 중소기업을 폐업하고 중소기업을 새로 설립하는 것
  - 창업자 : 중소기업을 창업하는 자와 중소기업을 창업하여 사업을 개시한 날부터 7년이 지나지 아니한 자
  - 재창업자 : 중소기업을 재창업하는 자와 중소기업을 재창업하여 사업을 개시한 날부터 7년이 지나지 아니한 자
  - 초기창업자 : 창업자 중에서 중소기업을 창업하여 사업을 개시한 날부터 3년이 지나지 아니한 자
  - 중소기업상담회사 : 중소기업의 사업성 평가 등의 업무를 하는 회사로서 제31조에 따라 등록한 회사
  - 창업보육센터 : 창업의 성공 가능성을 높이기 위하여 창업자에게 시설·장소를 제공하고 경영·기술 분야에 대하여 지원하는 것을 주된 목적으로 하는 사업장
- **○ (창업보육센터)**
  - 지정요건
    - 다음 각 목의 시설을 갖출 것
      - 가. 창업자가 이용할 수 있는 시험기기나 계측기기 등의 장비
      - 나. 10인 이상의 창업자가 사용할 수 있는 500제곱미터 이상의 시설

- 경영학 분야의 박사학위 소지자, 「변호사법」에 따른 변호사, 그 밖에 대통령령으로 정하는 전문인력 중 2명 이상을 확보할 것
- 창업보육센터사업을 수행하기 위한 사업계획 등이 중소벤처기업부령으로 정하는 기준에 맞을 것

○ (창업 교육)

- 중소벤처기업부장관은 창업 저변을 확충하기 위하여 청소년, 대학생 및 창업자 등에게 창업 교육을 할 수 있음
- 대학 내 창업지원 전담조직의 설립·운영 등
  - 대학은 대학 내 창업촉진사업을 수행하기 위하여 학교규칙으로 정하는 바에 따라 창업지원업무를 전담하는 조직을 둘 수 있음
  - 중소벤처기업부장관은 창업지원 전담조직의 운영에 필요한 경비를 출연하거나 그 밖에 필요한 지원을 할 수 있음

○ (창업대학원 지정)

- 중소벤처기업부장관은 「고등교육법」 제29조제1항에 따른 대학원 중에서 창업 분야 전문인력 양성을 목적으로 하는 대학원(창업대학원)을 지정하여 예산의 범위에서 필요한 경비를 출연 또는 그 밖에 필요한 지원을 할 수 있음

○ (민관 공동 창업자 발굴·육성)

- 중소벤처기업부장관은 창업자의 성장·발전을 위하여 아래의 창업기획자와 공동으로 창업자를 발굴·육성하기 위한 사업을 시행할 수 있음
  1. 벤처기업
  2. 한국투자벤처
  3. 중소기업창업투자회사
  4. 대기업
  5. 그 밖의 중소벤처기업부장관이 정한 기준에 해당하는 자

○ (중소기업상담회사)

- 아래 사업을 영위하는 회사로서 중소벤처기업부장관에게 등록을 해야 함
  1. 중소기업의 사업성 평가

2. 중소기업의 경영 및 기술 향상을 위한 용역

3. 중소기업에 대한 사업의 알선

4. 중소기업의 자금 조달·운용에 대한 자문 및 대행

5. 창업 절차의 대행

6. 창업보육센터의 설립·운영에 대한 자문

- 중소기업상담회사의 구비 요건

  • 「상법」에 따른 회사 : 납입자본금이 대통령령으로 정하는 금액 이상일 것

  • 「협동조합 기본법」에 따른 협동조합, 사회적협동조합 등

  • 「중소기법」에 따른 중소기업협동조합

  • 대통령령으로 정하는 기준에 따른 전문인력 및 시설을 보유할 것

○ (창업진흥원)

- 창업을 촉진하고 창업기업의 성장을 효율적으로 지원하기 위하여 설립

  1. 창업활성화를 위한 정책의 조사연구

  2. 창업자에 대한 자금(정책자금 융자 제외), 인력, 판로 및 입지 등에 관한 정보 제공 및 지원

  3. 창업촉진을 위한 교육모델 개발 및 운영·보급

  4. 창업실태조사 및 분석

  5. 국제기구 및 외국과의 창업 관련 교류 및 협력

  6. 창업기업의 해외진출 지원 및 외국인의 국내창업 지원

  7. 우수 예비창업자의 발굴 및 지원

  8. 재창업자의 교육 및 지원

  9. 청년창업자 교육 및 사업화 지원

  10. 청소년 및 예비창업자 등에 대한 창업교육 등 기업가정신 제고

  11. 대학 및 연구기관 등의 창업촉진 활동 지원

  12. 창업분야 전문인력 육성 및 지원

  13. 창업저변 확대 및 창업문화 조성을 위한 지원

  14. 창업촉진을 위한 지원시설 등 창업기반조성 및 운영·지원 등

❑ 벤처투자촉진에 관한 법률(약칭 : 벤처투자법)

○ **(목적)** 창업자, 중소기업, 벤처기업 등에 대한 투자를 촉진하고 벤처투자 산업을 육성함으로써 중소기업 등의 건전한 성장기반 조성을 통한 국민경제의 균형 있는 발전에 기여함

○ **(용어의 정의)**
- 투자 : 아래 사항 중 어느 하나에 해당되는 것
  • 주식회사의 주식, 무담보전환사채, 무담보교환사채 또는 무담보신주인수권부 사채의 인수
  • 유한회사 또는 유한책임회사의 출자 인수
  • 중소기업이 개발하거나 제작하며 다른 사업과 회계의 독립성을 유지하는 방식으로 운영되는 사업의 지분 인수로서 중소벤처기업부령으로 정하는 바에 따른 지분 인수
  • 투자금액의 상환만기일이 없고 이자가 발생하지 아니하는 계약으로서 중소벤처 기업부령으로 정하는 요건을 충족하는 조건부지분인수계약을 통한 지분 인수
- 벤처투자 : 창업자, 중소기업, 벤처기업 또는 그 밖에 중소벤처기업부장관이 정하여 고시하는 자에게 투자하는 것

○ **(창업기획자)**
- 창업기획자 : 초기창업자에 대한 전문보육 및 투자를 주된 업무로 하는 자로서 아래 어느 하나에 해당하는 사업을 하는 자
  • 초기창업자의 선발 및 전문보육
  • 초기창업자에 대한 투자
  • 개인투자조합 또는 벤처투자조합의 결성과 업무의 집행 등
- 창업기획자 등록 요건
  • 자본금이 1억원 이상일 것, 상근 전문인력과 시설을 보유할 것
- 초기창업자대상 전문보육
  • 사업 모델 개발, 기술 및 제품 개발, 시설 및 장소의 확보 등
- 창업기획자의 투자의무

- 등록 후 3년이 지난 날까지 전체 투자금액의 50퍼센트 이내에서 대통령령으로 정하는 비율 이상을 초기창업자에 대한 투자에 사용해야 함
- 중소벤처기업부장관은 창업기획자가 투자회수·경영정상화 등 중소벤처기업 부장관이 인정하는 사유로 제1항에 따른 투자비율을 유지하지 못하는 경우에는 1년 이내의 범위에서 투자의무 이행 유예기간을 줄 수 있음
- 창업기획자의 공시
  - 공시 사항 : 조직과 인력, 재무와 손익, 개인투자조합 또는 벤처투자조합의 결성 및 운영 성과 등

○ (개인투자조합)

- 다음 각 호의 어느 하나에 해당하는 자가 중소벤처기업부령으로 정하는 자와 상호출자하여 결성하는 조합으로 중소벤처기업부장관에게 개인투자조합으로 등록하여야 함
  - 개인, 창업기획자, 신기술창업전문회사 등
- 투자의무 : 등록 후 3년이 지난 날까지 출자금액의 50퍼센트 이내에서 대통령령으로 정하는 비율 이상을 창업자와 벤처기업에 대한 투자에 사용하여야 함

○ (벤처투자조합)

- 다음 각 호의 어느 하나에 해당하는 자가 그 외의 자와 상호출자하여 결성하는 조합이 중소벤처기업부장관에게 벤처투자조합으로 등록하여야 함
  - 창업기획자
  - 중소기업창업투자회사
  - 한국벤처투자
  - 신기술사업금융전문회사
  - 유한회사 또는 유한책임회사
  - 외국투자회사

○ (한국벤처투자)

- 목 적 : 창업자, 중소기업 및 벤처기업 등의 성장·발전을 위한 투자의 촉진 등을 효율적으로 추진

- 주요 사업
  - 제70조제1항에 따른 벤처투자모태조합의 결성과 업무의 집행
  - 벤처투자조합 결성과 업무의 집행
  - 벤처투자
  - 해외벤처투자자금의 유치 지원
  - 창업자, 중소기업 및 벤처기업 등의 해외진출 지원
  - 중소기업창업투자회사의 육성
  - 벤처투자 성과의 관리
- 벤처투자모태조합
  - 한국벤처투자는 개인투자조합, 벤처투자조합, 신기술사업투자조합, 기업구조개선 경영참여형 사모집합투자기구, 경영참여형 사모집합투자기구, 농식품투자조합 등에 출자하는 벤처투자모태조합을 결성할 수 있음

○ (중소기업창업투자회사)
- 다음 각 호의 어느 하나에 해당하는 사업을 하는 자로서 중소벤처기업부장관에게 중소기업창업투자회사로 등록하여야 함
  - 창업자에 대한 투자
  - 기술혁신형 · 경영혁신형 중소기업에 대한 투자
  - 벤처기업에 대한 투자
  - 벤처투자조합의 결성과 업무의 집행
  - 해외 기업의 주식 또는 지분 인수 등 해외투자
  - 중소기업이 개발하거나 제작하며 다른 사업과 회계의 독립성을 유지하는 방식으로 운영되는 사업에 대한 투자

▨ 벤처기업육성에 관한 특별조치법(약칭 : 벤처기업법)

○ (목적) 기존 기업의 벤처기업으로의 전환과 벤처기업의 창업을 촉진하여 우리 산업의 구조조정을 원활히 하고 경쟁력을 높이는 데에 기여함

○ (용어의 정의)

- 투자 : 주식회사가 발행한 주식, 무담보전환사채 또는 무담보신주인수권부사채를 인수하거나, 유한회사의 출자를 인수하는 것

- 벤처기업집적시설 : 벤처기업 및 대통령령으로 정하는 지원시설을 집중적으로 입주하게 함으로써 벤처기업의 영업활동을 활성화하기 위한 건축물

- 실험실공장 : 벤처기업의 창업을 촉진하기 위하여 대학이나 연구기관이 보유하고 있는 연구시설에「산업집적활성화 및 공장설립에 관한 법률」제28조에 따른 도시형공장에 해당하는 업종의 생산시설을 갖춘 사업장

- 벤처기업육성촉진지구 : 벤처기업의 밀집도가 다른 지역보다 높은 지역으로 집단화·협업화(協業化)를 통한 벤처기업의 영업활동을 활성화하기 위하여 제18조의4에 따라 지정된 지역

- 전략적제휴 : 벤처기업이 생산성 향상과 경쟁력 강화 등을 목적으로 기술·시설·정보·인력 또는 자본 등의 분야에서 다른 기업의 주주 또는 다른 벤처기업과 협력관계를 형성하는 것

- 신기술창업전문회사 : 대학이나 연구기관이 보유하고 있는 기술의 사업화와 이를 통한 창업 촉진을 주된 업무로 하는 회사

- 신기술창업집적지역 : 대학이나 연구기관이 보유하고 있는 교지나 부지로서「중소기업창업 지원법」제2조제2호에 따른 창업자와 벤처기업 등에 사업화 공간을 제공하기 위하여 제17조의2에 따라 지정된 지역

○ (벤처기업의 요건)

-「중소기업기본법」제2조에 따른 중소기업

- 다음 각각의 하나에 해당하는 자의 투자금액의 합계 및 기업의 자본금 중 투자금액의 합계가 차지하는 비율이 각각 대통령령으로 정하는 기준 이상인 기업
  • 중소기업창업투자회사
  • 중소기업창업투자조합
  • 신기술사업금융업자
  • 신기술사업투자조합

- 한국벤처투자조합
- 중소기업에 대한 기술평가 및 투자를 하는 금융기관
- 투자실적, 경력, 자격요건 등 대통령령으로 정하는 기준을 충족하는 개인 등
- 기업(기업부설연구소 보유 기업)의 연간 연구개발비와 연간 총매출액에 대한 연구개발비의 합계가 차지하는 비율이 각각 대통령령으로 정하는 기준 이상이고, 대통령령으로 정하는 기관으로부터 사업성이 우수한 것으로 평가받은 기업 등

○ (중소기업투자모태조합의 결성 및 투자)

- 중소벤처기업부장관이 중소벤처기업진흥공단 등 대통령령으로 정하는 투자관리기관 중에서 지정하는 기관은 중소벤처기업창업 및 진흥기금을 관리하는 자 등으로부터 출자를 받아 중소기업과 벤처기업에 대한 투자를 목적으로 설립된 조합 또는 회사에 출자하는 중소기업투자모태조합을 결성할 수 있음
- 투자관리전문기관은 모태조합의 자산을 다음 조합이나 회사에 출자하여야 함
  - 중소기업창업투자조합
  - 한국벤처투자조합
  - 기업구조조정조합 및 기업구조개선 경영참여형 사모집합투자기구
  - 경영참여형 사모집합투자기구
  - 신기술사업투자조합
  - 개인투자조합

◻ 중소기업기본법

○ (목적) 중소기업이 나아갈 방향과 중소기업을 육성하기 위한 시책의 기본적인 사항을 규정하여 창의적이고 자주적인 중소기업의 성장을 지원하고 나아가 산업 구조를 고도화하고 국민경제를 균형 있게 발전시키는 것

○ (중소기업자의 범위)

- 다음 각 목의 요건을 모두 갖추고 영리를 목적으로 사업을 하는 기업
  - 업종별로 매출액 또는 자산총액 등이 대통령령으로 정하는 기준에 맞을 것
  - 지분 소유나 출자 관계 등 소유와 경영의 실질적인 독립성이 대통령령으로 정

하는 기준에 맞을 것

- 「사회적기업 육성법」 제2조제1호에 따른 사회적기업 중에서 대통령령으로 정하는 사회적기업

- 「협동조합 기본법」 제2조에 따른 협동조합, 협동조합연합회, 사회적협동조합, 사회적협동조합연합회 중 대통령령으로 정하는 자

- 「소비자생활협동조합법」 제2조에 따른 조합, 연합회, 전국연합회 중 대통령령으로 정하는 자

- 중소기업은 대통령령으로 정하는 구분기준에 따라 소기업(小企業)과 중기업(中企業)으로 구분

○ (중소기업 육성에 관한 종합계획 수립)

- 정부는 중소기업 육성에 관한 종합계획을 3년마다 수립 및 시행하여야 함

- 중소기업 육성에 관한 종합계획에 포함 사항

    • 중소기업 육성 정책의 기본목표와 추진방향
    • 중소기업 육성과 관련된 제도 및 법령의 개선
    • 중소기업의 경영 합리화와 기술 향상에 관한 사항
    • 중소기업의 판로 확보에 관한 사항
    • 중소기업 사이의 협력 증진에 관한 사항
    • 중소기업의 구조 고도화에 관한 사항
    • 공정경쟁 및 동반성장의 촉진에 관한 사항
    • 중소기업 인력확보의 지원에 관한 사항
    • 지방 소재 중소기업 등의 육성에 관한 사항
    • 중소기업의 청년인력 채용과 근속을 위한 근로환경 조성에 관한 사항
    • 그 밖에 중소기업 육성을 위하여 필요한 사항

❏ 1인 창조기업 육성에 관한 법률(약칭 : 1인창조기업법)

○ (목적) 창의성과 전문성을 갖춘 국민의 1인 창조기업 설립을 촉진하고 그 성장기반을 조성하여 1인 창조기업을 육성함으로써 국민경제의 발전에 이바지함

○ (정의)

- 1인 창조기업 : 창의성과 전문성을 갖춘 1인 또는 5인 미만의 공동사업자로서
상시근로자 없이 사업을 영위하는 자

○ (1인 창조기업 지원센터의 지정 및 사업)

- 정부는 1인 창조기업 및 1인 창조기업을 하고자 하는 자를 지원하기 위하여 필요
한 전문인력과 시설을 갖춘 기관 또는 단체를 1인 창조기업 지원센터로 지정할
수 있음

- 1인 창조기업 지원센터의 사업

• 1인 창조기업에 대한 작업공간 및 회의장 제공

• 1인 창조기업에 대한 경영·법률·세무 등의 상담

• 그 밖에 중소벤처기업부장관이 위탁하는 사업

- 1인 창조기업 지원센터의 지원 내용

• 지식서비스 거래 지원, 교육훈련 지원, 기술개발 지원, 아이디어의 사업화 지
원, 해외진출 지원, 금융 지원 등

CHAPTER 13

관광벤처창업론

관광두레
(한국형 CBT)

CHAPTER

13 관광두레(한국형 CBT)

1 관광두레사업의 이해

관광두레사업은 주민의 자발적 참여와 지역 자원의 연계를 통해서 지역주민공동체 중심의 관광관련 사업체를 육성하기 위한 사업으로 '주민이 주도하는 지속가능한 지역 관광 생태계 구축에 기여'함을 목표로 하여 2013년부터 시행하고 있는 국가정책 사업이다.

관광두레는 지역주민들이 지역의 독창적인 관광소재를 연계하여 지역공동사업체를 직접 운영함으로써 지역경제를 활성화하는 관광커뮤니티 비즈니스 시스템이며, 지역에 기반하고 관광을 매개체로 한다는 차원에서 한국형 CBT(지역기반관광 : Community Based Tourism)의 전형적인 사례라고 할 수 있다.

즉 지역 고유의 특색을 지닌 관광자원을 활용한 숙박, 식음, 여행, 체험, 기념품 등의 사업을 운영 중이거나 계획 중인 주민공동체를 대상으로 성공적인 창업을 유도하고 안정적인 성장기반을 마련하고 있으며, 2021년 12월 기준, 58개 지역, 300여 개 주민사업체가 참여 중에 있다(한국관광공사, 2021, 관광두레홍보 리플릿).

한편, 2013년에 시작된 관광두레사업은 2017년에 관광을 통한 지역 균형발전과 지역경제 활성화를 목표로 정부의 국정과제에 포함되어 2022년까지 1,125개의 주민사업체를 발굴 및 추진할 예정이며, 연도별 관광두레사업의 주요 추진 연혁은 〈표 13-1〉과 같다.

〈표 13-1〉 관광두레사업 추진 연혁

구 분	주요 내용	비고(주체)
2013	관광두레 정책 기본계획 수립 1기 시범 5개 지역 사업 착수(부안, 양평, 양구, 제천, 청송) 1기 관광두레 주민사업체 선정	한국문화관광연구원
2014	2기 사업지역 20개소 선정 관광두레 상표 등록 분과연구회 운영(주민여행사, 체험마을, 관광기념품)	〃
2015	3기 사업지역 11개소 선정 관광두레 청년서포터즈 1기 선발 관광두레 멘토단 출범식 개최	〃
2016	4기 사업지역 8개소 선정 추가 2년 지원사업 대상 지역 최초 선정(제천) 안테나숍 1호점(인사동) 오픈 운영	〃
2017	5기 사업지역 7개소 선정 관광두레 캐릭터 개발 완료 관광두레 크라우드펀딩대회 개최	〃
2018	6기 사업지역 10개소 선정 주민사업체 사업성과 공유회(상주, 시흥, 홍성, 홍천) 관광두레 청년캠프 개최	〃
2019	7기 사업지역 12개소 선정 관광두레 누리집 신설(www.tourdure.mcst.go.kr) 액셀러레이팅 사업 운영	〃
2020	한국관광공사로 업무 공식 이관 9기 신규 PD 선정	한국관광공사
2021	관광두레컨설팅단 운영	〃

출처 : 관광두레(https://tourdure.mcst.go.kr)

2 관광두레 주민사업체 선발

관광두레사업은 문화체육관광부에서 관련 정책 수립, 한국관광공사에서 사업 총괄, 지방자치단체에서 간접지원, 관광두레PD에서 지역에서의 중간지원 역할을 하며, 주민사업체가 지역에서 직접 운영 등의 참여를 통해 이루어지고 있다.

〈표 13-2〉 주체별 관광두레사업 역할

주체	역할 내용
문화체육관광부	기본계획 수립과 재정 지원
한국관광공사	관광두레PD의 활동지원 및 관리 주민사업체 발굴, 육성, 모니터링, 평가 등 사업 총괄 운영
지방자치단체	관광두레 사랑방 제공 지역자원 연계지원과 같은 간접지원
관광두레PD	주민사업체 발굴 및 조직화에서부터 창업과 경영개선 지원까지 사업을 진행, 지자체 및 주민 사이 중간지원 역할 수행
주민사업체	지역 고유의 특색을 지닌 숙박 · 식음 · 체험 · 기념품 등을 생산하고 판매하여 지역관광과 경제를 활성화시키는 주체

출처 : 한국관광공사(2021), 2020 관광두레 연간실적보고서

지역에서 역량 및 경쟁력이 있는 주민사업체를 발굴하기 위해 지역진단, 사업별 설명회 개최, 예비후보군 발굴, 공고 및 접수, 서류심사, 아카데미, 현장실사, 발표평가 및 종합심의 등의 과정을 통해 주민사업체를 발굴하고 있으며, 상세 내용은 〈표 13-3〉과 같다.

〈표 13-3〉 주민사업체 발굴 및 선정 절차

단계	내용	주관
① 지역진단	지역관광콘텐츠진단	지역총괄(지자체, PD)
② 지역별 사업설명회 개최 및 예비후보군 발굴	지역별 사업설명회 개최 주민사업체 후보군 구성	지역총괄(지자체, PD)
③ 신규 주민사업체 공고 및 접수	신규 주민사업체 공모 (심사/아카데미/현장실사)	총괄기관＋지역총괄 (지자체, PD)
④ 서류심사 및 선정	서류심사를 통해 아카데미에 입교할 주민사업체 선정	총괄기관
⑤ 주민사업체 아카데미	서류심사 합격한 주민사업체 대상 교육	총괄기관
⑥ 주민사업체 현장실사	(필요시) 주민사업체 사업장 현장실사	지역총괄 (지자체, PD)
⑦ 주민사업체 발표평가	아카데미 교육 이수 후 사업계획서 발표평가	총괄기관
⑧ 종합심의	아카데미 수료＋현장실사＋사업계획서 발표	총괄기관
⑨ 최종 선발 완료(예비 주민사업체)		

출처 : 한국관광공사(2021), 관광두레 사업지침

상기 과정으로 선발된 주민사업체 대상으로 기본 3년과 추가 2년 동안 사업을 추진하고 있으며, 조직발굴, 성공창업, 안전 성장기반 위주의 기본 3년 지원사업과 추가 2년 동안 지속성장, 자립 모범사례 육성사업을 진행하고 있으며, 세부사항은 〈표 13-4〉와 같다.

〈표 13-4〉 연차별 사업 세부 내용

단계	내용
1차 연도 (조직발굴 및 사업계획 수립)	관광두레PD 선발과 역량강화 주민공동체 조직 발굴 사업계획 작성을 통한 사업화 준비
2차 연도 (성공창업과 경영개선 유도)	교육, 견학, 컨설팅 지원 창업 및 경영개선 파일럿사업 추진 지원 홍보마케팅 지원
3차 연도 (안전 성장기반 구축)	액셀러레이팅 지원 주민사업체 간 네트워크 추진
4, 5차 연도 (지속 성장, 자립 모범사례 육성)	경영다각화 및 수익 확대 지원 관광두레 네트워크 지속 운영 홍보마케팅 강화

출처 : 한국관광공사(2021), 관광두레 홍보 리플릿

3 관광두레 지원사항

주민사업체 발굴 후 성공적인 창업 및 후속 성장을 위해 교육·견학, 컨설팅, 홍보마케팅 및 판로개척, 파일럿 사업 등 맞춤형 지원을 추진하고 있으며, 상세 내용은 〈표 13-5〉와 같다.

〈표 13-5〉 관광두레 지원항목

구분	내용
교육 · 견학 (전문교육 및 선진사례 체험)	창업준비와 경영개선 기반마련을 위한 사업계획 수립 법인화, 세무회계, 자격증 취득관련 교육 및 상품개발 공간디자인 아이디어 도출을 위한 선진사례지 방문 지원
컨설팅 (창업스토리와 노하우 공유 · 논의)	관광두레 전문 컨설팅단에 의한 창업/경영, 상품개발/메뉴개발, 디자인/홍보마케팅 등 각 주민사업체 성장단계에 알맞은 맞춤형 컨설팅 지원
홍보마케팅 및 판로개척 (홍보마케팅 및 판로 지원)	인지도 제고, 판로개척, 실질적 매출액 증대를 위한 전국/지역단위 온 · 오프라인 통합 홍보마케팅 지원
파일럿사업 (상품 · 프로그램 시범운영)	주민사업체가 기개발했거나 개발 중인 상품을 지역 방문객이나 전문가를 대상으로 판매/운영해 볼 수 있는 파일럿사업 지원

출처 : 한국관광공사(2021), 관광두레 홍보 리플릿

또한, 주민사업체 육성지원사업 지원체계를 살펴보면, 예비 및 초기 단계에서는 역량 강화, 컨설팅, 파일럿, 홍보 마케팅 등의 지원사업을 전개하고, 성장단계에는 액셀러레이팅, 전체 지원사업을 전개하고 있으며, 상세 내용은 [그림 13-1]과 같다.

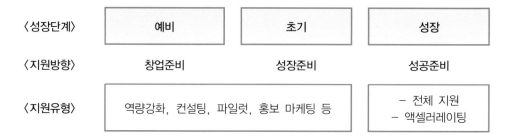

[그림 13-1] 성장단계별 지원방향 및 지원유형

4 관광두레 주민사업체 사례

2021년 '관광두레 스토리 공모전'을 통해서 청년, 중장년, ESG 분야의 우수 주민사업체를 선발하여 대상(1), 우수상(6), 장려상(10)을 수상하였으며, 대상과 우수상을 수상한 주민사업체의 상세 내용은 〈표 13-6〉과 같다.

〈표 13-6〉 2021 관광두레 스토리 공모전 수상 주민사업체(대상, 우수상)

구분	주요 내용	사진
대상 [청년]	• 충북 음성 [잼토리투어] • 코로나로 여행업 실직자 된 청년들, 관광두레를 만나 지역여행사 창업의 꿈을 꾸다. – 관광 불모지 충북 음성 청년들의 아름다운 재도전	
우수상 [청년]	• 부산 영도구 [다ONE] • 이공팔공(2080)이 만드는 영도할매 치맥사건 – 맥주와 막강 비밀병기 안주 밀키트를 활용한 소셜 다이닝 공연 이벤트를 영도에서 펼치다	
	• 대전 동구 [동동유람] • 명랑청년 동동유람의 성장일기 – 대전 대동의 장녀들이 뭉쳤다! K–장녀들을 위한 따뜻한 이야기가 있는 로컬투어	
우수상 [중장년]	• 경기 안성 [목금토크래프트] • "함께가요!" 목금토 – 구성원 성영숙님의 목금토크래프트 합류계기와 주민사업체 성장 스토리	
	• 대전 유성구 [우리마을대학협동조합] • 중장년 고경력자들의 공방 전문가들이 뭉쳐 마을 골목공동체 활성화를 주도하다 – 드론, 와인, 바리스타 등 대학처럼 분야를 나눠 동네 사람들이 함께 소통하는 자리를 만들다	
우수상 [ESG]	• 경남 진주 [우주협동조합] • 배건네 마을 주민들이 잊고 지내던 꿈을 찾는 이야기 – 진주시 변방 마을 망경동 주민들의 취미공동체 모임이 마을의 콘텐츠로 수익을 만들어 지속가능한 구조를 만들다.	
	• 대구 동구 [모냥] • 버려지는 도자기에 쓸모를 찾아주는 일 – 깨진 도자기는 재수가 없다? 도자기 폐기물을 세상에 하나밖에 없는 나만의 머그컵으로 탄생시키자!	

출처 : 한국관광공사(2021), 관광두레 스토리공모전 결과

주민사업체를 발굴하여 지역진단, 사업설명회, 주민사업체 아카데미를 통한 사업계획수립, 창업 및 육성을 위한 단계별 맞춤 지원의 주민사업체 성장 지원을 통한 주요 주민사업체의 육성사례는 〈표 13-7〉과 같다.

〈표 13-7〉 주민사업체의 주요 육성 사례

주민사업체명 (브랜드 명칭)	주요 내용	사진
여수 수-레인보우 협동조합	여수의 다문화가정 여성들의 자립을 위한 모임에서 시작. 지역 식재료를 활용한 1인 여행객을 위한 한상차림 음식을 주제로 창업 • 월매출 : 16,480천원 • 고용창출 : 7명	
협동조합 공정여행동네	경기도 시흥지역의 주부들이 모여 지역 자연자원을 연계한 여행, 체험프로그램에 특화된 여행사 창업 • 월매출 : 11,365천원 • 고용창출 : 9명	
안동고택 협동조합	수애당, 정재종택 등 안동 고택의 안주인들이 조상에게 물려받은 전통문화와 내림음식을 더 많은 이들과 함께하고자 협동조합을 만들어 숙박과 헛제사밥 등 체험상품을 판매 • 월매출 : 9,884천원 • 고용창출 : 5명	
㈜행복한 여행나눔	청운대학교 관광경영학과 재학생들의 창업동아리 활동으로 시작. 게스트하우스, 여행사를 운영 중이며, 충남 홍성의 죽도 섬여행, 과거급제 체험 등 즐길거리를 다양하게 기획 • 월매출 : 7,968천원 • 고용창출 : 3명	
㈜다정	경남 거창에 거주하는 일본 결혼이주여성 다문화가정의 자립을 돕기 위해 시작. 다양한 일본 가정식을 판매 • 월매출 : 8,220천원 • 고용창출 : 8명	
버들인 영농조합 (여수금오도 캠핑장)	다도해 푸른 바다와 지역의 폐교를 활용하여 지역주민들이 캠핑장 및 카약, 스노클링 등 해양레저체험 활동을 운영 • 월매출 : 10,545천원 • 고용창출 : 14명	
㈜버스로기획	안동의 멋과 맛을 알리기 위해 여행상품을 기획하기 시작. 안동 관광예약센터를 운영하며 '안동 빅5투어' 등 지역 특색을 강조한 여행상품 기획 운영 • 월매출 : 14,959천원 • 고용창출 : 2명	

출처 : 한국관광공사(2021), 2020 관광두레 연간실적보고서

CHAPTER **14**

벤처 기관 및 협회

1 창업진흥원

▶ 개요

- 설립목적 : 기업가정신을 함양하고 기술기반 예비창업자의 창업을 촉진시켜 창업기업 성장 및 일자리 창출을 통해 국가경제 발전에 기여
- 설립근거
  - 창업진흥 전담조직 : 중소기업창업지원법 제39조
  - 1인 창조기업 전담기관 : 1인 창조기업 육성에 관한 법률 제16조
  - 창업기획자 등록 관리 전담기관 : 중소기업창업지원법 제19조의8
- 설립일 : 2008년 12월 24일
- 영문명 : KISED(Korea Institute of Startup and Entrepreneurship Development)
- 주무기관 : 중소벤처기업부
- 홈페이지 : http://www.kised.or.kr
- 소재지 : 대전광역시 서구 한밭대로 797 캐피탈타워

▶ 기관연혁

- 2000.04.01 사단법인 한국창업보육협회 설립(중기청 허가 제2000-14호)
- 2006.05.04 창업진흥전담조직 지정(중소기업창업지원법 제39조)
- 2008.12.24 사단법인 창업진흥원(IKED)으로 개편 승인
- 2011.02.10 기관 영문명칭 변경(IKED → KISED)

- 2012.01.30 1인 창조기업 전담기관 지정(1인 창조기업육성에 관한 법률 제16조)
- 2017.01.05 창업기획자(액셀러레이터) 등록관리 전담기관 지정(중소기업창업지원법 제19조의8)
- 2019.10.24 법정법인 창업진흥원 출범(중소기업창업지원법 제39조)

◗ 주요 업무

- 예비창업자 발굴·육성, 우수 아이디어 사업화 지원
- 창업자를 위한 자금, 인력, 판로 등 지원 및 정보 제공 등
- 창업기업의 글로벌 진출 및 재창업 지원
- 창업 진흥을 위한 조사연구·정책개발, 창업실태 통계조사 및 관리
- 청소년 및 예비창업자, 시니어 등에 대한 창업교육

2 중소벤처기업진흥공단

◗ 개요

- 설립일 : 1979년 01월 17일
- 설립근거 : 중소기업진흥에 관한 법률 제68조
- 설립목적 : 중소기업의 경쟁력을 강화하고 중소기업의 경영기반을 확충하여 국민경제의 균형있는 발전에 기여
- 주무기관 : 중소벤처기업부
- 영문명 : KOSME(Korea SMEs and Startups Agency)
- 홈페이지 : http://www.kosmes.or.kr
- 소재지 : 경상남도 진주시 동진로 430(충무공동)

▶ 기관연혁

- 1978.12 중소기업진흥법 제정 및 공포
- 1979.01 중소기업진흥공단 설립
- 1979.09 해외사무소 설치
- 1985.02 국내 지역본(지)부 설치
- 2000.10 코리아벤처지원센터(미국) 개소
- 2011.03 청년창업사관학교 개교
- 2012.01 청년창업센터 개소
- 2013.12 해외유통망진출지원센터 설치(미국 뉴저지 1개소)
- 2014.11 글로벌 BI(Business Incubator)(하노이, 시안, 알마티) 개소
- 2019.09 KSC(Korea Startup Center) 2개소(미국 시애틀, 인도 뉴델리) 개소

▶ 주요 업무

- 중소벤처기업 현장의 경영기술 개선 및 사업화 지원
- 미래 성장성이 높은 중소벤처기업에게 정책자금 융자 지원
- 중소벤처기업의 글로벌 역량 강화 및 수출 확대 지원
- 중소벤처기업 인력 유입·양성·장기 재직 유도 및 혁신성장 지원

3 창조경제혁신센터

▶ 개요

- 주관 : 중소벤처기업부
- 운영 : 창업진흥원
- 영문명 : CCEI Local Startup Hub
- 홈페이지 : http://ccei.creativekorea.or.kr

– 소재지/전담 기업 : 19개

- 강원(네이버), 경기(KT), 경남(두산), 경북(삼성), 광주(현대), 대구(삼성), 대전(SK), 부산(롯데), 빛가람(한전), 서울(CJ), 세종(SK), 울산(현대중공업), 인천(한진, KT), 전남(GS), 전북(효성), 제주(카카오), 충남(한화), 충북(LG), 포항(포스코)

◐ 기관연혁

– 2014.03 창조경제혁신센터 구축운영방안 수립
– 2014.09 17개 광역시/도별 주요 대기업과 1:1 전담지원체계 구축
– 2014.10 창조경제혁신센터 운영방안 수립
– 2014. 하반기~2015.07 18개 창조경제혁신센터 출범 완료
– 2016.03 창조경제혁신센터 내 고용존 개소

◐ 주요 업무

– 지역 창업활성화 및 기업가정신 고취를 위한 추진과제 발굴 및 운영
– 예비창업자 및 창업기업의 역량강화를 위한 지원과 관련 기관·프로그램의 연계

4 청년창업사관학교

◐ 개요

– 설립일 : 2011년 경기도 안산시 처음 개교
– 주무기관 : 중소벤처기업진흥공단
– 내용 : 만 39세 이하 창업 3년 이내 청년창업자의 사업계획 수립부터 사업화, 졸업 후 성장을 위한 연계 지원까지 창업 전 단계를 원스톱으로 지원
– 주요 지원내용 : 창업공간, 창업교육, 창업코칭, 사업비지원, 기술지원, 연계지원
– 규모 : 전국 5개 권역 17개 캠퍼스

〈표 14-1〉 전국 청년창업사관학교 현황

지역	인원	운영기관
강원	35	민간운영사
경기 북부	35	민간운영사
경남(창원)	55	중소기업진흥공단 직영
경북	55	중소기업진흥공단 직영
광주	55	중소기업진흥공단 직영
대구	35	민간운영사
대전 세종	35	민간운영사
부산	45	민간운영사
서울	135	민간운영사
안산(본원)	200	중소기업진흥공단 직영
울산	25	민간운영사
인천	40	민간운영사
전남	50	민간운영사
전북	70	민간운영사
제주	20	민간운영사
충남(천안)	55	중소기업진흥공단 직영
충북	35	민간운영사

5 한국관광스타트업협회

▶ 개요

- 설립일 : 2017년 9월

- 영문명 : KOTSA(Korea Tourism Startup Association)

- 홈페이지 : http://www.kotsa.co.kr

◎ 협회연혁

- 2016.08 관광스타트업 10개사 준비위원회 발족
- 2017.06 한국관광스타트업협회 창립총회
- 2017.09 사단법인 한국관광스타트업협회 등기 완료(서울시 설립허가)

◎ 주요 사업

- 관광스타트업 관련 정책 및 대정부 제안
- 관광스타트업의 발전과 상생을 위한 협업 및 네트워킹 지원
- 협회 회원사를 위한 세미나, 포럼 등 진행
- 관광스타트업 지원사업 및 관련 분야 유용한 정보 공유
- 관광스타트업 예비창업자 인큐베이팅 및 멘토링 진행

6 벤처기업협회

◎ 개요

- 설립일 : 1995년 12월
- 영문명 : KOVA(Korea Venture Business Association)
- 홈페이지 : http://www.venture.or.kr

◎ 주요 사업

- 창업 및 기업가정신 확산
- 홍보 및 마케팅 지원
- 해외시장 진출 지원
- 임직원 역량강화 교육

- 우수인력 채용 지원
- 대중소 상생협력 및 인프라 구축

7 여성기업종합지원센터

● 기관 개요

- 설립근거 : 여성기업지원에 관한 법률 제15조
- 설립목적 : 여성의 창업과 여성기업의 활동 촉진을 위한 다양한 정보 및 교육, 훈련,
  연수, 상담 등의 서비스 제공
- 주요기능
  - 여성창업 및 여성기업 육성 지원
  - 여성기업 제품 판로확대 지원
  - 여성경제인 교육 훈련 및 여성경제인 네트워크 구축
  - 여성기업 경영애로 파악 및 제도, 정책에 대한 대정부 건의
  - 여성기업육성을 위한 자료수집 및 조사연구
- 주무기관 : 중소벤처기업부
- 소재지 : • 중앙센터(서울시 강남구 역삼로 221 삼영빌딩 4층)
  - 지회(부산, 대구, 광주, 대전, 인천, 울산, 강원, 경기, 충북, 전북, 경남, 제주, 세종 · 충남, 전남, 경기 북부, 경북)

● 연혁

- 1971년 (사)대한여성경제인협회 설립
- 1999년 '여성기업지원에 관한 법률' 제정 및 한국여성경제인협회 설립인가
- 2007년 여성기업종합지원센터 설립인가
- 2019년 제5대 정윤숙 이사장 취임

◎ 주요 업무

- 여성경제인 육성을 위한 창업 & 일자리 양성
  - 창업보육센터
  - 여성창업경진대회
  - 여성기업일자리허브
  - 여성가장 창업자금 지원사업(한국여성경제인협회)
- 여성경제 활성화를 위한 판로지원
  - 여성기업확인서 발급(한국여성경제인협회)
  - TV홈쇼핑 입점 지원사업(한국여성경제인협회)
  - 여성기업 수출지원(여성특화제품 해외진출 One-stop 지원)
  - 국제회의 한국대표단 파견(한국여성경제인협회)
- 소득과 공감을 위한 네트워킹
  - 여성 최고경영자 과정(한국여성경제인협회)
  - 전국 여성CEO 경영연수(한국여성경제인협회)
- 여성경제인 애로상담 및 정책연구
  - 여성경제인 DESK
  - 여성경제인연구소

※ 출처 : (재)여성기업종합지원센터 홍보물

8 기타 창업지원기관

◎ 디캠프(D.CAMP 은행권 청년창업재단)

- 주관 : 전국은행연합회
- 설립일 : 2012.5.30
- 홈페이지 : https://dcamp.kr/about

- 재단출연기관(18개)
  - KDB산업은행, NH농협은행, 신한은행, 우리은행, SC제일은행, 하나은행, IBK기업은행, KB국민은행, 한국시티은행, 한국수출입은행, 수협은행, 대구은행, 부산은행, 광주은행, 제주은행, 전북은행, 경남은행, 한국주택금융공사
- 주소 : 서울시 강남구 선릉로 551 새롬빌딩 2-6층
- 전화 : 02-2030-9300

◉ 스타트업 얼라이언스(Startup Alliance Korea)

- 홈페이지 : https://startupall.kr
- 활동 : 스타트업 옹호활동, 커뮤니티/네트워킹, 세미나/컨퍼런스, 해외진출 지원(재팬 부트캠프, 비엔나스타트업 웰컴 패키지 등)
- 주소 : 서울시 강남구 테헤란로 423, 현대타워 7층 701호

◉ 마루108

- 주관 : 아산나눔재단
- 설립 : 2014.4
- 홈페이지 : https://maru180.com
- 활동 : 정주영 창업경진대회, 정주영 엔젤투자기금조성(1,000억원 규모)
- 파트너사 : 구글 스타트업 캠퍼스, 캡스톤파트너스, 스파크랩벤처스, 스파크랩, futureplay
- 주소 : 서울시 강남구 역삼로 180, MARU 180
- 전화 : 02-3453-1370

◉ 언더독스

- 설립 : 2015년
- 홈페이지 : http://underdogs.co.kr
- 활동 : 국내외 사회혁신 창업가를 육성하고 함께 성공하는 사회혁신 컴퍼니 builder

- 주소 : 서울시 은평구 통일로 684
- 전화 : 02-6384-3222

▶ 구글스타트업캠퍼스

- 홈페이지 : https://www.campus.co/seoul
- 활동 : 국내외 사회혁신 창업가를 육성하고 함께 성공하는 사회혁신 컴퍼니 builder
- 파트너사 : 500스타트업(실리콘밸리에 본사를 둔 벤처캐피탈), 스트롱벤처스(창투사), 마루180
- 주소 : 서울시 강남구 영동대로 417, 오토웨이타워 지하 2층

CHAPTER 15

관 광 벤 처 창 업 론

창업·
벤처 교육 및
자격증

창업 · 벤처 교육 및 자격증

1 창업 · 벤처 교육

◘ **청년창업사관학교**

○ **사업목적** : 우수한 제조 창업 아이템 및 4차 산업분야 등 성장가능성이 높은 초기창
   업자를 발굴하고, 창업 全단계를 패키지방식으로 일괄지원하여 성공창업기업으로
   육성

○ **주   관** : 중소벤처기업부, 중소벤처기업진흥공단

○ **모집분야**

  – 정규과정 : 창업 후 3년 이내 초기창업기업 대표자

  – 추가과정 : 청년창업사관학교 졸업 · 졸업예정 창업기업 대표자

○ **신청자격** : 공고일 기준 만 39세 이하인 자, 창업 3년 이내 기업의 대표자

  – 추가과정은 나이제한 없음

○ **지원내용**

  – 사업화 지원금 : 최대 1억원 이내(총사업비의 70% 이내)

  – 창업인프라 : 창업공간, 제품개발 장비 등 지원

    • 사무공간 : 청년창업사관학교 내 창업 준비 공간

    • 장비지원 : 3D프린터, 가공기 등 지원

  – 코칭 및 교육 : 창업교육, 사업화코칭

  – 기술지원, 판로개척 지원, 후속연계 지원

○ **입교절차** : 서류심사 → 발표(PT)심사 → 심층심사 → 협약체결 및 입교

◖ 실전창업교육

○ **사업목적** : 유망한 비즈니스 모델을 보유한 (예비)창업자 대상 창업실습교육, MVP 제작, 비즈니스 모델 검증 등의 지원사업을 통하여 준비된 창업자를 양성

○ **주　　관** : 중소벤처기업부, 창업진흥원

○ **대　　상** : 예비창업자 및 기창업자 중 이종업종 창업예정자

○ **사업개요**

– 아이디어개발(1.5개월) : 기초역량 강화 및 아이디어 구체화 등 비즈니스 모델 정립을 위한 사전학습

– 비즈니스 모델 수립(0.5개월) : 실습을 통한 비즈니스 모델 구체화 및 비즈니스 모델 검증

– 린 스타트업(2개월) : 최소요건제품 제작 및 비즈니스 모델 검증 등을 통한 사업계획 수립

◖ 스타트업스쿨

○ **사업목적** : 아이디어 창업가에게 스타트업 생태계 Real-time 정보 제공을 통한 성장 모멘텀을 제시하고 경영코칭 및 데모데이를 통해 사업화 초기자금 지원

○ **전담기관** : 충북창조경제혁신센터

○ **대　　상** : 예비 및 5년 미만 초기창업팀

○ **지원규모** : 창업팀 30팀

○ **지원내용** : 창업특강, 경영, 글로벌 진출, 온라인마케팅, 멘토링 등

○ **주요특징** : 국내 주요 AC 초청 데모데이 운영, 상금 지급을 통한 사업화 지원

◖ 장애인맞춤형창업교육

○ **사업목적** : 창업에 필요한 종합교육을 장애유형별로 제공함으로써 장애인 창업 활성화

○ **주　　관** : 중소벤처기업부

○ **전담기관** : (재)장애인기업종합지원센터

○ 대　　상 : 장애인 예비창업자 및 업종전환 희망자

○ 지원규모 : 1,500명

○ 지원내용

  – 온라인교육 : 장애인교육지원시스템(창업넷)을 이용하여 기초/역량/재기교육 실시

  – 특화교육 : 장애인 창업에 필요한 기초교육, 기술교육, 특화 멘토링 실시

  – 창업멘토링 : 창업교육 수료자 대상 코칭 · 상담 · 컨설팅 실시

■ 혁신벤처아카데미–CEO과정

○ **사업목적**

  – 벤처기업 CEO의 경쟁력을 강화하고, 휴먼네트워킹을 지원하며 벤처경영과 체계적인 경영지식을 함양

  – 기업의 전략적 의사결정과 현 상태의 진단 등을 통해 혁신 벤처로 도약하는 데 기여

○ 주　　관 : (사)벤처기업협회

○ 대　　상 : 벤처CEO 및 임원, 각계 분야 전문가

○ 수강인원 : 25명 내외

○ 주요과목

  – ICT 트렌드 : 4차산업혁명, 미래트렌드 예측, 10대 전략기술

  – 비즈니스 혁신전략 : 비즈니스 모델, 리더십

  – 컬처라이프 : 인문학, 건강관리, 문화탐방

  – 입교워크숍 : 과정소개, 상견례, 만찬, 특강

  – 해외워크숍 : 글로벌 혁신기업 방문 및 현지문화탐방

2 자격증

❏ 경영지도사

○ **시험일정** : 연 2회

○ **주　　관** : 한국산업인력공단

○ **시험과목 및 방법**

 − 1차 시험

시험시간	시험과목	문항 수	시험방법
1교시 09:30~11:30(120분)	중소기업관련 법령 경영학 회계학개론	과목당 40문항	객관식 5지택일형
2교시 12:30~14:30(120분)	기업진단론 조사방법론 영어		

 − 2차 시험

구분	시험과목			문항 수	시험방법
	1교시 (09:30– 11:00)	2교시 (11:30– 13:00)	3교시 (14:00– 15:30)		
인적자원관리	인사관리	조직행동론	노사관계론	과목당 논술형 2문항 약술형 4문항	논술형 및 약술형
재무관리	재무관리	회계학	세법		
생산관리	생산관리	품질경영	경영과학		
마케팅	마케팅관리론	시장조사론	소비자행동론		

○ **합격기준**(1, 2차 시험 공통)

 − 매 과목 100점을 만점으로 하여 매 과목 40점 이상, 전 과목 평균 60점 이상 득점

○ **응시자격** : 제한없음

❏ 창업지도사 1급 창업교육전문가 과정

- ○ 시험일정 : 연 2회
- ○ 주   관 : 한국창업지도사협회
- ○ 합격기준 : 총점 200점 중 120점 이상
- ○ 응시자격 : 창업지도사 2급 자격 취득자에 한함

❏ 창업지도사 2급

- ○ 시험일정 : 연 6회
- ○ 창업지도사 주요 업무 : 창업 기회 포착 및 시장진입 전략에 대한 자문, 상권과 입지, 신규아이템 및 소비자트렌드 분석을 통한 성공적인 창업을 지원
- ○ 주   관 : 한국창업지도사협회
- ○ 시험과목 및 합격기준

시험시간	시험과목	시험형태
1교시 10:00~11:20(80분)	창업기회론 창업경영론	각 과목당 40문항 객관식 : 28문항 주관식 단답형(다중) : 12문항
2교시 11:30~12:50(80분)	창업법규론 창업보육론	

- ○ 합격기준 : 각 과목 40점(100점 만점) 이상으로 전 과목 평균 60점 이상인 자
- ○ 문제배점 : 객관식, 주관식 동일하게 2.5점
- ○ 응시자격 : 제한없음

❏ 투자자산운용사

- ○ 주   관 : 한국금융투자협회
- ○ 주요 업무 : 집합투자재산, 신탁재산, 투자일임재산 운용업무 수행
- ○ 합격기준 : 응시과목별 정답비율이 40% 이상인 자 중, 응시 과목의 전체 정답 비율이 70%(70문항) 이상인 자
- ○ 시험일정 : 연 3회

○ **시험과목** : 시험시간(1교시 : 120분), 과목정보(3과목 : 100문항)

구분	문항 수		세부과목명	문항 수
	총	과락		
금융상품 및 세제	20	8	세제관련 법규/세무전략	7
			금융상품	8
			부동산관련 상품	5
투자운용 및 전략 Ⅱ 및 투자분석	30	12	대안투자운용/투자전략	5
			해외증권투자운용/투자전략	5
			투자분석기법	12
			리스크관리	8
직무윤리 및 법규/ 투자운용 및 전략 Ⅰ	50	20	직무윤리	5
			자본시장과 금융투자업에 관한 법률	7
			금융위원회규정	4
			한국금융투자협회규정	3
			주식투자운용/투자전략	6
			채권투자운용/투자전략	6
			파생상품투자운용/투자전략	6
			투자운용결과분석	4
			거시경제	4
			분산투자기법	5

○ **응시자격** : 제한없음

기술거래사

○ **등   록**

‐ 기술이전·사업화에 관한 전문지식이 있는 사람은 산업통상자원부장관에게 기술거래사로 등록할 수 있음

○ **주   관** : 한국기술거래사협회

○ 기술거래사 자격기준

– 다음 각 호의 자격과 경력기준 중 어느 하나를 충족해야 함

1) 변호사·변리사·공인회계사 또는 기술사의 자격을 취득한 자로서 기술이전·사업화 분야에 종사한 경력이 3년 이상일 것

2) 「고등교육법」 제2조에 따른 학교의 조교수 이상인 자로서 기술이전·사업화분야 연구경력이 3년 이상일 것

3) 공공연구기관의 연구원으로서 기술이전·사업화 분야에서 3년 이상 재직하였을 것

4) 5급 이상 공무원이나 고위공무원단에 속하는 일반직 공무원으로서 기술이전·사업화 정책·기획·평가 또는 관리 업무에 3년 이상 종사하였을 것

5) 기술거래기관 또는 법 제35조 제1항에 따른 기술평가기관의 연구원 또는 중간관리자급 이상의 자로서 기술거래 또는 평가 관련 분야에 3년 이상 재직하였을 것

6) 해외 또는 민간분야에서의 기술거래 관련 경력이 다음 제1호부터 제5호까지의 요건 중 어느 하나에 상당하는 경우

   가) 민간 기업의 중간관리자급 이상의 자로서 기술거래 관련 업무에 3년 이상 재직

   나) 「산업교육진흥 및 산학협력촉진에 관한 법률」에 따른 대학의 '산학협력단'에 속한 중간관리자급 이상인 자로서 기술거래 관련 업무에 3년 이상 종사

   다) 「산업기술단지 지원에 관한 특례법」의 규정에 의한 산업기술단지 사업시행자 (테크노파크)의 중간관리자급 이상인 자로서 기술거래 관련 업무에 3년 이상 재직

   라) 「공공기관의 운영에 관한 법률」에 의해 지정·고시된 공공기관의 중간관리자급 이상인 자로서 기술거래 관련 업무에 3년 이상 종사

   마) 기타 제6조의 '기술거래사등록심사위원회(이하 '심사위원회'라 한다)'에서 영 제21조 제1항 제1호 내지 제6호의 요건 중 어느 하나에 상당하다고 특별히 인정하는 경우

     * 상기 경력 및 자격 등에 대하여 '기술거래사 등록심사위원회'에서 인정받은 자는 법 제14조 제2항 및 동법 시행령 제21조 제2항에 따른 교육을 이수하여야 함

○ 취득절차

등록신청 공고
(산업통상자원부)

▼

신청서 온라인 접수
(한국산업기술진흥원, 한국기술거래사회)

온라인 접수처: http://kttaa.or.kr

▼

신청서류 보완요청
(한국산업기술진흥원, 한국기술거래사회)
▶
해당 신청서류 보완
(신청인)

▼ ▼

등록심사위원회 구성
(한국산업기술진흥원, 한국기술거래사회)
◀
보완서류 접수
(한국산업기술진흥원, 한국기술거래사회)

▼

등록교육 대상자 공고
(한국산업기술진흥원, 한국기술거래사회)

※ 등록 웹페이지 공고 및 개별통보

▼

등록교육비 및 등록수수료 납부 등 등록교육 안내
(한국산업기술진흥원, 한국기술거래사회)
▶
등록교육비·수수료 납부
및 등록교육 이수

▼ ▼

최종등록대상 심사 및 통보
(한국산업기술진흥원, 한국기술거래사회)
◀
수료증 교부
(한국기술거래사회→신청인)

▼

기술거래사 등록증 교부
(산업통상자원부)

출처 : 한국기술거래사회(www.kttaa.or.kr)

▣ 전문엔젤투자자

○ 투자 실적(모두 충족을 해야 함)

- 최근 3년간 투자금액의 합계가 1억원 이상의 투자 실적 보유(주식, 지분, 조건부지
분 인수계약)

* CB, BW는 주식(지분) 전환 후 6개월 이상 보유 시 투자 실적으로 인정함

* 아래의 경력요건 11가지 중 하나 이상에 해당되는 자가 개인투자조합의 업무집
행조합원인 경우, 해당 조합의 투자금액 중 업무집행조합원의 출자비율만큼을
투자 실적으로 인정함

1. 다음 각 목의 하나에 해당하는 자가 신규로 발행한 주식 또는 지분을 인수하거
나 조건부지분인수계약의 체결을 통한 투자일 것

   가. 법 제2조제1항에 따른 벤처기업

   나. 「중소기업창업지원법」 제2조제2호에 따른 창업자

   다. 「중소기업기술혁신촉진법」 제15조 및 제15조의3에 따른 기술혁신형ㆍ경영
   혁신형 중소기업

2. 인수한 날로부터 6개월 이상 보유한 주식 또는 지분이거나 조건부지분인수계
약을 체결 후 투자금을 납입한 날로부터 6개월 이상 경과할 것

   다만, 「자본시장과 금융투자업에 관한 법률」 제8조의2 제4항 제1호에 따른 증
   권시장(「자본시장과 금융투자업에 관한 법률 시행령」 제11조 제2항에 따른 코
   넥스시장은 제외한다. 이하 같다)에 상장하기 위하여 신규로 발행되는 주식의
   인수는 제외한다.

3. 「금융회사의 지배구조에 관한 법률 시행령」 제3조 각 호의 어느 하나에 해당하
   는 자(이하 "특수관계인"이라 한다)가 발행한 주식 또는 지분이 아닐 것

4. 증권시장에 상장되지 아니한 자에 대한 투자일 것

○ **경력 조건**(11개 중 1개 충족 필요)

   1. 「자본시장과 금융투자업에 관한 법률」 제9조제15항제3호에 따른 주권상장법인
   창업자(주권 상장 당시 이사로 등기된 사람에 한정한다.) 또는 상장 당시의 대
   표이사

   2. 벤처기업의 창업자이거나 창업자이었던 사람으로서 재직 당시 해당벤처기업의
   연매출액이 1천억원 이상인 적이 있었던 자

   3. 다음의 어느 하나에 해당하는 회사에서 2년 이상의 투자심사 업무를 하였거나,
   3년 이상의 투자 관련 업무를 수행한 경력이 있는 사람

가. 중소기업창업투자회사

나. 법 제50조 제1항 제5호에 따른 유한회사 또는 유한책임회사

다. 「여신전문금융업법」 제2조 제14호에 다른 신기술사업금융업을 영위하는 회사

라. 「벤처기업육성에 관한 특별조치법」 제2조 제8항에 따른 신기술창업전문 회사

마. 「기술의 이전 및 사업화 촉진에 관한 법률」 제21조의3 제1항에 따른 기술 지주회사

바. 「산업교육진흥 및 산학연협력촉진에 관한 법률」 제36조의2 제1항에 따른 기술지주회사

4. 「국가기술자격법」 제10조에 따라 기술사 자격을 취득한 사람

5. 「변호사법」 제7조에 따라 등록한 변호사

6. 「공인회계사법」 제7조에 따라 등록한 공인회계사

7. 「변리사법」 제5조에 따라 등록한 변리사

8. 「중소기업진흥에 관한 법률」 제50조에 따라 등록한 경영지도사 또는 기술지도사

9. 박사학위(이공계열 또는 경상계열에 한정한다)를 소지한 사람

10. 학사학위(이공계열 또는 경상계열에 한정한다) 소지자로서 국·공립연구기관, 「정부출연연구기관 등의 설립·운영 및 육성에 관한 법률」 또는 「과학기술분야 정부출연연구기관 등의 설립·운영 및 육성에 관한 법률」에 따른 정부출연 연구기관 「기초연구진흥 및 기술개발지원에 관한 법률」 제14조 제1항 제2호에 따라 인정받은 기업부설연구소에서 4년 이상 종사한 사람

11. 전문개인투자자 교육과정을 이수한 자

○ 전문개인투자자 혜택

- 코넥스 시장 참여 시 기본예탁금(3천만원) 면제
- 투자기업 벤처기업인증
 * 단, 투자금액 5천만원 이상, 자본금의 10% 이상
- 투자기업 2배수 매칭펀드 신청자격 부여

    – 크라우드펀딩 플랫폼을 통한 투자기업 최대 2.5배수 매칭펀드 신청자격 부여

    – 개인투자조합 운영 시 한국벤처투자(모태펀드)에서 출자검토 대상자격 부여

○ **전문개인투자자 등록**

    – 등록증 발급기관 : 중소벤처기업부

    – 등록 유지 조건 : 매년 상/하반기 정기보고 및 변경등록을 통한 투자 실적 보유(최근 3년 1억원 이상)

◢ 창업보육전문매니저 자격증

○ **시험일정** : 연 2회(5월, 10월)

○ **매니저 주요 업무** : 신기술 또는 아이디어를 가진 예비창업자와 초기창업기업의 창업보육센터 입주에서 졸업까지의 지원 및 관리를 통하여 경쟁력 있는 기업으로의 육성 및 센터의 효율적인 운영

○ **시험과목 및 시험시간**

시험 과목	배점	문항 수	시험 시간	비고
기술창업기초	100	25	10:30~12:10 (100분)	5지 선다형 객관식
기술창업실무	100	25		
기술창업보육실무	100	25		
기술창업성장실무	100	25		

    ※ **표준교재**
    – (사)한국창업보육협회 홈페이지(www.kobia.or.kr) 〉 알림 〉 자료실 등재
    – 창업보육센터 네트워크시스템(www.bi.go.kr) 〉 정보마당 〉 자료실 등재

○ **응시자격** : 제한없음

○ **주　　관** : 한국창업보육협회

○ **실무수습교육**

    – 창업보육전문매니저 자격시험 합격자는 합격한 해 또는 그 다음해까지 실무수습교육을 이수해야 함

    – 교육체계

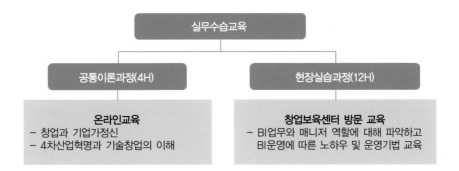

창업보육전문매니저 자격시험 출제기준

자격종목			창업보육전문매니저		
필기검정방법	객관식	문제 수	100문제	시험시간	100분

과목명	출제문제 수	주요 항목
기술창업기초	25	기술창업의 이해
		기술창업과 기업가정신
		창업관련 법규
		기술창업 인프라
기술창업실무	25	기술창업과 사업계획 수립
		법인의 설립과 사업자등록
		기술창업 운영관리
		기술분석 및 제품개발
기술창업보육실무	25	창업보육센터의 이해
		창업보육센터 기능과 운영시스템
		창업보육센터장과 매니저
		창업보육 관리단계
기술창업성장실무	25	기술창업과 공장설립
		기술창업 마케팅
		IPO 및 M&A
		기업 및 제품 가치향상

출처 : 한국창업보육협회(www.kobia.or.kr)

CHAPTER 16

관 광 벤 처 창 업 론

창업 · 벤처
통계

16 창업 · 벤처 통계

창업을 위해서는 창업 및 벤처에 대한 정보, 자료 등과 함께 통계에 대한 습득이 필요하다. 이 장에서는 창업 및 벤처에 대한 이해를 돕고자 창업기업실태조사 등 관련 통계 및 조사 자료를 다음과 같이 소개한다.

1 2019 창업기업실태조사

○ 주   관 : 중소벤처기업부, 창업진흥원

○ 대   상 : 전국 17개 시 · 도 중소기업

○ 대상규모(표본크기) : 8,000개

○ 주요 내용

 – 창업기업 전체 매출액 : 총 705.5조원(2017년 기준)

  • 개인(293.4조원, 41.6%), 법인(412.0조원, 58.4%)

 – 고용인원 : 총 2,897,222명(2017년 기준)

  • 개인(1,150,796명, 39.7%), 법인(1,746,426명, 60.3%)

 – 창업준비단계

  • 창업자 성별 : 남성(58.6%), 여성(41.4%)

  • 창업자 연령 : 40대(32.4%), 50대(29.3%), 30대(21.7%), 60대 이상(13.3%), 20대 이하(3.4%)

  • 창업자 학력 : 대졸(37.8%), 고졸(35.4%), 중졸 이하(12.1%), 전문대졸(9.5%), 대학원졸(석사)(4.3%), 대학원졸(박사)(0.9%)

 – 창업직전 직업

- 창업직전 창업자 취업상태 : 취업(59.6%), 미취업(40.4%)
- 취업인 상태의 창업자 근무기관 : 국내 중소기업(44.8%), 국내 대기업(4.1%), 특정기관에 소속되지 않음(2.9%), 공공(연구)기관(1.2%), 대학·대학원(0.6%), 외국계 기업(0.4%), 정부·지자체(0.4%), 일반협회단체(0.3%), 초·중·고 학교(0.2%) 순
- 창업 경험
  - 창업기업 중 재창업 경험(28.2%), 전체 창업기업의 평균 창업횟수(1.3회)
  - 재창업 경험(28.2%) 기업의 폐업이유 : 사업부진(11.8%), 법인전환(10.0%), 신규 사업으로 전환(3.5%) 순
- 창업 준비활동
  - 창업 시 1명 이상과 창업팀 구성(18.0%), 평균 팀 창업 구성 인원수(2.7명)
  - 창업 결심부터 실제 창업까지 창업 준비기간 : 평균 10.1개월
  - 창업 시 목표 시장 조사 : 국내시장(93.8%), 국내 및 해외시장(5.6%), 해외시장(0.7%)
  - 창업 전 창업교육 경험 : 유경험(17.2%), 무경험(82.8%)
  - 창업 시 장애요인 : 창업자금 확보에 대해 예상되는 어려움(71.9%), 창업실패 및 재기에 대한 막연한 두려움(44.1%), 창업에 대한 전반적 지식, 능력, 경험의 부족(33.6%), 창업준비부터 성공하기까지의 경제활동(생계유지)문제(25.7%)
- 창업 실행단계
  - 창업 시 단독창업(95.3%), 창업 시 평균 대표자 수(1.1명)
  - 창업 동기 : 더 큰 경제적 수입을 위하여(50.3%), 적성에 맞는 일이기 때문에(40.5%), 경제 및 사회 발전에 이바지하기 위하여(36.3%) 순
  - 창업 시 소요자금 : 평균 291백만원
  - 창업 이후 추가자금 조달방법 : 자기자금(88.1%), 은행·비은행 대출(11.4%), 개인 간 차용(4.4%), 정부 융자·보증(2.0%), 정부 출연금·보조금(0.9%), 주식·회사채 발행(0.4%), 엔젤·벤처캐피탈 투자(0.2%) 순
  - 창업아이템 및 아이디어 원천 : 본인 아이디어(86.0%), 기술이전(8.8%), 아이디

어 보유자와 함께 참여(2.7%), 아이디어 교류·협업(2.6%) 순

- 기술이전 주체 유형 : 중소기업(4.3%), 중견·대기업(2.2%), 기타(2.0%), 대학·대학교(0.1%), 공공(연구)기관(0.1%) 순

- 사업장 입지 : 일반상업지역(44.8%), 일반주택지역(39.4%), 기타 지역(9.9%), 산업단지(5.4%), 대학·연구기관(0.5%) 순

- 창업 성장단계
  - 창업기업 자산 : 총 924.7조원(부채 68.6%, 자본 31.4%)
  - 창업기업 매출액(총 705.5조원), 영업이익(매출액의 7.1%), 금융비용(매출액의 1.8%), 당기순이익(매출액의 3.8%)
  - 창업기업 매출대상 : B2C(82.5%), B2B(15.9%), B2G(1.6%) 순
  - 창업기업 연간 평균 자금투입금액(342.3백만원) : 인건비(30.7%), 재료비(24.1%), 기타 경비(22.9%), 임차료(15.5%) 순

- 기술혁신 현황
  - 창업기업 산업재산권 보유 기업(1.7%)
  - 창업기업 보유 산업재산권(93,128건) : 국내 특허권(57.0%), 국내 상표권(20.4%), 국내 디자인권(14.3%), 국내 실용신안권(6.8%), 해외 산업재산권(1.5%) 순
  - 창업기업 중 연구개발 전담부서 및 연구개발인력 : 모두 미보유(97.8%), 기업부설 연구소 보유(0.5%), 연구개발 전담부서 보유(0.4%), 연구개발 인력만 보유(1.3%)

- 협력제휴 활동 현황
  - 협력·제휴 : 경험(11.5%), 미경험(88.5%)
  - 협력·제휴 형태 : 기술협력(6.2%), 판매협력(2.0%), 생산협력(1.9%), 조달협력(1.6%), 자본협력(0.6%) 순

- 마케팅 현황
  - 영업방식 : 직접 영업(79.2%), 직접 영업 및 위탁영업 병행(20.3%), 위탁영업(0.5%) 순
  - 홍보마케팅 활동 유형 : 해당사항 없음(82.4%), 인터넷(11.7%), 인쇄매체(7.8%), 옥외광고(4.1%), 판촉활동(3.2%), 전시회·박람회(0.5%), TV·라디오(0.3%)

2 2020 벤처기업정밀실태조사

- ○ 주　　관 : 중소벤처기업부, (사)벤처기업협회
- ○ 대　　상 : 2,500개 벤처확인기업
- ○ 내　　용 : 벤처확인기업의 일반현황과 경영성과 등에 관한 기초통계자료

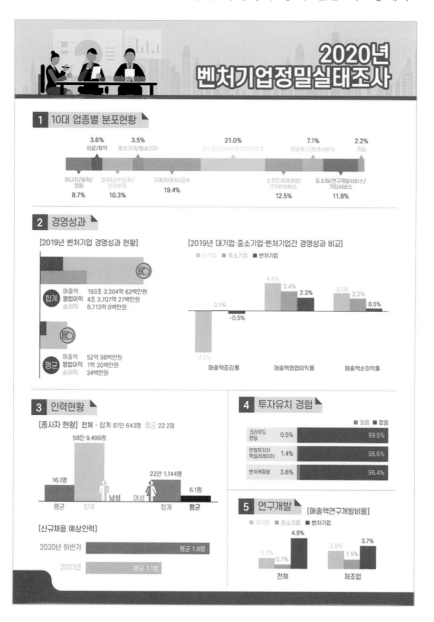

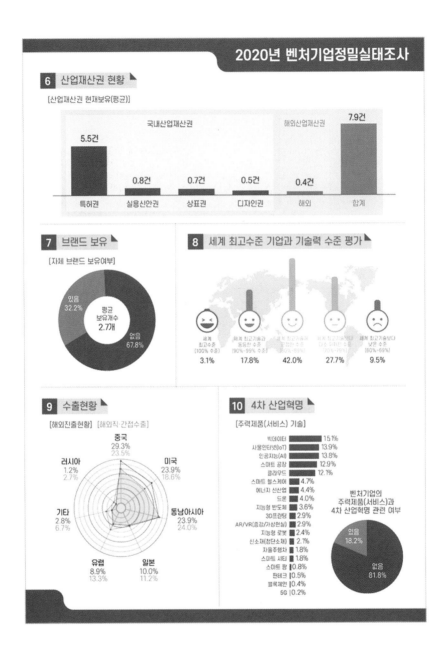

2020년 벤처기업정밀실태조사

6 산업재산권 현황

[산업재산권 현재보유(평균)]

국내산업재산권				해외산업재산권	
특허권	실용신안권	상표권	디자인권	해외	합계
5.5건	0.8건	0.7건	0.5건	0.4건	7.9건

7 브랜드 보유

[자체 브랜드 보유여부]

평균 보유개수 2.7개

있음 32.2%
없음 67.8%

8 세계 최고수준 기업과 기술력 수준 평가

세계 최고수준 (100% 수준)	세계 최고기술과 동등한 수준 (90%~99% 수준)	세계 최고기술과 유사한 수준	세계 최고기술과 다소 차이가 있는 수준 (70%~79%)	세계 최고기술보다 낮은 수준 (60%~69%)
3.1%	17.8%	42.0%	27.7%	9.5%

9 수출현황

[해외진출현황] [해외직·간접수출]

중국 29.3% 23.5%
러시아 1.2% 2.7%
미국 23.9% 18.6%
기타 2.8% 6.7%
동남아시아 23.9% 24.0%
유럽 8.9% 13.3%
일본 10.0% 11.2%

10 4차 산업혁명

[주력제품(서비스) 기술]

빅데이터	15.1%
사물인터넷(IoT)	13.9%
인공지능(AI)	13.8%
스마트 공장	12.9%
클라우드	12.1%
스마트 헬스케어	4.7%
에너지 신산업	4.4%
드론	4.0%
지능형 반도체	3.6%
3D프린팅	2.9%
AR/VR(증강/가상현실)	2.9%
지능형 로봇	2.4%
신소재(첨단소재)	2.7%
자율주행차	1.8%
스마트 시티	1.8%
스마트 팜	0.8%
핀테크	0.5%
블록체인	0.4%
5G	0.2%

벤처기업의 주력제품(서비스)과 4차 산업혁명 관련 여부

있음 18.2%
없음 81.8%

3 │ 2019 벤처천억기업조사

○ 주　관 : 중소벤처기업부, (사)벤처기업협회

○ 대　상 : 매출 1,000억원 돌파 벤처기업 617개사

○ 내　용 : 매출 1,000억원 돌파 벤처기업의 경영성과 등 기초통계자료 분석

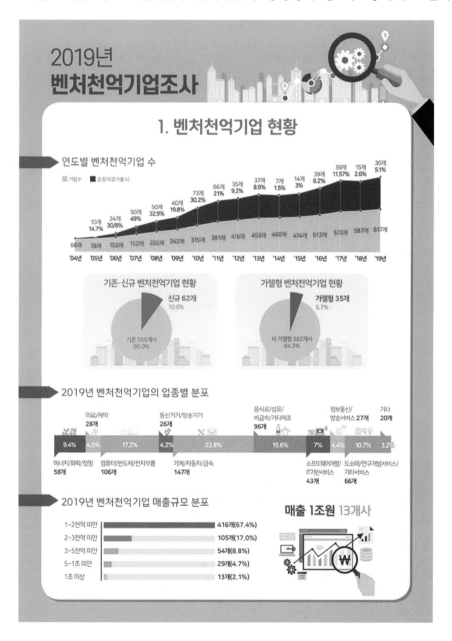

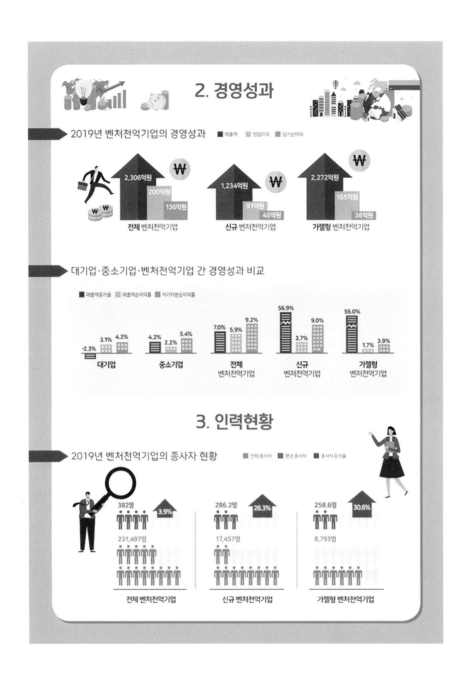

2. 경영성과

2019년 벤처천억기업의 경영성과 ■ 매출액 ■ 영업이익 ■ 당기순이익

전체 벤처천억기업
- 2,306억원
- 200억원
- 136억원

신규 벤처천억기업
- 1,234억원
- 91억원
- 45억원

가젤형 벤처천억기업
- 2,272억원
- 155억원
- 38억원

대기업·중소기업·벤처천억기업 간 경영성과 비교

■ 매출액증가율 ■ 매출액순이익률 ■ 자기자본순이익률

	매출액증가율	매출액순이익률	자기자본순이익률
대기업	-2.3%	3.1%	4.2%
중소기업	4.2%	2.2%	5.4%
전체 벤처천억기업	7.0%	5.9%	9.2%
신규 벤처천억기업	56.9%	3.7%	9.0%
가젤형 벤처천억기업	55.0%	1.7%	3.9%

3. 인력현황

2019년 벤처천억기업의 종사자 현황 ■ 전체 종사자 ■ 평균 종사자 ■ 종사자증가율

전체 벤처천억기업
- 382명
- 3.9%
- 231,497명

신규 벤처천억기업
- 286.2명
- 26.3%
- 17,457명

가젤형 벤처천억기업
- 258.6명
- 30.6%
- 8,793명

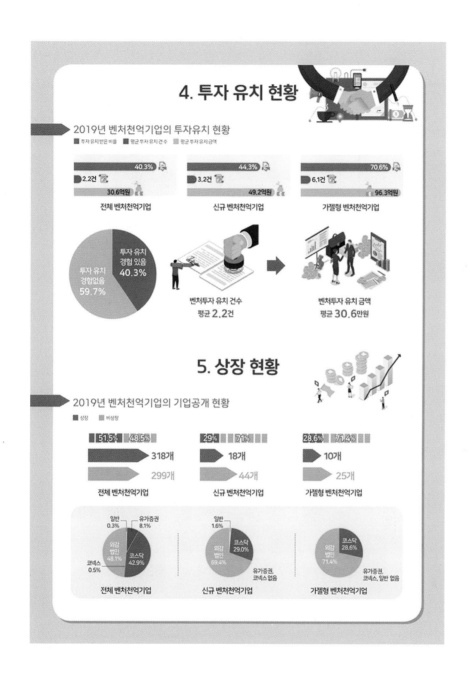

4. 투자 유치 현황

2019년 벤처천억기업의 투자유치 현황

■ 투자 유치받은 비율   ■ 평균 투자 유치건수   ■ 평균 투자 유치금액

	전체 벤처천억기업	신규 벤처천억기업	가젤형 벤처천억기업
투자 유치받은 비율	40.3%	44.3%	70.6%
평균 투자 유치건수	2.2건	3.2건	6.1건
평균 투자 유치금액	30.6억원	49.2억원	96.3억원

투자 유치
경험 있음
40.3%

투자 유치
경험없음
59.7%

벤처투자 유치 건수
평균 2.2건

벤처투자 유치 금액
평균 30.6만원

5. 상장 현황

2019년 벤처천억기업의 기업공개 현황

■ 상장   ■ 비상장

	전체 벤처천억기업	신규 벤처천억기업	가젤형 벤처천억기업
상장	51.5% / 318개	29% / 18개	28.6% / 10개
비상장	48.5% / 299개	71% / 44개	71.4% / 25개

전체 벤처천억기업
일반 0.3%
유가증권 8.1%
외감법인 48.1%
코스닥 42.9%
코넥스 0.5%

신규 벤처천억기업
일반 1.6%
외감법인 69.4%
코스닥 29.0%
유가증권, 코넥스 없음

가젤형 벤처천억기업
외감법인 71.4%
코스닥 28.6%
유가증권, 코넥스, 일반 없음

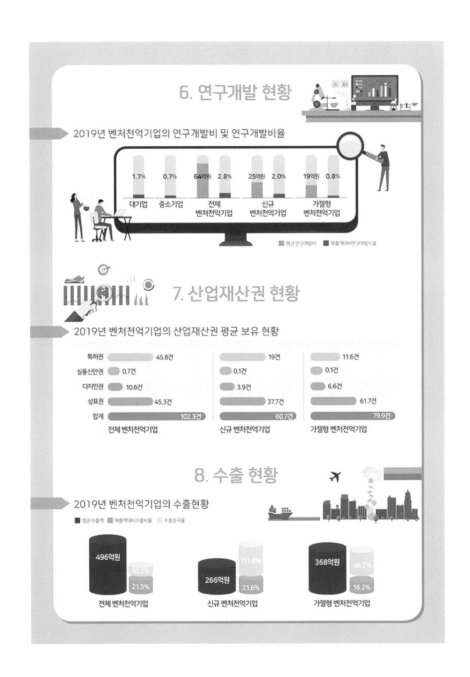

6. 연구개발 현황

2019년 벤처천억기업의 연구개발비 및 연구개발비율

	대기업	중소기업	전체 벤처천억기업		신규 벤처천억기업		가젤형 벤처천억기업	
	1.7%	0.7%	64억원	2.8%	25억원	2.0%	19억원	0.8%

■ 평균 연구개발비　■ 매출액대비연구개발비율

7. 산업재산권 현황

2019년 벤처천억기업의 산업재산권 평균 보유 현황

	전체 벤처천억기업	신규 벤처천억기업	가젤형 벤처천억기업
특허권	45.8건	19건	11.6건
실용신안권	0.7건	0.1건	0.1건
디자인권	10.6건	3.9건	6.6건
상표권	45.3건	37.7건	61.7건
합계	102.3건	60.7건	79.9건

8. 수출 현황

2019년 벤처천억기업의 수출현황

■ 평균 수출액　■ 매출액대비수출비율　■ 수출증가율

	전체 벤처천억기업	신규 벤처천억기업	가젤형 벤처천억기업
평균 수출액	496억원	266억원	368억원
매출액대비수출비율	10.2%	111.8%	96.2%
수출증가율	21.5%	21.6%	16.2%

4   2020 ICT 중소기업 실태조사

- 주　관 : 과학기술정보통신부, 정보통신산업진흥원, (사)벤처기업협회
- 대　상 : ICT 2,500개 중소기업
- 내　용 : 기업 일반현황, 창업관련 일반정보, 인력현황, 재무현황, 자금 조달 및
  투자현황 등

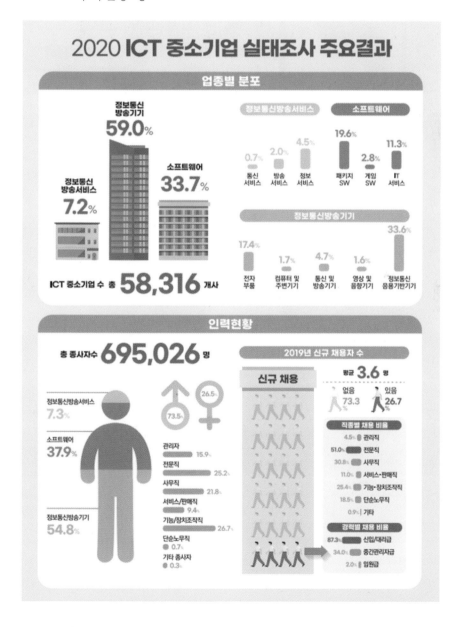

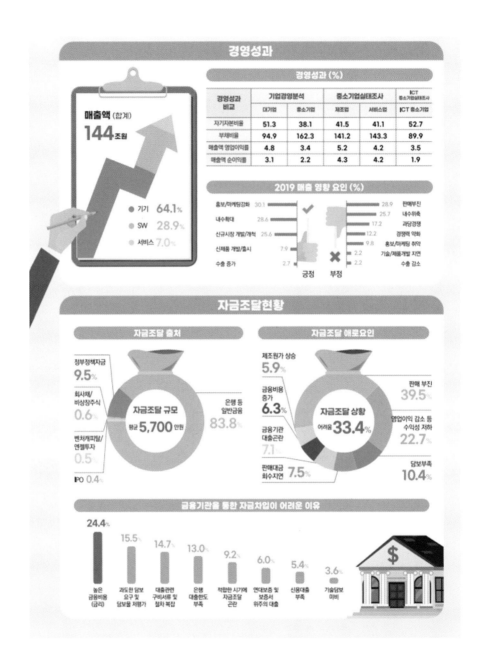

경영성과

경영성과 (%)

경영성과 비교	기업경영분석		중소기업실태조사		ICT 중소기업실태조사
	대기업	중소기업	제조업	서비스업	ICT 중소기업
자기자본비율	51.3	38.1	41.5	41.1	52.7
부채비율	94.9	162.3	141.2	143.3	89.9
매출액 영업이익률	4.8	3.4	5.2	4.2	3.5
매출액 순이익률	3.1	2.2	4.3	4.2	1.9

매출액 (합계)
144조원

- 기기 **64.1%**
- SW **28.9%**
- 서비스 **7.0%**

2019 매출 영향 요인 (%)

긍정		부정	
홍보/마케팅강화	30.1	28.9	판매부진
내수확대	28.6	25.7	내수위축
신규시장 개발/개척	25.6	17.2	과당경쟁
신제품 개발/출시	7.9	12.2	경쟁력 약화
수출 증가	2.7	9.8	홍보/마케팅 취약
		2.2	기술/제품개발 지연
		2.2	수출 감소

자금조달현황

자금조달 출처

- 정부정책자금 **9.5%**
- 회사채/비상장주식 **0.6%**
- 벤처캐피탈/엔젤투자 **0.5%**
- IPO **0.4%**
- 은행 등 일반금융 **83.8%**

자금조달 규모
평균 **5,700**만원

자금조달 애로요인

- 제조원가 상승 **5.9%**
- 금융비용 증가 **6.3%**
- 금융기관 대출곤란 **7.1%**
- 판매대금 회수지연 **7.5%**
- 판매 부진 **39.5%**
- 영업이익 감소 등 수익성 저하 **22.7%**
- 담보부족 **10.4%**

자금조달 상황
어려움 **33.4%**

금융기관을 통한 자금차입이 어려운 이유

24.4%	15.5%	14.7%	13.0%	9.2%	6.0%	5.4%	3.6%
높은 금융비용 (금리)	과도한 담보 요구 및 담보물 저평가	대출관련 구비서류 및 절차 복잡	은행 대출한도 부족	적합한 시기에 자금조달 곤란	연대보증 및 보증서 위주의 대출	신용대출 부족	기술담보 미비

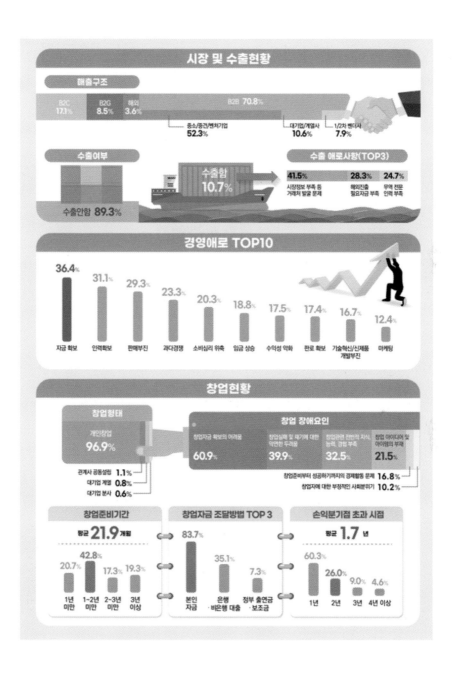

시장 및 수출현황

매출구조

| B2C 17.1% | B2G 8.5% | 해외 3.6% | B2B 70.8% |

중소/중견/벤처기업 **52.3%**
대기업/계열사 **10.6%**
1/2차 벤더사 **7.9%**

수출여부

수출함 **10.7%**
수출안함 **89.3%**

수출 애로사항(TOP3)

41.5% 시장정보 부족 등 거래처 발굴 문제
28.3% 해외진출 필요자금 부족
24.7% 무역 전문 인력 부족

경영애로 TOP10

- 자금 확보 **36.4%**
- 인력확보 **31.1%**
- 판매부진 **29.3%**
- 과다경쟁 **23.3%**
- 소비심리 위축 **20.3%**
- 임금 상승 **18.8%**
- 수익성 악화 **17.5%**
- 판로 확보 **17.4%**
- 기술혁신/신제품 개발부진 **16.7%**
- 마케팅 **12.4%**

창업현황

창업형태

개인창업 **96.9%**
관계사 공동설립 **1.1%**
대기업 계열 **0.8%**
대기업 분사 **0.6%**

창업 장애요인

창업자금 확보의 어려움 **60.9%**
창업실패 및 재기에 대한 막연한 두려움 **39.9%**
창업관련 전반적 지식, 능력, 경험 부족 **32.5%**
창업 아이디어 및 아이템의 부재 **21.5%**
창업준비부터 성공하기까지의 경제활동 문제 **16.8%**
창업자에 대한 부정적인 사회분위기 **10.2%**

창업준비기간

평균 **21.9** 개월

- 1년 미만 **20.7%**
- 1~2년 미만 **42.8%**
- 2~3년 미만 **17.3%**
- 3년 이상 **19.3%**

창업자금 조달방법 TOP 3

- 본인 자금 **83.7%**
- 은행·비은행 대출 **35.1%**
- 정부 출연금·보조금 **7.3%**

손익분기점 초과 시점

평균 **1.7** 년

- 1년 **60.3%**
- 2년 **26.0%**
- 3년 **9.0%**
- 4년 이상 **4.6%**

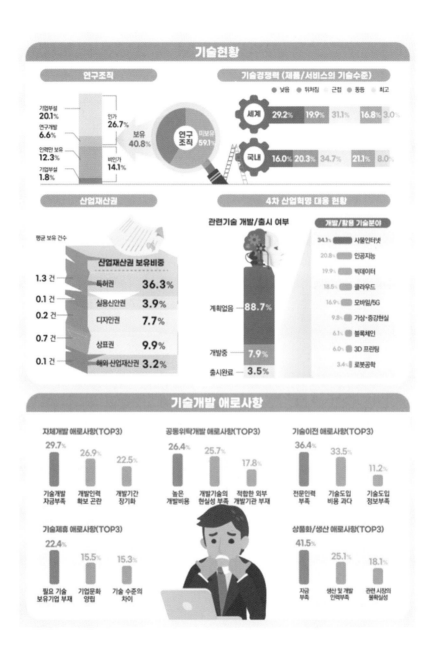

기술현황

연구조직

기업부설 **20.1%**
연구개발 **6.6%**
인력만 보유 **12.3%**
기업부설 **1.8%**

인가 **26.7%**
비인가 **14.1%**

보유 **40.8%**

연구조직

미보유 **59.1%**

기술경쟁력 (제품/서비스의 기술수준)

● 낮음 ● 뒤처짐 ● 근접 ● 동등 ● 최고

	낮음	뒤처짐	근접	동등	최고
세계	29.2%	19.9%	31.1%	16.8%	3.0%
국내	16.0%	20.3%	34.7%	21.1%	8.0%

산업재산권

평균 보유 건수

산업재산권 보유비중

평균 보유 건수		보유비중
1.3 건	특허권	**36.3%**
0.1 건	실용신안권	**3.9%**
0.2 건	디자인권	**7.7%**
0.7 건	상표권	**9.9%**
0.1 건	해외 산업재산권	**3.2%**

4차 산업혁명 대응 현황

관련기술 개발/출시 여부

계획없음 **88.7%**
개발중 **7.9%**
출시완료 **3.5%**

개발/활용 기술분야

34.1%	사물인터넷
20.8%	인공지능
19.9%	빅데이터
18.5%	클라우드
16.9%	모바일/5G
9.8%	가상·증강현실
6.1%	블록체인
6.0%	3D 프린팅
3.4%	로봇공학

기술개발 애로사항

자체개발 애로사항(TOP3)

29.7%	26.9%	22.5%
기술개발 자금부족	개발인력 확보 곤란	개발기간 장기화

공동위탁개발 애로사항(TOP3)

26.4%	25.7%	17.8%
높은 개발비용	개발기술의 현실성 부족	적합한 외부 개발기관 부재

기술이전 애로사항(TOP3)

36.4%	33.5%	11.2%
전문인력 부족	기술도입 비용 과다	기술도입 정보부족

기술제휴 애로사항(TOP3)

22.4%	15.5%	15.3%
필요 기술 보유기업 부재	기업문화 양립	기술 수준의 차이

상품화/생산 애로사항(TOP3)

41.5%	25.1%	18.1%
자금 부족	생산 및 개발 인력부족	관련 시장의 불확실성

5 2020 스타트업레시피 투자리포트(Startup Recipe Investment Report 2020)

❍ 주　　관 : ㈜미디어레시피

❍ 내　　용 : 국내스타트업이 유치한 투자정보, 스타트업 투자소식, 생태계 동향 등

　＊ 스타트업이나 투자자가 투자사실을 기사화하거나 공표한 정보를 수집 활용

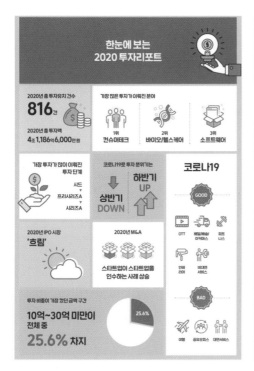

6 2019 관광창업기업실태조사

❍ 주　　관 : 문화체육관광부, 한국관광공사

❍ 대　　상 : 관광창업지원 정책사업의 주요 대상으로 한국관광공사가 육성하는 관광
　　　　　　벤처사업체

❍ 내　　용

－ 창업기업현황

　• 관광창업기업의 자본금 평균은 약 206.5백만원, 부채는 약 181.9백만원

- 관광사업체 1개소 평균 매출액은 2019년 기준 804백만원으로 관광창업기업의 평균 매출액(573백만원)은 관광사업체 대비 71.3% 수준(2019 관광사업체조사)
- 관광사업체 1개소 평균 종사자 수는 2019년 기준 8.3명으로 관광창업기업의 평균 종사자(5.1명)는 관광사업체 대비 61.4% 수준(2019 관광사업체조사)

- 창업기업 성장단계
  - 초기성장기(48.1%), 창업기(18.0%), 성숙기(15.4%), 고도성장기(13.1%), 쇠퇴기(5.4%)

- 창업관련 교육 경험
  - 교육경험 있음(21.8%), 교육경험 없음(78.2%)
  - 창업교육 이수 기관 : 지자체 또는 지자체 운영시설(45.7%), 한국관광공사 이외 공사/공공기관(24.8%), 대학기관(23.3%), 민간기관(13.6%), 한국관광공사(3.6%), 기타(5.3%) * 중복응답
  - 필요한 교육과정 : 홍보마케팅(34.2%), 투자유치(22.3%), 관광특화교육(19.5%), 일반경영(10.7%), 관련분야 창업자 또는 성공한 창업자 특강(6.9%), 스마트관광(4.3%), 기타(1.9%)

- 창업 중 겪은 애로사항 및 해결 방안
  - 창업 과정 중 애로사항 : 창업자금 확보의 어려움(42.1%), 창업에 대한 전반적 지식, 능력, 경험의 부족(19.1%), 창업실패 및 재기에 대한 두려움(11.8%), 창업 아이디어 및 아이템의 부족(11.6%), 경제활동(생계유지) 문제(5.8%), 일과 가정 양립의 어려움(2.5%), 기존 작업활동의 제한(2.1%), 부정적인 사회분위기(1.4%), 지인의 만류(1.1%), 기타(2.5%)
  - 창업 이후 애로사항(상위 10개) : 자금 조달(42.1%), 수익성 확보(9.0%), 인력 확보 및 유지관리(8.6%), 홍보마케팅(8.3%), 판로 확보(4.7%), 회계/세무관련 지식부족(3.4%), 개발된 기술의 사업화(3.3%), 정부/행정 규제(2.8%), 코로나로 매출급감(1.9%), 신기술 개발(1.4%)

- 창업 과정 중 겪은 애로사항 해결 문의 기관(상위 9개) : 한국관광공사(3.4%), 중소기업청(2.5%), 산업진흥원(2.1%), 신용보증기금(1.7%), 기술보증기금(1.5%), 서울시보증재단(1.3%), 소상공인공단(1.1%), 고용노동부(1.1%), 없음(75.2%)
- 창업 이후 도움을 받은 기관 : 신용보증기금(16.4%), 한국관광공사(5.5%), 기술보증기금(4.0%), 서울시보증재단(2.0%), 소상공인시장진흥공단(2.0%), 중소기업청(2.0%), 없음(55.1%) * 응답 비율 2.0% 미만 값 제외
- 창업 과정 중 애로사항 해결 시 도움이 되었던 제도 : 기업자금/자금지원(5.4%), 융자/대출(4.0%), 컨설팅/홍보(2.1%), 경영컨설팅(1.0%), 없음(76.9%) * 응답 비율 1.0% 미만 값 제외
- 창업 이후 도움을 받은 지원방안 : 기업자금/자금지원(26.8%), 융자/대출(7.1%), 없음(55.1%) * 응답 비율 1.0% 미만 값 제외
- 창업지원사업 참여도 및 만족도
  - 창업지원사업 지원 경험 여부 : 신청하여 지원받음(71.5%), 신청한 적이 없음(27.5%), 신청하였으나 탈락하여 지원받지 못함(1.0%)
  - 창업지원사업 참여율 : 정책자금 융자/보증(75.1%), 자금지원(32.1%), 멘토링/컨설팅(17.1%), 창업교육(16.0%), 시설/공간(10.1%), 투자유치지원(9.1%), 판로/마케팅/해외진출(8.0%), 창업행사/네트워크(7.6%), R&D지원(6.7%)
  - 창업지원사업 만족도 : 정책자금 융자/보증(90.5%), 자금지원(89.7%), 투자유치지원(81.8%), 시설/공간(80.6%), R&D지원(77.9%), 창업행사/네트워크(77.7%), 창업교육(76.1%), 멘토링/컨설팅(71.8%), 판로/마케팅/해외진출(70.9%)
- 창업활성화를 위해 필요한 지원정책 : 창업진입을 위한 지원제도개선(21.8%), 창업 후 성공까지 경제적 생계유지 지원사업(14.3%), 공간/시설/장비 지원(14.2%), 판로확대 및 시장진출 지원(12.7%), 창업절차 간소화(10.2%), 초기단계 금융 지원(9.9%), 기업가정신 제고 및 창업교육 지원(6.1%), 성장단계 금융지원(3.8%), 창업세금감면지원(3.2%), 시제품 제작 및 지원(2.9%)

7 관광스타트업의 생존과 성장

○ 주　　관 : 한국관광공사
○ 분석대상 : IT기반 관광 관련 84개 스타트업 기업의 340개 투자유치 정보
○ 분석시기 : 2011년 1월~2021년 4월
○ 분석내용 : 관광스타트업 동향 분석 및 관광스타트업 생존과 성장 분석

01 | 관광스타트업 현황

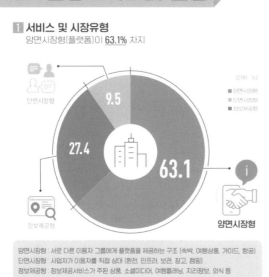

1 서비스 및 시장유형
양면시장형(플랫폼)이 **63.1%** 차지

양면시장형 : 서로 다른 이용자 그룹에게 플랫폼을 제공하는 구조 (숙박, 여행상품, 가이드, 항공)
단면시장형 : 사업자가 이용자를 직접 상대 (환전, 인프라, 보관, 창고, 캠핑)
정보제공형 : 정보제공서비스가 주된 상품, 소셜미디어, 여행플래닝, 지리정보, 외식 등

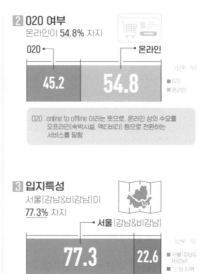

2 O2O 여부
온라인이 **54.8%** 차지

O2O : online to offline 이라는 뜻으로, 온라인 상의 수요를
오프라인(숙박시설, 액티비티 등)으로 전환하는
서비스를 말함

3 입지특성
서울(강남&비강남)이
77.3% 차지

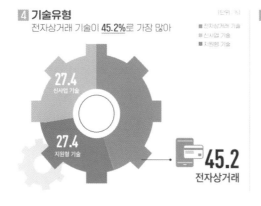

4 기술유형
전자상거래 기술이 **45.2%**로 가장 많아

5 특허보유여부
특허 보유가 **대다수**

02 | 관광스타트업 생존과 성장

투자단계
시리즈 A 이상 진출한 기업은 전체의 **44.0%**

[단위: %]

■ SEED ■ Series A ■ M&A
■ 프리-A ■ Series B
　　　　■ Series C
　　　　■ Series D

2.4
2.4

16.7

8.3

Series-A
14.3

PRE-A
10.7

SEED
45.2

44.0
시리즈 A 이상
진출 기업

Success

시리즈 D

기업공개 직전
**시리즈 D까지 간 기업
4.8%에 불과**

죽음의 계곡

성장요인

기술 기반

**서울 강남
소재**

**O2O 서비스
제공**

STEP 01 ── 죽음의 계곡 ── STEP 02 ── STEP 03

지원금 SEED PRE-A

Series A | Series B | Series C | Series D

IPO(기업공개)
M&A(인수합병)

관광벤처기업

CHAPTER

17 관광벤처기업

관광벤처기업은 창의적인 아이디어, 남다른 열정, 과감한 도전을 바탕으로 관광객들에게 차별화된 경험을 제공하고 한국관광산업에 활기를 불어넣어 관광패러다임의 변화를 추구하고 있다.

창조성, 혁신성, 기술성 등을 기반으로 한국관광산업에서 새로운 가치와 시너지를 창출하고 한국관광의 미래를 열어가는 관광벤처기업을 관광벤처사업 위주로 한국관광공사의 관광벤처소개자료집을 인용하여 범주별로 소개하면 다음과 같다.

1 관광벤처기업(예비·초기) : 여행인프라

▶ The편한여행(2019 예비창업패키지)

– ㈜드림코퍼레이션(https://traveleasy.kr / 070-8735-1000)

– 소규모 숙박 위탁 운영 경험을 바탕으로 제주 여행객을 위한 O2O생활 편의 서비스 제공

▶ 럭스테이 LugStay(2020 초기(관광벤처))

– 블루웨일컴퍼니 (www.lugstay.com / 1877-9727)

– 상점의 빈 공간을 이용해 여행이나 일상에서 발생하는 짐을 보관하거나 다른 사람에게 물품을 전달하는 '상점 공간 공유, 물품 보관 및 전달 서비스' 제공

▶ 석세스모드 successmode
(2020 초기관광벤처)

- 석세스모드(02-6091-8011)
- 포스트 코로나 외국인 관광객을 위한 즉시
  환급 솔루션

▶ 캠핑톡 CAMPING TALK(2019 예비관광벤처)

- 캠핑톡(www.yagaja.com /
  010-4336-1824)
- 캠핑장 예약 플랫폼으로 캠핑
  장 조건 검색, 우수 캠핑장
  추천, 네이버 예약 서비스와
  연동된 캠핑장 홈페이지용 예
  약시스템 제공

▶ 링거 Ringer(2019 예비관광벤처)

- ㈜케어팩토리(02-2039-9771)
- 해외에 체류 중이거나 여행 중인 한국인을 위해 앱을 통한 긴급 의료상담 서비스 제공

▶ K-VISA 케이비자(2020 초기관광벤처)

- ㈜케이비자(www.k-visa.co.kr /
  1811-1942)
- 'K-VISA 케이비자'앱은 외국인 등록증을
  기초로 맞춤형 비자 정보, 체류 기간, 출
  입국 정책, 외국인 생활 정보를 확인할
  수 있고, 쉽고 편리하게 비자 변경 진행
  가능

2 관광벤처기업(예비 · 초기) : 체험콘텐츠

▶ 가이드라이브 GuideLive(2020 초기관광벤처)

- ㈜가이드라이브(www.guidelive.kr /
  02-1661-2985)
- 가이드 매니지먼트 기반의 투어 제작사로
  세계 각지에서 가이드를 발굴 · 육성하여
  그들과 함께 수준 높은 여행과 콘텐츠를
  제작

▶ 당신의 과수원 yourfarm(2020 초기관광벤처)

- ㈜당신의과수원(www.yourfarm.net /
  064-799-9333)
- 과수원을 회원제 방식으로 운영해 수익성
  을 일반 농가보다 3~4배, 직거래 방식보
  다 1.5~2배 높이는 비즈니스 모델을 수
  립하여 전국 과수원과 도시민을 연결

▶ 서핑역 Surfing station

  (2020 초기관광벤처)

  - ㈜더메이커스(the-makers.kr /
    070-7758-3345)

  - 국내 최초로 국산인공 서핑 장비를
    개발하여 도심에서 사계절 내내 온
    수로 즐기는 실내외 인공 서핑 브랜
    드 '서핑역' 오픈

▶ 더블유에스비팜 WSB FARM

  (2020 초기관광벤처)

  - ㈜더블유에스비팜(www.wsbfarm.
    com / 033-673-8324)

  - 대한민국 최초 서핑 매거진으로 시
    작해 서핑이 가능한 전국의 주요 해
    변의 파도 상황을 실시간으로 확인
    할 수 있는 파도 웹캠 서비스와 지
    역 정보, 기상 정보 제공

▶ 지지대악(遲遲臺樂)(2020 초기관광벤처)

  - ㈜더크리에이터스(jijidaeak.com / 02-923-0901)

  - 선조들이 우리 음악을 감상했던 방식 그대로 고아한
    공간에서 예인들의 연주와 소리 제공

▶ 라운드 픽 RoundPic(2020 초기관광벤처)

  - ㈜비지트(www.visitandregular.com / 02-541-7803)

  - 강원권 최초 국내외 투자유치를 받은 기업으로 스마
    트폰만 있으면 어디서든지 360VR 촬영을 할 수 있는
    모바일 서비스 '라운드 픽' 운영

◉ 휴-일 HYUIL(2020 예비관광벤처)

   – ㈜스트리밍하우스(www.hyuil.co.kr)

   – 재택근무자, 프리랜서, 육아맘과 밀레니얼
     세대를 위한 워케이션(work+vacation) 서
     비스 제공

◉ 르플랑 Le Plein(2019 예비관광벤처)

   – ㈜애이앤플립(www.le-plein.co.kr /
     070-4247-1677)

   – 우리나라 각 지역의 특성을 모티브로 향기
     를 만들고, 그 향기에서 여행지의 추억을
     소환

◉ 요트홀릭 yachtholic
  (2020 초기관광벤처)

   – ㈜요트홀릭(www.yachtholic.com /
     1600-9673)

   – 부산의 아름다운 낮과 밤을 즐기는
     프라이빗 요트 투어

◉ 이브이패스 EVPass
  (2019 예비관광벤처)

   – ㈜이브이패스(www.evpass.co.kr /
     1811-9879)

   – 관광특화 관리형 공유 전동 킥보드
     플랫폼 서비스

▶ 호텔에삶(2020 초기관광벤처)

- ㈜트래블메이커스(www.travelmaker.co.kr / 1599-4330)
- 매일을 여행처럼 '호텔에서 한 달 살기' 등 프리미엄 호텔 장기 투숙 서비스 제공

▶ K–POP 스타스트릿아트, 월디(2021 초기관광벤처)

- ㈜이프비(www.wall-d.com / 02-6215-2027)
- 벽 공유 플랫폼을 운영하여 케이팝 스타 스트릿아트라는 스타가 자주 찾는 맛집, 카페, 술집, 소속사 주변 등의 벽을 확보하여 진행하거나 스타들의 고향의 벽을 선정하여 진행

▶ 키즈여가액티비티서비스플랫폼, 동키(2021 초기관광벤처)

- ㈜아이와트립(www.iwatrip.com / 070-8018-0615)
- 키즈패밀리 고객의 니즈와 취향에 맞는 여행&액티비티 큐레이션 서비스 제공

▶ 제주도 푸른 바다에서 펼쳐지는 1일 해녀체험
(2021 초기관광벤처)

- 도시해녀(www.citydiver.co.kr)
- 2018년 귀일어촌계와 협의해서 해녀체험장을 설립한 후 매년 6천여 명의 관광객이 방문하고 있으며, 스쿠버다이빙 및 프리다이빙 강사, 온라인 플랫폼 전문가들이 운영

▶ 승마, 이제 '말타'로 쉽게 예약하자!(2021 초기관광벤처)

- ㈜럭스포(www.luxspo.com / 02-567-0543)
- 럭스포는 Luxury와 Sports의 함축적 의미를 담고 있으며, 종합 승마 예약 플랫폼 '말타'를 운영하며 많은 사람들이 고급레저스포츠에 쉽게 접할 수 있는 서비스 제공

▶ 화사한 빛으로 여행의 밤을 밝히는 사람들(2021 초기관광벤처)

- 밝히는 사람들(https://rp88.imweb.me / 051-255-2080)
- 조명소품 대여서비스를 기반으로 야간촬영, 야경투어, 굿즈판매 등 다양한 서비스로 남녀노소 누구나 사계절 내내 체험할 수 있는 야간체험관광 제공

▶ 비대면 힐링 룸 패키지(2021 초기관광벤처)

- ㈜캄스페이스(www.calmspace.kr)
- 온라인 클래스를 통해서 명상과 요가,
  힐링 등 각종 멘탈 헬스 프로그램을 제
  공하고, 힐링의 섬 제주를 기반으로 숙
  소를 찾는 여행자 대상 힐링 키트 및 온
  라인 클래스 제공

3 관광벤처기업(예비 · 초기) : 편의 및 새로운 서비스

▶ 내 스타일 여행지 YES or NO? 쇼트클
립 여행 가이드 서비스, 휙
(2021 초기관광벤처)

- 휙(Hwik)(Jihj0701@naver.com)
- 여행지에 대한 쇼트클립이 스토리 형
  식으로 재생되며, 이 중 사용자가 마
  음에 드는 여행지, 카페, 맛집 등을 위
  로 스와이프하면 자동으로 자신의 여
  행계획에 추가되는 서비스

▶ 내비가 알려주지 않는 길을 알려주는 숏폼
비디오 드라이빙 가이드, 롤로(Feat. 블랙박
스)(2021 초기관광벤처)

- 롤로(ROLO)(www.rolo.kr)
- 최단, 무료, 최적 도로로 안내. 내비게이션
  이 알려주지 않는 아름다운 드라이브 코스
  를 쉽고, 재미있는 숏폼 영상으로 제공

▶ 오늘은 여기서 살아볼까? 움직이는 나의 집, 밴플(2021 초기관광벤처, 2020 예비창업패키지)

- ㈜밴플(vanpl.co.kr / 070-8065-0623)
- 캠핑카, 캠퍼밴, 카라반 등 다양한 레저차량(RV)을 쉽고 편리하게 대여할 수 있는 RV 공유 플래폼을 운영하며, 2020 예비창업패키지 스마트관광부문 최우수 졸업

▶ 글로벌 실시간 가격비교 렌터카 플랫폼, 찜카(2021 초기관광벤처)

- ㈜네이처모빌리티(www.naturemobility.com / 02-6929-2401)
- 렌터카, 카셰어링, 투어택시, 킥보드, 대중교통, 택시 등 다양한 모빌리티 수단 중 고객이 원하는 여행경로 및 일정을 입력하면 최적 수단을 제안하고, 실시간 가격 비교를 제공하는 통합 모빌리티 플랫폼

▶ 워크숍 어디까지 해봤니? 식상한 콘텐츠에 질렸다면, 이너트립(2021 초기관광벤처)

- 이너트립(innertrip.co.kr / 070-7728-0403)
- 콘텐츠를 가진 강사, 이색적인 공간들을 활용해 기업 워크숍 상품을 만들고 판매하는 워크숍 콘텐츠 큐레이팅 전문 플랫폼

◆ 여행에 미션과 할인쿠폰을 더하다, POLO(2021 초기관광벤처)

- ㈜트리스(www.tris.world)
- 도심을 방문하는 글로벌 자유 여행객에게 색다른 재미를 더해줄 여행 게임(가이드)과 할인
  쿠폰을 제공하는 서비스로 Travel + Gamification 플랫폼 운영

◆ 내게 딱 맞는 아이돌 덕후투어 메이트, 덕플
(2021 초기관광벤처)

- ㈜서로커텍트(www.dukple.app)
- 팬덤과 다양한 콘텐츠를 연결시켜 덕질생활의
  질을 높이는 것을 목표로 덕후투어 플랫폼을
  운영하며, 오프라인 체험상품 호스팅 등으로
  서비스를 발전시키는 중

◆ 이제 캠핑 렌털도 배달 시대, 위드캠프
(2021 초기관광벤처)

- ㈜위드캠프(withcamp.co.kr / 070-7713-9558)
- 캠핑장비 보관/배송 플랫폼으로 제주 전역에
  있는 가맹점 또는 캠핑 전후로 투숙하는 숙소
  를 통해 캠핑장비를 받아보고 반납할 수 있는
  서비스 제공

◉ MRTS 하나면 MICE 숙박/투어/교통 예약 걱정 끝!(2021 예비창업패키지)

　－ 마이스링크(info@micelink.co.kr / 070-8064-5614)

　－ MRTS(MICE Real Time System)를 통해서 MICE행사별 맞춤형 숙박/투어/교통 솔루션을 실시간으로 제공

4　관광벤처기업(성장)

◉ 반려동물 동반 해외여행 펫에어라인(2021 성장관광벤처)(2019 예비관광벤처)

　－ 펫에어라인(https://petairline.co.kr / 02-2667-0112)

　－ 전문적인 검역노하우를 기반으로 반려동물 해외운송서비스와 반려동물 해외여행, 반려동물 동반 한국여행 서비스 제공

지울 수 있는 타투 솔루션, 프링커 코리아 (2021 성장관광벤처)

- 프링커 코리아(https://prinker.co.kr / 1833-9810)
- 원하는 이미지를 콘텐츠 허브에서 다운받거나 직접 그려서 이를 디바이스에 전달한 후, 모바일 기기를 피부 위에서 문질러주면, 피부 위에 타투 이미지가 빠르게 구현

장남감 순환공장, 코끼리공장 (2021 성장관광벤처)

- ㈜코끼리공장(https://www.kogongjang.com / 1661-7240)
- 개인 및 기관으로부터 장남감을 기부받아 수리 · 소독하여 취약계층 아동들에게 나누어주고, 재사용이 불가능한 장남감을 분해 · 파쇄하여 업사이클 제품을 제작하는 사회적기업

누구나 발행가능한 모바일 상품권 플랫폼, 플랫포스(2021 성장관광벤처)

- 플랫포스(https://www.platfos.com / 02-597-0660)
- 모바일 상품권 플랫폼 '폰키프트(PONGIFT)'를 활용하면 누구나 쉽게 모바일 상품권을 발행하고, 국내외 여행객에게 필요한 관광상품 등 모든 것을 모바일 상품권으로 판매 가능

◉ 로컬미식여행 & 팜파티 콘텐츠 전문기업,
   팜파티아(2021 성장관광벤처)(2019 예비
   관광벤처)

- 팜파티아(https://www.farmpartia.com /
  02-540-0903)
- 지속가능한 로컬푸드 생태계를 위해 여행의
  한끼가 특별해지는 새로운 미식경험을 제공

◉ 스토리텔링형 게임, 리얼월드(Real World) 운
   영, 유니크굿컴퍼니(2019 성장관광벤처)
   (2018 예비관광벤처)

- 유니크굿컴퍼니(https://realworld.to /
  070-8706-1010)
- 리얼월드는 국내 최초 몰입 경험 플랫폼으로
  모바일 타입, 야외 플레이 타입 등 다양한 테
  마의 게임을 즐길 수 있음

◉ 해녀의 부엌(2021 성장관광벤처)(2020 초기관광벤처)

- ㈜해녀의 부엌(www.haenyeo.space / 064-783-1225)
- 국내 최초 해녀 극장식 레스토랑에서 해녀의 삶을 담은 공연을 보고 해녀들이 직접 준비한
  신선한 제주 음식을 제공받음

5 관광플러스팁스

▶ 프라이빗 이동 서비스, 무브 MOOV(2019 관광벤처)

   – ㈜무브(movv.co / 1877-2025)

   – 국내외 여행뿐 아니라 비즈니스, 출장 등 언제 어디서나 전용 기사와 전용 차량을 쉽게
     이용할 수 있는 글로벌 모빌리티 플랫폼 전문 기업

▶ 드론으로 세상에 즐거움을 주다, 유비파이 UVIFY

   – ㈜유비파이(www.uvify.com /
     070-4257-1240)

   – 인공지능 기술에 기반한 자율비행 드론 소
     프트웨어와 군집 비행드론을 설계 및 제조
     하는 스타트업으로 세계 최초의 상용 군집
     라이트 쇼 드론을 출시해 야간 관광 활성화
     에 기여

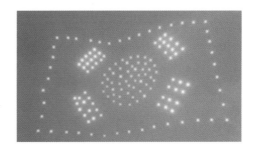

▶ AI 로봇을 활용한 맞춤형 비대면 관광안내서
  비스 '서큘러스'

   – 서큘러스(http://circul.us / 070-7793-0314)

   – 독자적인 지능형 로봇 OS, 인터랙션 AI 등
     지능형 IoT 기술을 활용한 관광안내 서비
     스 품질 개선을 목적으로 데이터 연동, 실
     시간 업데이트 등을 활용한 관광산업 특화

AI 로봇 개발 중

● 토종 핀테크 외화선불카드 트래블월렛
'모바일통'

- ㈜트레블월렛(www.travel-wallet.com /
  02-522-0400)
- 전 세계 어디서든 결제 및 ATM 출금이
  가능한 서비스를 제공하며, 모바일로
  간편하게 환전, 충전 및 관리할 수 있는
  외환선불카드로, 아시아 최초 VISA 라
  이선스 획득

● 여행사들의 생산성 증대와 판매촉진을
도와줄 ERP 클라우드 솔루션 '리브햇'

- 리브햇(www.revhat.com)
- 합리적이고 효율적인 여행 ERP 플랫폼으로 중소 여행
  사 및 대형 여행사의 실제 업무가 반영된 ERP시스템을
  국내 유일 SaaS 기반으로 구축

● 맞춤형 마케팅 인텔리전스 솔루션 액스(AX)

- ㈜액스(https://axcorp.imweb.me /
  070-4214-1150)
- 여행자 구매 데이터를 활용한 맞춤형 마케
  팅 AI 솔루션으로 액티비티 채널관리와 효율
  적인 토털솔루션을 제공하여 포스트코로나
  국내여행 급등에 대응하여 지역·관광지별
  데이터 정제를 통한 AI 모델 개발

▶ 퍼스널모빌리티를 활용한 이동 통합형 관광상품 개발, KICKGOING

- ㈜울룰로(https://kickgoing.io)
- 대한민국 최초, 최대의 전동 킥보드 공유
  서비스 '킥고잉'을 운영하면서 관광지 내
  킥스팟(무선충전 및 주차시설) 구축, 여
  행용 패스권(환승) 및 결합상품 개발 등
  을 통하여 이동의 편리성과 여행의 즐거
  움을 제공

6 2020 우수관광벤처

▶ ICT기술을 기반으로 관광형 체험 콘텐츠를 새롭게 해석한 차별화된 미래형 테마파크,
'모노리스제주파크'(기업성장 최우수상)(2019 관광벤처)

- ㈜모노리스(monolith.co.kr / 070-4900-2230)
- 중력을 활용한 다양한 액티비티에 ICT기반 기술을 접목한 그래비티 어트랙션(Gravity
  Attraction) 파크로, 직접 개발한 무동력 레이싱 RACE 981, VR 버전 RACE VR, 게임형 범퍼
  카와 다양한 실내외 어트랙션 및 F&B 시설을 갖춘 종합유원시설

◉ '현금이 아닌 콘텐츠로 여행을 소비한다'라는 새로운 여행 트렌드를 만들고 있는 IT 기업, 트립비토즈(일자리창출 최우수상)(2020 관광벤처)

- ㈜트립비토즈(www.tripbtoz.co / 02-711-6880)
- 여행 영상을 통해 최저가 여행상품을 더 저렴하게 예약할 수 있는 자유여행 플랫폼으로, 고객이 영상을 공유하거나 해당 영상이 인기를 얻을 때 현금처럼 사용할 수 있는 '트립캐시'를 적립

◉ 머물고 싶은 좋은 숙소를 큐레이션하여 제공하는 숙박 큐레이션 플랫폼, 스테이폴리오 (졸업 최우수상)(2015 관광벤처)

- ㈜스테이폴리오(www.stayfolio.com / 1670-4123)
- 여행지에서 편안하게 보낼 수 있도록 머무는 공간을 엄선하여 소개하며, 숙소 내용을 기사화하여 정보를 제공하는 '픽' 서비스와 숙소에 대한 깊이 있는 내용들을 콘텐츠화하여 '매거진'을 통해 정보 제공

◉ 자유 여행자를 위한 종이 여행지도 '에이든 여행지도' 브랜드 운영, 타블라라사(신입 최우수상)(2020 관광벤처)

- ㈜타블라라사(smartstore.naver.com/aidentravelmap)
- 1,000~1,500개의 전국 여행지 스폿을 담고, 지역별 음식, 꽃구경 여행지, 계절 여행지 등을

지도 위에 상세히 설명, 1,000여 개의 여행지 정보를 A1 사이즈의 방수 종이 위에 나타낸 '에이든 전국 여행 지도' 및 다양한 국내외 지도를 제작·판매

▶ 외식업 통합예약관리 솔루션 테이블매니저 Table Manager(초기관광벤처 최우수상) (2020 초기관광벤처)

- (주)테이블매니저(www.tablemanager. io / 1544-2017)
- 실시간 온라인 예약 및 고객 관리 서비스를 제공하며, 레스토랑, 병원, 한의원, 뷰티숍 등 개별 사업장, 지자체, 공공기관 대상 예약 관리 솔루션이 필요한 모든 분야에서 고객의 필요에 맞는 최적의 서비스를 제공

▶ 장벽 없는 라이프스타일을 디자인하는 방긋즈(예비관광벤처 최우수상)(2021 초기관광벤처, 2020 예비관광벤처)

- 방긋즈(mr5153@naver)
- 스포츠를 통한 다양한 체험·활동형 프로그램과 관광투어를 배리어프리화하여 제공하는 '무장애 스포츠관광 솔루션 프로그램'을 운영

▶ 관광콘텐츠 활용 한국어 교육 앱, 헤이스타
즈(재도전 최우수상)(2020 재도전관광벤처)

　－ ㈜헤이스타즈(www.hey-stars.com)

　－ 외국인 대상 한국어 학습용 유튜브 공식 채
　　널 개설(영어, 베트남어, 인니어, 스페인어,
　　힌두어 등), 한류스타 활용 한국관광 콘텐
　　츠 송출을 통한 한국관광 잠재수요 자극

**즐기면서 배우는
한국어**

관 광 벤 처 창 업 론

창업 성공을
위한 말말말

창업 성공을 위한 말말말

창업자는 누구나 자신의 제품과 서비스가 시장에서 성공하는 대박을 꿈꾼다. 하지만 현실은 자금 조달, 시장조사, 고객반응, 마케팅 등 여러 분야에서 전략을 수립하고 경쟁사와 경쟁을 하는 매일매일이 전쟁 같은 상황이다.

창업 시작 및 창업 성공에 조금이나마 도움이 되는 선배 창업인들의 조언을 귀담아 들어보자.

ⓞ 타깃 고객층 좁힐수록 창업성공 확률 높다   – 권민재, 알바테크 대표

– 자기가 하고 싶은 것보다는 **고객이 필요한 것을 하는 게 성공의 지름길**이다. 다섯 번의 창업을 경험하며 가장 중요한 핵심이자 본질은 고객임을 느꼈다.

– 예비창업자들이 피하길 바라는 **시행착오 세 가지** 중에서 첫 번째는 **'왜'가 없었다는 점**이다. 즉 창업을 해야 하는 이유와 비전이 없었다. 대학 시절 창의력 올림피아드에서 수상한 경험에 착안해 창의력 교육 사업을 시작했는데, 정작 이 친구들을 에디슨, 빌 게이츠로 키워야겠다는 사명감 없이 그저 멋있어 보인다는 얕은 생각뿐이었기에 결과적으로 망했던 것 같다. 그러면서 다음에 창업할 때는 그 **본질과 미션**을 꼭 가져야겠다고 생각했다. 두 번째 시행착오는 **꼭 필요하지 않은 상품을 개발한 점**이다. 과거 쇼핑백을 옷걸이로 재사용할 수 있는 이른바 '트랜스포머 쇼핑백'을 개발해 판매한 적이 있다. 당시 유명한 지상파 예능 프로그램에 출연하는 등 많은 이슈가 됐지만 고객의 지갑을 열지 못했고, 당시 1년간 기획, 디자인, 생산, 판매, 유통을 모두 경험하며 고객에게 꼭 필요한 상품을 만들어야 함을 깨달았다. 마지막 피해야 할 시행착오로 **팀빌딩 실패**이다. 과거 공연기획자와 아티스트를 연결해 주는 중개 플랫폼을 창업했을 당시 마케팅, 디자인, 개발

등의 업무를 팀원들과 골고루 분담했어야 하는데 혼자만의 맨파워로만 사업을 밀어붙인 점이 아쉬웠다. 요즘 네이버 스토어팜 등을 통해 창업을 많이 하는데 이 경우 혼자 하기보다 3명 이상의 팀원이 각자 역량을 살리는 것이 성공에 좀 더 가까이 가는 지름길이라고 생각한다.

– **고객 타깃군이 좁으면 좁을수록 좋다.** 예컨대 '20대 서울 거주 여성'을 타깃으로 삼는다면 더 좁혀 들어가 '대학교 1학년인 20세 여학생'을 핵심 고객으로 삼는 식이고, 이 핵심 고객을 끌어들이지 못하면 다른 소비군도 설득하기 어렵다.

〈매일경제, 2021.7.12〉

❯ 창업가, 투자 이끌어내려면 겸손보다 실적 자랑해야

– 손정의 소프트뱅크그룹 회장은 2000년, 당시 갓 알리바바를 창업한 마윈 회장을 만나 대화를 나눈 지 단 10분 만에 2,000만달러라는 거액의 투자를 결정했다. 손 회장의 직관적이면서도 과감한 투자 방식을 보여주는 유명한 이야기다. 손 회장 같은 사례는 **벤처캐피탈 등의 투자자들이 객관적인 정보에 근거한 이성적인 판단으로만 투자 결정을 내리지 않음을 보여준다.** 투자자들이 투자 결정을 할 때 창업가의 교육 수준이나 과거 실적, 성장 가능성 같은 객관적인 정보를 우선시할 것 같지만 실제 현실에서는 창업가와의 궁합이나 즉흥적 감정 같은 비이성적인 측면이 더 중요하게 개입하곤 한다. 그렇다면 창업가가 투자자와 만난 자리에서 그의 마음을 사로잡으려면 어떻게 말하는 게 유리할까?

– 먼저 창업가가 투자자 앞에서 아첨을 하거나 자기 비하를 통해 투자자들을 기쁘게 하려는 수사학적 전략은 투자 자금 확보에 부정적 영향을 미치고, 반면 창업가가 **투자자의 의견에 동조하거나 자신의 업적을 강조할 때 투자 자금 확보에 긍정적 영향**을 미쳤다. 특히 이런 긍정적 효과는 창업가의 카리스마가 높은 것으로 평가되거나, 이 기업의 기존 실적이 좋을 경우에 더욱 뚜렷하게 나타났다.

– 이는 창업가가 투자자 앞에서 말할 때 **자신의 업적을 적극 홍보함과 동시에 기업과 제품 및 서비스에 대한 자신감을 보여주는 것**이 투자금 확보에 도움이 된다는 교훈을 준다. 또 투자자에게 아첨하기보다는 그의 의견에 적극적으로 동의하는

게 투자자의 신뢰를 확보하는 데 유리함을 시사한다.

〈동아일보, 2021.6.30〉

▶ 자금보다 중요한 건 창업자 자신에 대한 믿음 — 김하섭, 메디프레소 대표

- 일을 잘하기 위해 '**나**(창업자)', '**우리**(회사)', '**환경**(외부)' 세 가지 관점이 중요하다. 우선 '나'의 관점에서 창업자는 실력과 능력을 갖춰야 한다. 실력이 업무에 대한 단순 지식, 경력, 자격증이라면 능력은 일을 해낼 수 있는 힘, 즉 성과를 창출하는 힘이다. 창업가의 능력은 미래에 대한 예측력, 현재를 파악하는 통찰력, 사람을 움직이는 리더십, 그리고 일을 꾸준하게 이끄는 추진력까지 모두를 포괄한다.

- '우리'의 관점에서 중요한 개념은 중국의 '**삼칠개**(三七開)' 정신으로, 과거 중국의 지도자 덩샤오핑이 가문을 사이에 두고 원수지간이던 전임 지도자 마오쩌둥의 과가 30%지만 공이 70%라고 정리하며 나라를 통합했듯, 일을 하다 보면 팀원의 단점이 보이지만 장점을 기반으로 이해와 타협을 추구해야 한다.

- '환경'의 경우 『손자병법』의 '**전승불복 응형무궁**(戰勝不復 應形無窮)' 정신이 필요하다. 전쟁의 승리가 반복되지 않는 것처럼 한 번의 성공이 두 번의 성공을 장담하지 않는다. 무궁한 변화에 유연하게 내 모습을 바꿔 대응해야 한다.

- **시행착오와 실패를 최대한 빨리 경험**하는 것이 중요하다. 돈도 사람도 경험도 기술도 없던 사업 초기에 사기도 당하고 직원에게 데어도 본 게 큰 경험이 됐다. 실패가 계속될 때 그만두지 말고 이를 경험으로 삼아 다음에 더 크게 도전하고 빠르게 수정해 성공하면 된다.

- 사업 아이템의 수요 조사로 가장 좋은 방법은 **일단 시장에 내놓는 것**이다. 좋은 아이템은 시장 사전조사보다 현장에서 고객을 직접 만나 검증 과정을 거치며 발굴되기 때문이다.

- 사업에서 가장 중요한 것은 사업의 핵심이자 인생의 주인공인 '**창업자**' 자신이다. **창업자가 스스로 믿음을 가지고 끝까지 포기하지 않고 한 발씩 꾸준히 나아가는 게 가장 중요**하다.

〈매일경제, 2021.6.29〉

▶ 창업은 네 가지 함수… 하나라도 빠지면 '0' – 김태경, 어메이징브루잉컴퍼니 대표

- 창업은 네 가지 함수의 곱이다. 각각 **타이밍, 전문성, 인맥, 돈**이다. 하나라도 0이면 전체 값은 0이 된다.

- 내가 뛰어들거나 투자하려는 회사가 하는 사업이 충분히 크고 빠르게 성장하는지가 굉장히 중요하다. 타이밍이 올 때까지 꾸준히 경험과 능력을 쌓았다. 인맥 측면에서도 직장생활을 하면서 구축했던 네트워크가 사업하는 데 큰 도움이 됐다.

- 창업에서 **리더십**이 중요하다. 사람들에게 공동창업을 권하지만 지분은 한 사람에게 몰아줘야 한다. 투자자들도 사람을 보고 투자를 결정하는데 그 사람이 누군지 확실하지 않으면 문제가 생긴다. 책임을 지고 의사결정할 사람이 있어야만 한다.
〈매일경제, 2021.6.15〉

▶ 창업가는 '팔방미인'… 재무ㆍ마케팅 등도 배워야 – 이창민, 러닝스푼즈 대표

- 좋은 학벌을 가지지 못했어도 해결책은 있다. **본인만이 할 수 있는 스토리와 커리어**가 있으면 된다.

- **공동창업을 준비할 경우 성향이 반대되는 사람과 할 것**을 추천한다. 저는 기획력과 실행력이 있는 사람이었고, 두 명의 공동창업자는 제 뒤에서 백업해 줄 수 있는 사람들이었다. 성격이 반대여야 시너지 효과가 나오지, 같은 성격과 능력을 가진 사람은 둘일 필요가 없다.

- 직원을 뽑을 때는 **특이한 경험을 해본 사람**을 선호한다. 색다른 경험과 재미있는 활동을 했다는 것은 호기심이 많다는 방증이고, 이는 곧 세상에 대한 관심이 많다는 의미이기 때문이다.

- 창업을 위해 **경영학**을 배울 수 있으면 배우는 게 좋다. 경영학에서 다루는 재무나 마케팅이 회사 경영에 도움이 될 수 있어서다.

- 실행력과 전략적 사고는 물론 마케팅, 재무, 고객관리(CS)까지 모든 부분에서 창업가의 역량이 필요한데 어느 하나만 부족해도 안 된다.

- 창업할 때 필요한 마음가짐은 크게 네 가지이다. 일단 버스에 적합한 사람을 태운 뒤 어디로 갈지 고민할 것, 사업은 안갯속으로 먼저 걸어가는 것임을 기억할 것,

대표 자리는 생각보다 무거운 자리임을 명심할 것, 모든 것을 걸고 밀도 있게 집중할 것으로 요약된다.

– 시장에 블루오션이란 없다. 사업을 하려는 분들 중 아이템이 없다는 분이 많지만 사실 아이템은 중요하지 않다. 팀원만 괜찮으면 아이템이 비록 시장에 맞지 않더라도 피벗을 해서 언제든 시장성을 찾을 수 있다.

〈매일경제, 2021.6.1〉

▶ '벤처캐피탈 신흥강자' 스톤브릿지… 쏘카 · 직방 투자엔 이 사람 있었다

– 손호준, 스톤브릿지벤처스 이사

– 보석 같은 스타트업을 발굴하는 전략으로 우선 '분야가 있으며, 기업가치 1조원 이상을 인정받을 수 있는 분야 내에서 투자하고 있다. 구체적으로 **의(옷) · 식(음식) · 주(집) · 금융 · 교통 · 오락** 등의 6가지 분야이다.

– 개별 기업 단계로 들어가면 가장 중요한 기준은 '**사람**'이다. 창업한 기업을 유니콘으로 키운 창업가들은 모두 작은 정보로 큰 인사이트를 얻어 과감하게 결정하고, 그걸 효율적으로 이행할 수 있는 특징이 있었다.

〈매일경제, 2021.5.12〉

▶ 스타트업에 상장 · M&A는 '도약 밑거름'
– 박민우, 크라우드웍스 대표

– 출구 전략을 달성하기 위해서는 **시리즈A 투자 단계에서는 솔루션**을, 시리즈 B · C 투자 단계에서 회원 수 · 고객 수 · 매출액 등의 J커브 성장 곡선을 통해 성장을 **증명**해야 한다. 이때 경쟁사, 시장 변화, 규제 상황 등으로 벤처캐피탈(VC)이 공격해 온다면 가장 효과적인 증명은 돈 버는 것을 보여주는 것이다. 투자 단계에서 VC가 매력을 느낀다면 그다음에는 기업 가치 산정이 중요하다. 여기에는 경쟁사 대비 우리의 기업 가치, 시장 규모 혹은 시장 성장률에 대한 기대치 같은 주관적 잣대보다 '**시리즈A 시점 대비 얼마나 성장했는가**' 같은 객관적 기준이 필요하다.

– 객관적 성장지표를 만들기 위해서는 핵심지표와 보조지표 사이 연관관계를 분석하는 등 **데이터 활용**이 중요하다. 예를 들어 작업자 수 대비 검수자 수, 프로젝트

수 대비 클라이언트 수, 매출 대비 손익과 비용 등을 추출해 월·분기·연 단위 중 가장 적절한 것을 골라 직선 그래프를 뽑아내는 식이다.

- 투자자와 협상을 잘하는 방법은 **살을 주고 뼈를 취하는 것**이다. 기업 가치, 투자 총액, 투자 시점 중 무엇을 얻을지 하나를 결정하고 나머지는 포기해야 한다. 협상은 시간과의 싸움이기에 투자 협상이 지연돼 리스크가 발생하지 않도록 투자 유치는 1년 이상 운영 가능한 현금을 보유한 상태에서 시작하는 것이 안전하다.

- 협상은 계약 단계에서 깨지는 경우도 많다. 이를 방지하려면 텀시트(term sheet·계약 조건을 담은 문서)를 통해 충분히 상호 간 조건을 협상하고 투자설명회(IR) 단계에서 가급적이면 **표준계약서**를 받아두는 게 좋다.

〈매일경제, 2021.4.20〉

▶ 창업에 성공하려는 자, 사람을 만나라　　　　– 조재화, 플러스티브이 대표

- 스타트업 창업의 길이 쉽지만은 않다. 하지만 늘 **긍정적인 자세와 크면서도 명확한 비전**을 갖고 있다면 지치지 않고 전진할 수 있다.

- 익숙한 아이템을 갖고 창업했지만 아무도 사지 않았다. **중요한 것은 고객이 원하는, 고객이 필요한 아이템을 개발하는 것**이다. 아는 분야도 좋지만 **시장이 성장하는 곳에서 사업 아이템을 찾는 것**이 바람직하다.

- 시장의 성장이라는 '바람'을 등지고 달려나가는 것이 중요하다. 물론 **열정은 기본**이다. 창업을 하면 무조건 발로 뛰어 시장을 개척해야 한다.

- **네트워크를 관리하는 힘**을 기르고 전문 분야를 발굴하며 꿈을 크게 갖고 독서를 통해 지혜를 얻고 소프트웨어 등 새로운 도구에 익숙해지며 건강한 취미 생활을 이어가야 한다.

- **대학생 때부터 인맥을 관리**해 봐야 한다. 특히 **함께 일하는 습관**을 갖는 것이 중요하다. 더 넓게는 고객과 직원들, 그리고 투자자들과 소통하는 능력도 중요하다. **스타트업의 기본은 사람과의 관계에서 출발한다.**

〈매일경제, 2021.4.5〉

◉ **평생 직장인은 불가능, 언제나 창업 꿈꿔야** — 박병현, 한국디지털 대표

- 인생을 **학생, 직장인, 창업가** 세 단계로 구분하고 계획해야 한다.
- 현대사회에서는 직장인으로서 평생을 사는 것이 거의 불가능하며, 모두가 창업가를 목표로 해야 한다. 직장인 혹은 창업가로서의 출발선에서 남들보다 앞서기 위해서는 **이전 단계부터 계획을 세워야 한다.**
- 우선 대학생에게 가장 필요한 과정은 "**스스로 하는 포지셔닝(Positioning)**"을 하는 것이고, 현재 자신의 능력을 파악하고 그에 걸맞은 목표를 세워야 한다.
- 직장 생활 중에서도 다음 단계인 창업을 준비해야 한다. 조금이라도 성장할 수 있는 일을 하라. 아르바이트도 좋지만, 중소기업이나 스타트업에서 일할 기회가 있다면 놓치지 마라. 창업가로서의 경험을 생각해 봤을 때 대기업보다 중소기업, 스타트업에서 포괄적인 직무를 경험하는 것이 미래를 위해 더욱 도움이 될 것이다.

  〈매일경제, 2021.3.8〉

◉ **개개인 도전 존중⋯ 그게 스타트업의 매력** — 안상선, 엠로보 대표

- 매일경제 사내 해커톤 대회에 참여해 1등을 했고, 이를 계기로 사내 벤처기업 엠로보를 창업했다. **해커톤**을 통해 가지고 있던 아이디어를 실현할 수 있었고, 기회가 된다면 해커톤 대회에 참가해 자기만의 아이디어를 실현해 보라.
- 스타트업에는 **투자가 중요**하다. 투자금을 쪼개 최대한 많은 것에 도전하고 그중 하나를 발굴하는 것이 스타트업이다.
- 스타트업 조직은 사장과 직원이라기보다 협업하는 관계를 기본으로 한다. 회사와 직원이 갑을 관계로 엮이기보다 서로 필요에 의해 파트너 관계를 유지한다.

  〈매일경제, 2021.2.22〉

◉ '한방 대박' 아이템이 어디 있나요, 고치고 또 고치고 만들어지는 거죠

– 윤종수, 지바이크 대표

– 나만의 대박 아이템을 갖추는 것보다 중요한 것은 **실행력**이다. 일단 실행한 뒤 피드백을 받으면서 아이디어가 구체화되는 것이다.
– 남과 다른 게 항상 좋은 것은 아니다. 비즈니스 모델이 시장과 맞아떨어지는지 실행을 통해 배워야 하며, 안 되면 빨리 포기해야 한다.
〈매일경제, 2021.2.16〉

◉ 사업이 순항하는지 알려면 첫째도 둘째도 소비자 반응

– 권도균, 프라이머 대표 / 김장길, 서울대 교수

– 모든 실패가 성공의 자양분이 되지는 않는다. 실패에서 배우는 게 없으면 또다시 실패할 뿐이다. 실패 과정에서 나타난 작은 성공에 주목하고, 여기서 배우는 게 있어야 한다.
– 실패를 성공의 발판으로 삼기 위해선 **소소한 성공 경험을 누적하는 게 중요**하다. 성공하지 못한 창업 사례의 90%는 **해당 제품과 서비스를 소비자가 원하지 않았기 때문**이다.
– 실패를 극복할 실마리는 소비자가 원하는 게 무엇인지 아는 데 있다. 본인 사업이 잘되는지 확인할 유일한 지표도 **소비자뿐**이다(권도균 대표).
– 아이템이 아무리 좋아도 사업계획서로 어필하지 못하면 창업은 먼 얘기이다. 학생 창업가들이 주의해야 할 점은 **제품의 사회적 의미보다는 수익성을 중심으로 설명**하고, 지키지 못할 성과 목표는 아예 제시하지 말아야 한다(김장길 교수).
〈매일경제, 2021.1.20〉

◉ 27전 24패 '실패장인'이 말한다. '좋은 습관 만들면 성공합니다'

– 김민철, 야나두 대표

– 실패에서 벗어나려면 **자신감을 회복**하는 게 급선무이다. 성공의 감각을 되찾고

자신감을 회복하려면 **아주 작은 것에서부터 성공**을 쌓아나가야 한다. 숱한 실패를 겪고 나서야 그는 실패를 실험으로 받아들이고 있다. 자신을 관리하는 방법, 목표를 설정하는 방법, 위기에 빠졌을 때 헤쳐 나오는 방법을 터득하는 실험 말이다.

– 인생은 결국 멘탈 싸움과 루틴 싸움이며, 나의 멘탈을 관리하고 좋은 습관을 갖는 것이 중요하다. 저는 하루에 팔 굽혀 펴기를 스물두 개 합니다. 내가 하기에 적당하니까. 책도 매일 한 장씩 읽자고 계획을 세워요. 1년 전부터 명상도 매일 20분씩 하고 있어요. 관건은 **쉬운 걸 매일매일 하는 것**입니다.

〈매일경제, 2021.1.12〉

▶ 투자자로 돌아온 '900억 잭팟 청년' – 유영석, 코빗 창업자

– 어떤 VC는 특정 산업군의 네트워크가 탄탄하고, 어떤 VC는 후속투자자를 데려오는 능력이 탁월해서 자신들이 투자한 기업이 추가 투자를 받도록 도와준다. VC마다 역량이 다르기 때문에 **여러 VC에 투자를 받는 것도 좋은 전략**이다.

– 스타트업이 투자를 받을 때 **적절한 수준으로 밸류에이션(기업가치평가)**을 해야 한다. 창업자들이 자사 가치를 실제 가치보다 높게 평가받고 싶어 하는 경향이 강한데, 너무 높게 평가받으면 이후에 후속투자를 받을 때 기업가치를 처음 투자받았을 때보다 훨씬 더 높여야 하기 때문에 후속 투자유치가 어렵고, 평가절하해서 투자를 받으면 스톡옵션 효능이 떨어지는 역효과가 발생할 수 있다.

〈매일경제, 2020.12.8〉

관 광 벤 처 창 업 론

벤처 용어집

B 벤처 용어집

고객여정지도(Customer Journey Map)

고객이 제품 또는 서비스를 이용하면서, 체험하는 경험 및 감정 등을 타임라인 형식으로 표현한 것으로, 단순하게 하나의 제품을 사용하는 것뿐만 아니라, 고객이 기업과 만나는 모든 지점을 고려하는 것이다.

가치평가(Valuation)

스타트업이 얼마나 수익을 낼 수 있을지를 예상해서 현재 시점의 가치로 환산한 수치임. 기업의 매출, 이익, 현금흐름, 증자, 배당, 지배구조 등 다양한 지표가 근거로 쓰이며, 가장 대표적인 계산법은 '한 주당 가격 × 총발행 주식 수'를 말한다.

공유경제

2008년 미국 하버드대 법대 로런스 레식(Lawrence Lessig) 교수가 주창한 개념으로, 한 번 생산한 제품을 소유의 개념이 아닌 여럿이 공유해서 사용하는 협력적 소비(Collaborative Consumption)를 기본으로 하는 경제활동을 말하며, 공유경제가 주목받는 이유는 놀고 있는 유휴자원을 활용해 기존에 없던 부가가치를 만들어내기 때문이다. 사례로는 에어비앤비, 우버 등이 있다.

관광벤처사업

다양한 사업 간 기술이나 서비스의 결합을 통해 관광객이 새로운 경험과 창의적인 관광활동을 할 수 있도록 새로운 시설, 상품 또는 용역을 제공하는 업을 의미하며, 문화체육관광부는 관광산업의 일자리를 창출하고 경쟁력을 제고하여 관광산업의 외연을 확대할 목적으로 2011년부터 관광벤처기업 발굴지원사업을 진행하고 있다.

◉ 기업가정신(Entrepreneurship)

기업가정신은 창업가 정신으로도 불리며, 비즈니스 외부환경 변화에 민감하게 대응하면서 항상 기회를 추구하고, 기회를 포착하기 위해 혁신적인 사고와 행동을 하고, 포착한 기회를 활용하여 시장에 새로운 가치를 창조하고자 하는 생각과 의지로써, 창업에 도전하고 열정적으로 추진해 나가는 핵심 원동력이라고 할 수 있다.

◉ 기업형 벤처캐피탈(CVC : Corporate Venture Capital)

대기업이 출자한 벤처캐피탈(VC : Venture Capital)을 의미하며, 미국, 중국에서는 흔히 볼 수 있는 VC의 한 형태이다. 창업기업에 자금을 투자하고 모기업의 인프라를 제공해 창업기업이 성장 기반을 마련하도록 지원하며 모기업의 사업 포트폴리오에 도움이 되도록 투자 포트폴리오를 구성한다는 점이 VC(Venture Capital)와의 차이점이다.

◉ 다윈의 바다(Darwinian Sea)

악어·해파리 떼가 가득해서 일반인 접근이 매우 어려운 호주 북부 다윈(Darwin)의 해변을 의미하는 말로, 신제품 양산에 성공하더라도 시장에서 다른 제품과 경쟁하며 이익을 내기가 매우 어려운 상황을 의미한다. 초기 사업화 단계의 '죽음의 계곡(Death Valley)'과 달리 경영, 마케팅, 시장 트렌드 변화 등 기술 외적인 요인들로 인한 어려움을 주로 말한다.

◉ 데모데이(Demoday)

어떤 계획을 추진할 예정일인 디데이(D-Day) 이전에 먼저 행사를 진행하는 날이라는 뜻으로, 본래 미국 실리콘밸리에서 설립된 지 얼마되지 않은 신생 벤처기업인 스타트업이 개발한 데모 제품, 사업 모델 등을 투자자에게 공개하는 행사를 진행하는 것을 의미한다.

⊙ 데스밸리(Death Valley)

죽음의 계곡이라는 뜻으로 초기창업 벤처기업이 기술개발에 성공해도 사업화 단계에 이르기 전까지 넘어야 할 어려움을 나타내며, 기업이 아이디어·기술 사업화에는 성공했지만 이후 자금 부족으로 인해 상용화에 실패하는 상황을 나타내는 용어로 쓰인다.

⊙ 데카콘(Decacorn)

기업 가치가 100억달러 이상인 스타트업은 뿔이 10개 달린 상상 속 동물인 데카콘(Decacorn)이라 부르는데, 이는 유니콘기업보다 희소가치가 더 높은 스타트업이라는 의미이다. 미국 경제통신사 블룸버그에서 유니콘보다 10배 이상의 가치를 지닌 기업을 데카콘(Decacorn)으로 부르기 시작했다.

⊙ 린 스타트업(Lean Start-up)

미국 벤처기업가 에릭 리스(Eric Ries)가 만들어낸 개념으로, 단기간에 특정 제품을 만들고 성과를 측정해서 다음 제품 개선에 반영하는 과정을 반복하며 시장에서의 판매 성공 확률을 높이는 경영 방법론의 일종이다. 일단 시제품을 제조해서 시장에 출시하고 시장 및 고객 반응을 점검하면서 제품을 수정해 나가는 것이 핵심이다.

⊙ 마일스톤(Milestone)

사전적 의미로는 획기적인 사건 또는 중대 시점을 뜻하며, 스타트업 및 벤처투자 관점에서 기업 성장단계에서 개발 완료, 고객 확보, 생산 시작, 우수 경영진 고용 등의 주요한 이벤트를 의미하며, 투자 및 보육 시에는 이에 따른 단계적 지원이 추진되는 척도가 될 수 있다.

⊙ 매칭펀드(Matching Fund)

투자신탁회사가 국내외에서 조달한 자금으로 국내외 증권시장에 분산투자하는 기금, 다수 기업들이 공동으로 출자하는 자금, 중앙정부의 예산지원자금을 지자체 및 민간과 연계하여 배정하는 방식을 의미한다.

⊙ 모태펀드(Fund of Funds)

개별 기업에 직접 투자하는 대신 투자조합에 출자하여 투자위험을 줄이면서 수익을 확보하는 펀드이며, 정부가 중소·벤처기업을 육성하기 위한 투자재원 공급 등의 목표로 조성된 정부 주도의 펀드로 벤처캐피탈에 출자하는 방식의 펀드를 의미한다.

⊙ 바우처(Voucher)

일종의 상품이나 서비스를 구매할 수 있는 증서와 같은 개념으로 바우처 제도란 정부가 수요자에게 쿠폰을 지급하여 원하는 공급자를 선택하도록 하고, 공급자가 수요자로부터 받은 쿠폰을 제시하면 정부가 재정을 지원하는 방식이다. 이때 제공하는 쿠폰을 바우처(Voucher)라고 하며, 사회서비스바우처, 문화바우처, 주택바우처 등이 있다.

⊙ 벤처기업(Venture Business)

벤처기업은 벤처(Venture)와 기업(Company)의 합성어로서 벤처는 모험 또는 모험적 사업, 금전상의 위험을 무릅쓴 행위를 의미하고 첨단의 신기술과 아이디어를 개발하여 사업에 도전하는 기술집약형 중소기업으로 성공할 경우 높은 기대수익이 예상되는 신생 중소기업을 의미한다.

⊙ 벤처기업확인제도

1998년 처음 도입되어 실제 자금시장에서 벤처자금을 운영하는 기업을 벤처기업으로 인증해 주는 제도로, 벤처기업으로 확인받기 위해서는 먼저 「벤처기업육성에 관한 특별조치법」의 '벤처기업의 요건'을 충족해야 한다.

⊙ 벤처캐피탈(VC : Venture Capital)

고도의 기술력과 미래 시장성은 있지만 경영기반이 미약하여 일반 금융기관으로부터 융자받기 어려운 벤처기업에 무담보 주식투자 형태로 투자하는 전문 금융기관이나 금융기관의 자본을 뜻한다. 투자대상 기업이 성공한 후 투자원금 회수 및 고수익 획득이 목적이다.

⊙ 비즈니스 모델(BM : Business Model)

비즈니스 모델은 사업모형(事業模型)이라 불리며, 제품이나 서비스를 소비자에게 어떻게 편리하게 제공하고, 어떻게 마케팅하며, 어떻게 돈을 벌겠다는 아이디어를 의미한다. 기존의 비즈니스와 어떤 점에서 차별화되고 어떤 방식으로 사업할 것이며 어느 시점에서 수익을 창출할 것인가에 대한 벤처기업의 총체적인 마스터플랜을 의미한다.

⊙ 비즈니스 모델 캔버스(BMC : Business Model Canvas)

2010년 알렉산더 오스터왈더(Alexander Osterwalder)에 의해 소개된 후 전 세계적으로 사용되고 있는 비즈니스 툴로써 비즈니스에 포함되어야 하는 9개의 주요 사업 요소(핵심파트너, 핵심활동, 핵심자원, 가치제안, 고객관계, 채널, 고객, 비용, 수익)를 한눈에 볼 수 있도록 만든 그래픽 템플릿이다.

⊙ 사내벤처기업(Corporate Venture)

기업이 본래의 사업과 다른 시장으로 진출하거나 신제품의 개발을 목적으로 기업 내부에 독립된 태스크포스(TF), 사업팀, 부서의 형태로 설치하는 조직으로, 우리나라는 1996년부터 기업들이 도입하기 시작했다. 경쟁력이 떨어지는 사업을 정리하는 차원의 일반적인 분사와 달리 미래 유망사업 진출에 활용되고 있다.

⊙ 사모펀드(Private Equity Fund, 私募)

투자자로부터 모은 자금을 주식·채권 등에 운용하는 펀드로써, 고수익기업투자펀드라고도 부른다. 공모펀드는 펀드 규모의 10% 이상을 한 주식에 투자할 수 없는 등 운용에 제한이 있지만, 사모펀드는 이러한 제한이 없어 이익이 발생할 만한 어떠한 투자대상에도 투자할 수 있어 자유로운 운용이 가능하다.

◎ 성장사다리펀드

정부가 중소·벤처기업의 성장 지원 등 벤처생태계 촉진을 위하여 2013년에 공식 출범시킨 펀드로 창업, 성장, 회수 등 기업의 성장 단계별로 자금이 원활하게 순환되도록 산업은행 등의 정책자금과 민간 투자자금을 모아 만드는 펀드이며 일명 '펀드 오브 펀드(fund of funds)'의 형태를 갖추고 있다.

◎ 소셜벤처(Social Venture)

사회문제를 해결하기 위해 사회적기업가가 설립한 벤처기업 또는 조직을 뜻하며, 일반 벤처기업과 다른 점은 기업 경영이 이익 추구보다는 사회적 문제해결, 사회적 혜택 제공 등을 우선시한다는 점이다. 취약계층 대상 사회서비스나 일자리 제공, 빈곤과 불평등, 환경 파괴 등의 사회적 문제를 해소하면서 수익 창출을 목표로 하고 있다.

◎ 손익분기점(BEP : Break Even Point)

매출액이 총비용과 일치하는 지점을 의미하며, 손익분기점을 달성한 이후 다양한 투자를 유치할 수 있다. 벤처캐피탈, 정부자원자금, Series A, B, C라 불리는 단계로 도약할 수 있다. 이론적으로는 사업을 시작한 지 16~18개월 정도에 손익분기점을 달성하는 것이 가장 좋다.

◎ 스케일업(Scale-up)

사전적 의미로는 규모(scale)를 확대(up)한다는 뜻으로, 기술, 제품, 서비스, 기계성능, 생산능력 등의 확대를 의미하며, 스타트업 중 시장에서 빠르게 성장하는 고성장 벤처기업이란 의미로 통용되고 있다.

◎ 스타트업(Start-up)

미국 실리콘밸리에서 처음 사용된 용어로, 혁신적인 아이디어와 기술을 보유하고 있고 설립된 지 얼마 안 된 신생기업으로 벤처기업처럼 정부 인증이 필요하지 않고, 자금력이 부족한 경우가 많으며 고위험, 고수익, 고성장의 가능성을 보유하고 있다.

◎ 시드머니(Seed Money)

시드머니(Seed money)는 종잣돈 또는 시드펀딩이라고 알려져 있으며, 비즈니스의 초기 단계에 집행하는 투자이다. 시드머니는 수익이 발생하거나 다른 투자를 받을 때까지 자금을 활용할 수 있도록 돕는 역할을 한다. 예로는 자기자본, 엔젤투자, 가족의 투자, 지인의 투자, 크라우드펀딩 등이 있다.

◎ 액셀러레이터(Accelerator)

자동차의 가속장치(Accelerator)에서 차용한 용어로, 창업 초기 기업 대상 업무 공간, 자금, 마케팅, 컨설팅 등을 제공하여 기업의 성장을 촉진시키는 창업기획자이자 멘토 역할을 하는 회사이다. 발굴한 스타트업을 여러 지원을 통해서 그 기업의 가치 향상을 목표로 하고 있으며, 미국 실리콘밸리 와이컴비네이터(Y Combinator) 등이 대표적인 회사이다.

◎ 엑시트(Exit)

엑시트(Exit)란 투자 후 출구전략을 의미하는데 투자자의 입장에서 자금을 회수하는 방안을 뜻한다. 벤처기업의 엑시트 전략으로는 매각, 주식시장 상장, 인수합병, 기업청산 등이 있으며, 엑시트는 시장에서 또 다른 창업을 추구할 수 있는 기반을 제공해 생태계의 선순환 역할을 할 수 있다.

◎ 엔젤투자(Angel Investment)

일반 개인들이 돈을 모아, 창업하는 벤처기업을 대상으로 필요한 자금을 제공하고 주식으로 그 대가를 받는 투자형태를 말하며, 기업 창업자 입장에서는 천사 같은 투자라고 해서 붙여진 이름이며, 이렇게 투자하는 사람을 엔젤투자자라고 한다. 기업이 성장하여 기업가치가 올라가면 수십 배의 이득이 창출되고, 실패하면 투자액 대부분이 손실로 이어진다.

◉ 유니콘(Unicorn)

스타트업은 유니콘(Unicorn)이라 부르는데, 이는 많은 스타트업 중에서 크게 성공하는 스타트업이 드물어 상상 속에 존재하는 유니콘과 같다는 의미다. 유니콘은 원래 머리에 뿔이 하나 달린 신화 속의 동물을 의미하며, 비즈니스 분야에서 기업가치가 10억달러(약 1조원) 이상인 비상장 신생기업(start-up)을 뜻한다.

◉ 인큐베이터(Incubater)

미숙한 신생아를 인큐베이터 안에서 키우는 것처럼 갓 창업한 소기업의 성장을 지원하는 업체로써, 독자적 창조성이 풍부한 기술, 경영 노하우 등을 갖춘 연구개발형 중소기업 대상 자치단체 등이 중심이 되어 연구시설·기기, 자금 등을 지원하여, 자립화 및 새로운 산업창출의 장과 기회를 부여한다.

◉ 임팩트투자(Impact Investment)

재무적 관점에서 수익 창출과 동시에 사회적·환경적 성과도 추구하는 투자로써, 기존 투자는 경제적 및 재무적 성과에 집중하였던 반면, 임팩트투자는 경제적 및 재무적 성과를 뛰어넘어 사회적 및 환경적 성과를 추구하는 투자를 의미한다.

◉ 재무적 투자자(Financial Investors)

기업의 M&A(기업인수합병) 및 대형 사업으로 대규모 자금이 필요할 경우 기업 경영에는 미참여하고, 배당금 등 일정 수익만을 취득하기 위하여 부족한 자금을 지원하는 투자자를 의미한다. 은행, 자산운용사 등의 기관투자자, 공적기관들이 재무적 투자자라 할 수 있다.

◉ 전략적 투자자(Strategic Investors)

기업이 M&A(기업인수합병) 또는 대형 사업 등의 추진으로 대규모의 자금이 필요할 때 경영 참여 등 경영권 확보를 목적으로 자금을 조달 및 지원해 주는 투자자를 의미하며, 전략적 투자자는 보통 인수하는 기업과 관련 업종이 동일하거나 시너지효과를 창출할 수 있는 기업을 뜻한다.

▶ 카피캣(Copy Cat)

비즈니스 시장에서 성장하고 있는 기업이나 스타트업의 제품을 모방해서 만든 특정 제품을 비하하는 의미로 사용되는 용어다. 예로 중국의 샤오미는 애플의 카피캣 브랜드이며, 카피캣의 문제는 디자인권 침해와 별도로, 외형은 기존 제품과 유사하게 수려한 반면, 제품의 기술력이 미흡하다는 점을 들 수 있다.

▶ 크라우드펀딩(Crowdfunding)

대중을 의미하는 크라우드(Crowd)와 자금 조달을 의미하는 펀딩(Funding)을 조합한 용어로, 온라인 플랫폼을 이용하여 다수의 일반 대중으로부터 자금을 모집하는 방식을 뜻한다. 내용에 따라 후원형, 기부형, 대출형, 증권형 등의 네 가지 형태가 있다.

▶ 테스트 베드(Test Bed)

신제품의 시장에서의 성공 가능성을 측정하기 위해 특정 제품을 판매하기 전에 일차적으로 출시하는 특정 시장이나 지역을 의미한다. 테스트 베드는 모바일 등의 ICT(정보통신기술) 산업과 자동차 등 여러 분야의 기업들이 출시 제품에 대한 시장 반응(소비자 만족도)을 살피고, 성공 여부를 예측하는 데 활용하고 있다.

▶ 팁스(TIPS : Tech Incubator Program for Startup)

중소벤처기업부에서 초기 단계 스타트업을 지원하기 위해서 만든 민간투자주도형 기술창업 지원 프로그램으로, 팁스 운영사(창업기획자 등)가 유망한 기술창업기업을 선발하여 투자 및 보육을 하면 정부가 R&D, 창업사업화, 해외마케팅 등을 매칭 지원하는 민간주도의 기술창업 프로그램을 말한다.

▶ 펀드(Fund)

펀드는 특정한 목적을 위해 다수의 투자자로부터 모아진 자금을 전문적인 운용기관인 자산운용회사가 투자자들을 대신해 주식, 채권, 부동산 등의 자산에 투자하여 운용한 후 그 실적에 따라 투자자에게 되돌려주는 금융상품이다.

▶ 피봇(Pivot)

스타트업이 시장에 새로운 서비스, 제품 등을 출시한 이후 시장의 반응이 좋지 않을 때 새로운 고객 유입과 새로운 수익 창출방법을 위해 서비스, 제품, 사업 모델, 비즈니스 방향을 새로운 다른 방향으로 전환한다는 의미로 사용된다.

▶ 피칭(Pitching)

'피칭'의 의미는 야구의 투수(Pitcher)에서 유래되었으며, 마치 투수가 야구공을 타자에게 빠르게 던지듯이 본인의 사업 아이템을 소개하는 IR(Investor Relations) 같은 행사에서 상대방에게 본인의 사업 아이템을 짧은 시간 안에 설명한다는 것이다.

▶ 헥토콘(Hectocorn)

유니콘은 기업가치가 10억달러 이상인 비상장 신생기업(start-up)을 의미하고, 기업가치가 100억달러 이상인 스타트업은 뿔이 10개 달린 상상 속 동물인 데카콘(Decacorn)이라 부르는데, 또한 숫자 100을 의미하는 hecto와 corn을 결합시켜 1,000억달러의 가치를 소유한 신생 벤처기업을 헥토콘(Hectocorn)이라 한다.

▶ 히든 챔피언(Hidden Champion)

독일 경영학자 헤르만 지몬(Hermann Simon)의 저서『히든 챔피언(Hidden Champion)』에서는 히든 챔피언을 대중에게 잘 알려져 있지 않은 기업, 각 분야에서 세계시장 점유율 1~3위 또는 소속 대륙에서 1위를 차지하는 기업, 매출액이 40억달러 이하인 기업으로 규정하고 있다.

⊚ CRC(Corporate Restructuring Company : 기업구조조정전문회사)

CRC는 워크아웃(기업개선작업), 기업구조조정 대상기업, 부실기업의 경영권을 인수한 후 경영정상화를 통해 기업가치를 높이거나 이들 기업의 부동산이나 부실채권에 투자하는 회사를 뜻한다. 주요 업무로는 구조조정 대상기업 인수·경영정상화·매각, 부실채권·자산 매입, 기업 간 인수·합병 중개 등이 있다.

⊚ IPO(Initial Public Offering : 기업공개)

기업이 외부투자자에게 최초로 주식을 공개 매도하는 것으로 보통 코스닥이나 나스닥 등 주식시장에 처음 상장하는 것을 의미한다.

⊚ IR(Investor Relations)

기업이 자본시장에서 기업의 정당한 가치를 평가받기 위하여 투자자 대상으로 실시하는 홍보활동으로 PR(Public Relations)은 일반 사람들을 대상으로 기업활동 전반에 대하여 홍보를 하는 반면, IR은 투자자들만을 대상으로 기업의 경영활동 및 관련 정보를 제공하는 홍보활동을 뜻한다.

⊚ IR 피치덱(Pitch Deck)

스타트업 사업계획서의 간결한 요약분으로 투자 판단의 근거가 될 수 있는 주요 핵심 사항을 중심으로 작성된 짧은 시간 발표에 최적화된 투자자용 문서(10쪽 내외)이다. 주요 내용으로는 경쟁역량, 아이템, 목표시장, 문제 및 해결방안, 상품소개, 재무계획, BM(Business Model), 경쟁자 분석 등이 있다.

⊚ J커브(J-Curve)

원래 변동과 무역수지의 관계를 나타내는데, 스타트업 용어로 활용 시에는 궁극적으로 창출이 가능한 최대 현금 흐름을 의미한다. 대부분의 스타트업 연도별 누적 현금을 도표로 나타내면, J형태로 나타나기 때문에, 아래로 내려갔다가 다시 올라오기 전까지 현금 보유는 줄어들고, 매출이 발생하기까지 시간이 소요된다.

◎ MVP(Minimum Viable Product : 최소기능제품)

시장에서 고객의 피드백을 받아 최소한의 기능만을 구현한 제품으로, 일반적으로 아이디어를 검증해 볼 수 있고, 고객의 솔루션에 대한 유효성을 검증하고 피드백을 모으는 데 주로 사용되는 제품을 뜻한다.

▶ 주요 연보

⊙ 1989년
- 9월 : 한국벤처캐피탈협회 설립

⊙ 1991년
- 11월 : "창업기업보육센터의 설립 및 업무운용 준칙" 마련

⊙ 1992년
- 12월 : 창업기업보육센터 기공(경기도 안산시 중소기업연수원)

⊙ 1997년
- 12월 : 「벤처기업육성에 관한 특별조치법」 제정

⊙ 1998년
- 「벤처기업육성에 관한 특별조치법」 개정

⊙ 1999년
- 한국벤처투자조합 설립
- 벤처기업정밀실태조사 최초 시행

⊙ 2002년
- 2월 : 벤처기업의 건전화 방안 발표
- 8월 : 벤처특별법 개정

⊙ 2003년
- 6월 : 벤처기업 M&A 활성화 방안 수립

⊙ 2005년
- 「창업지원법 및 벤처기업육성에 관한 특별조치법」 시행
- 「중소기업 창업 지원법 시행령」 발표

⊙ 2006년
- 6월 : 벤처캐피탈 선진화 방안 발표

◉ 2009년
- 1월 :「벤처기업육성에 관한 특별조치법」개정

◉ 2011년
- 제1회 창조관광사업공모전(문화체육관광부, 한국관광공사) 개최
- 4월 : 청년창업사관학교 개소
- 9월 : 청년창업 활성화 방안 발표

◉ 2015년
- 11월 :「벤처기업육성에 관한 특별조치법 시행령」발표

◉ 2016년
- 8월 : 대학의 창업과 산학협력을 촉진하고 활성화하기 위한 협력방안 발표
  (중소기업청)

◉ 2017년
- 5월 : 관광벤처보육센터 개소(한국관광공사 서울센터)

◉ 2019년
- 6월 : 관광벤처보육센터 → 관광기업지원센터 명칭 개정(한국관광공사 서울센터)
- 9월 : 부산관광기업지원센터 개소(부산 영도구)

◉ 2020년
- 9월 : 인천관광기업지원센터 개소(인천 송도)
- 9월 : 대전·세종관광기업지원센터 개소(대전)
- 12월 : 경남관광기업지원센터 개소(창원)

◉ 2021년
- 7월 : 대전·세종관광기업지원센터 세종분원 '세종관광비즈니스센터' 개소(세종)

권기환·최종민(2019). 국내 기업가정신 실증연구 동향 및 시사점: 1998-2017년 학술논문을 중심으로. 한국인적자원개발학회 학술연구발표회 발표논문집. pp. 367-384.

김미경(2002). 21세기 관광산업진흥을 위한 관광벤처사업 활성화 방안. 『경영정보연구』. 11: 71-89.

김배호(2013). 관광벤처 인큐베이터, 창조관광산업. 『한국관광정책』. 52: 33-41.

김상수·김영천·이지형(2013). 창업 사업계획서 작성 지원시스템 개발에 관한 연구. 『경영교육연구』. pp. 321-343.

매일경제·전국경제인연합회(2020). 기업가정신 OECD 국제 비교.

문화체육관광부(2019). 확대 국가관광전략회의 자료.

박대순(2019). 비즈니스모델 4.0.

벤처기업협회(2020). 벤처기업정밀실태조사.

벤처스퀘어·서울창업허브(2020). 2019 스타트업 투자 리포트.

삼성경제연구소(2011). 성공적인 비즈니스 모델의 조건.

서상혁(2016). 창업마케팅.

스타트업레시피·서울스타트업허브(2020). 스타트업레시피 투자리포트 2020.

안단테수익모델연구소(2021). 디지털 마케팅 트렌드 Top 9.

안덕수(2021). 한국관광혁신을 위해 걸어온 관광벤처사업 10년. 『한국관광정책』. 83: 64-71.

안덕수·이난희(2021). 한국관광벤처기업의 성장체계 구축 및 육성 방안에 관한 탐색적 연구. 『관광레저연구』. 61: 63-82.

유순근(2016). 기업가 정신과 창업경영.

유영현·김상현(2018). 국내 관광스타트업 현황과 과제. 글로벌문화콘텐츠학회 학술대회, 11: 171-174.

이춘우(1999). 조직앙트라프러뉴십의 역할과 조직성과에 대한 연구 : 자원기초이론을 중심으로. 서울대학교 박사학위논문.

이춘우(2014). 기업가정신의 이해.

이택경·한국벤처투자·스타트업얼라이언스(2021). VC가 알려주는 스타트업 투자유치전략.

임진혁(2017). 기업가정신과 리더십이 인지적 성공에 미치는 영향에 관한 연구 - 자기 효능감의 매개효과와 성별의 조절효과를 중심으로. 숭실대학교 박사학위논문.

전국경제인연합회(2020). 한국의 기업가정신 지수 변화 추이(1981년~2018년).

중소기업창업 지원법.

중소기업청·한국창업보육협회(2015). 기출창업가이드.

중소벤처기업부(2020). 2019 벤처천억기업조사.

중소벤처기업부(2021). 2021년도 상반기 국내유니콘 기업 현황 발표.

중소벤처기업부(2021). 2021년도 중소·벤처기업지원사업.

중소벤처기업부(2021). 중소벤처기업부 4주년 기념행사 발표자료.

중소벤처기업부(2022). 2022 창업지원사업.

중소벤처기업부(2022.1.4). 보도자료 : 2022년 3조 6,668억원 규모 창업지원사업 통합공고.

한국관광공사(2019). 관광기업지원센터 상담 매뉴얼.

한국관광공사(2020). 2020 관광플러스팁스 공고 내용.

한국관광공사(2020). 관광창업기업실태조사.

한국관광공사(2021). 2020 관광두레 연간실적보고서.

한국관광공사(2021). 2021 관광기업 혁신 바우처 지원사업 운영지침.

한국관광공사(2021). 2021 관광벤처공모전 소개 자료집.

한국관광공사(2021). 2021 관광벤처기업가이드북(예비·초기편).

한국관광공사(2021). 2021 관광벤처사업공모전 공모 내용.

한국관광공사(2021). 2021 관광크라우드펀딩 지원사업 공고 내용.

한국관광공사(2021). 2021 우수관광기업사례집.

한국관광공사(2021). 2021년 예비창업패키지 공고 내용.

한국관광공사(2021). 관광두레 사업지침.

한국관광공사(2021). 관광두레 스토리공모전 결과.

한국관광공사(2021). 관광두레 홍보 리플릿.

한국관광공사(2021). 관광스타트업의 생존과 성장.

한국관광공사(2021). 예비 및 초기 관광벤처 새로운 기업 및 서비스 소개.

한국문화관광연구원(2021). 2021 한국관광정책. 봄호(83호).

한국벤처창업학회(2012). 2012년 춘계학술대회 논문집.

한국사회적기업진흥원(2013). 2013 소셜벤처 사례집.

한국창업보육협회(2019). 창업보육전문매니저 실무수습교육 교재.

한국창업보육협회(2019). 창업보육전문매니저 표준교재.

한국청년기업가정신재단(2018). 2018년 글로벌 기업가정신 지수 순위.

홍승민(2020). 사업계획서 작성법.

황보윤 외(2018). 기업가정신과 창업.

황보윤 외(2018). 창업실무론.

황보윤(2012). 투자유치용 사업계획서 작성 요령 및 사례

J. A. Timmons(1999). New Venture Creation : Entrepreneurship for the 21st Century. McGraw-Hill.

J. A. Timmons & S. Spinelli(2007). The Entrepreneurial Process.

Johnson, M. W., Christensen, C. M., & Kagerman, H.(2008). Reinventing Your Business Model. Harvard Business Review, pp. 57-68.

NICE에프앤아이(2020). 관광펀드와 스타트업.

▶ 홈페이지

관광기업지원센터 www.tourbiz.or.kr

관광두레 https://tourdure.mcst.go.kr

교보문고 www.kyobobook.co.kr

기획재정부 www.moef.go.kr

법제처 www.easylaw.go.kr

벤처스퀘어 venturesquare.net

벤처확인종합관리시스템 www.smes.go.kr/venturein

서울관광재단 www.sto.or.kr

서울산업진흥원 sba.seoul.kr

세리프로 www.seripro.org

소셜벤처스퀘어 https://sv.kibo.or.kr

엔젤투자지원센터 www.kban.or.kr

중소벤처기업부 Bi-Net www.bi.go.kr

중소벤처기업부 상생누리 winwinnuri.or.kr

중소벤처기업부 소셜벤처스퀘어 https://sv.kibo.or.kr

중소벤처기업부 중소기업지원 bizinfo.go.kr

중소벤처기업부 창업지원 K-스타트업 www.k-startup.go.kr

중소벤처기업진흥공단 http://kosmes.or.kr

창업에듀 www.k-startup.go.kr/edu

한국교육학술정보원 www.keris.or.kr

한국기술거래사회 www.kttaa.or.kr

한국벤처캐피탈협회 www.kvca.or.kr

한국벤처투자 www.kvic.or.kr

한국사회적기업진흥원 https://www.socialenterprise.or.kr

한국엔젤투자협회 https://home.kban.or.kr/

한국창업보육협회 www.kobia.or.kr

한국콘텐츠진흥원 venture.ckl.or.kr

저자
약력

안덕수

현) 한국관광공사 근무
경희대학교 호텔관광학 박사
미국 CUNY Baruch College MBA
'관광벤처창업론' 등 대학교 및 대학원 강의

이난희

현) 연구교수
현) 리앤리패션뷰티마케팅연구소장
일본문화학원대학교 박사
서울벤처대학원대학교 교수

관광기업
지원센터

관광두레

관광벤처창업론

2021년 8월 30일 초 판 1쇄 발행
2022년 2월 20일 제2판 1쇄 발행

지은이 안덕수 · 이난희
펴낸이 진욱상
펴낸곳 (주)백산출판사
교 정 성인숙
본문디자인 구효숙
표지디자인 오정은

저자와의
합의하에
인지첩부
생략

등 록 2017년 5월 29일 제406-2017-000058호
주 소 경기도 파주시 회동길 370(백산빌딩 3층)
전 화 02-914-1621(代)
팩 스 031-955-9911
이메일 edit@ibaeksan.kr
홈페이지 www.ibaeksan.kr

ISBN 979-11-89740-47-4 93980
값 29,000원